# 电工电子技术与技能

## （非电类少学时）

### （第3版）

王玥玥　陈　强　主　编

刘莲青　王连起　副主编

电子工业出版社

**Publishing House of Electronics Industry**

北京·BEIJING

## 内 容 简 介

本书以培养高素质劳动者和技能型人才为目标，贯彻以全面素质为基础、以能力为本位、以就业为导向的职业教育教学指导思想，较全面地介绍电工技术和电子技术的基本概念、基本原理、基本应用。全书共 13 章，内容主要包括：电与安全用电，电路的基本概念，直流电路，正弦交流电路，三相正弦交流电路；供电与用电技术，常用电器，三相异步电动机的基本控制；常用半导体器件，整流、滤波及稳压电路，放大器与集成运算放大器；数字电子技术基础，组合逻辑电路和时序逻辑电路等。本书各章还提供了技能训练内容。

本书可作为职业院校非电类相关专业的教材，也可作为工程技术人员的培训教材和参考书。

**图书在版编目（CIP）数据**

电工电子技术与技能：非电类少学时 / 王玥玥，陈
强主编. -- 3 版. -- 北京：电子工业出版社，2024.
11. -- ISBN 978-7-121-49242-6

Ⅰ. TM；TN

中国国家版本馆 CIP 数据核字第 2024C6B205 号

责任编辑：蒲　玥
印　　刷：三河市龙林印务有限公司
装　　订：三河市龙林印务有限公司
出版发行：电子工业出版社
　　　　　北京市海淀区万寿路 173 信箱　邮编　100036
开　　本：880×1 230　1/16　印张：14.5　字数：334 千字
版　　次：2010 年 7 月第 1 版
　　　　　2024 年 11 月第 3 版
印　　次：2024 年 11 月第 1 次印刷
定　　价：42.00 元

凡所购买电子工业出版社图书有缺损问题，请向购买书店调换。若书店售缺，请与本社发行部联系，联系及邮购电话：（010）88254888，88258888。

质量投诉请发邮件至 zlts@phei.com.cn，盗版侵权举报请发邮件至 dbqq@phei.com.cn。

本书咨询联系方式：（010）88254485，puyue@phei.com.cn。

职业教育以培养适应经济社会发展的"数以亿计"的高素质劳动者和技能型人才为己任。深化职业教育教学改革，提高教育质量和技能型人才培养水平，是当前和今后一个时期职业教育工作面临的一项重要而紧迫的任务。以突出学生职业能力培养的工学结合的课程改革，越来越受到各职业院校的普遍重视。在信息化时代的今天，计算机、互联网、数码产品的应用与普及，工业现代化的发展进程，无一不以电工电子技术为基础，这是有目共睹的事实。

"电工电子技术与技能"是职业院校非电类专业的一门重要基础课程。该课程的教学任务是使学生掌握必备的电工电子技术与技能，培养学生解决涉及电工电子技术实际问题的初步能力，为继续学习后续专业技能课程打下基础；培养学生的职业道德与职业意识，提高学生的综合素质与职业能力，增强学生适应职业变化的能力，为学生职业生涯的发展奠定基础。多年来，通过该课程培养的技能型人才已走上为我国走新型工业化道路、调整经济结构和转变增长方式服务的工作岗位。

本书是"十一五"期间职业教育课程改革国家规划新教材。编者努力在已有的教材改革实践的基础上，以培养高素质劳动者和技能型人才为目标，内容组织上按照职业院校《电工电子技术与技能教学大纲》进行编写。本书分为电路基础、电工技术、模拟电子技术和数字电子技术四篇，力求加强学生职业技能培养，重视实践和实训教学环节。各章都配有技能训练项目，突出"做中学、做中教"的职业教育教学特色。

本书适用于职业院校的非电类专业。不打星号的为"基础模块"，为各专业必修内容，建议安排 54 学时；打星号的是"选学模块"，为各专业限选内容，选定后也为本专业的必修内容，建议至少选择 10 学时教学内容；课程总学时数建议安排不低于 64 学时。不同地区、不同学校以及不同专业也可根据实际需要而定。每章都有小结、思考题和练习题，便于教师教学和学生学习。

本书突出讲练结合，技能训练紧扣教学要点，编写时结合学生年龄特点循序渐进安排内容。全书图文并茂，图解与基本数学公式相配合，便于理解与掌握知识点。

本次再版的原则是修改实际使用中发现的图、文错误，进一步精练教材内容，增加了学习目标和课程思政目标，从认知、情感、态度和价值观四个维度融入党的二十大精神，培养学生的理想信念、品德修养和工程素养。

本书由北京信息职业技术学院王玥玥、陈强担任主编。第 1~3 章由刘莲青执笔，第 4~8 章由王连起执笔，第 9~11 章由陈强执笔，第 12~13 章由王玥玥执笔。全书由王玥玥和陈强统稿。

为了方便教师教学和学生自学，本书配有微视频、动画等资源，可通过扫描二维码的方式浏览查看；本书还配有教学资料包。请有此需要的教师登录华信教育资源网免费注册后再进行下载，有问题时请在网站留言板留言或与电子工业出版社联系（E-mail: hxedu@phei.com.cn）。

由于编者水平有限，书中难免存在疏漏之处，诚望读者指正。

编　者

# CONTENTS 目　录

## 第1篇　电路基础

# 第 2 篇  电工技术

# 第3篇　模拟电子技术

# 第4篇 数字电子技术

# 参考文献

# 第 **1** 篇

# 电 路 基 础

电路是当今工程技术的重要基础之一，人们在日常学习、工作和生活中广泛地应用着各种电路，如照明电路、收音机和电视机的放大电路、计算机的运算电路和存储电路，以及工业生产设备的各种控制电路等。

## 第1章　电与安全用电

本章主要介绍电能的基本常识、电能在人类生活中的重要地位、电能在实际生产中的重要作用、生产实际中常用的电工与电子设备，以及电的危害与安全用电及电气火灾的防范方法。

### 学习目标

1. 能了解电在生活中的应用。
2. 能识别生产实际中常用的电工与电子设备。
3. 能了解不安全用电的危害。
4. 能掌握生活和工作中的安全用电常识。
5. 能掌握如何防止触电及触电后的救护方法。
6. 能熟悉如何防范电气火灾。

### 课程思政目标

1. 讲解电与生活时，融入节约用电、节能减排等勤俭意识的培养。
2. 讲解安全用电时，融入安全意识、规则意识和法律意识的培养。

## 1.1 电与生活

电是一种能。电能是一种方便的能源，它的广泛应用形成了人类近代史上第二次技术革命，有力地推动了人类社会的发展，给人类创造了巨大的财富，改善了人类的生活。在当今的日常生活和工作中，无论是衣、食、住、行，还是社会、经济、文化、环境与科技发展，处处都要依赖电能。现代人的生活、工作与电能息息相关。电能是生活中使用最普遍、最清洁、最方便的一种能源。

电能并不像煤炭或石油，通过开采得到，它是利用其他能源，经过能量转换过程产生的，因此，电能的制造成本比一般能源要高。世界各国以水力、火力、核能、风力和太阳能等发电，产生最洁净的电能供人类使用。

电与我们的生活息息相关，在生活中处处都用到电，比如电灯、电视机、洗衣机、音响、计算机、手机、微波炉、电磁炉和空调等都要用电。城市里的夜景照明、无轨电车和地铁列车等也都要用电。如果没有了电，这些电器与设备都将无法工作，我们的生活也会变得一团糟。

了解和掌握电工电子基本知识与安全规程，正确操控电器，才能安全享受电的方便。当今的世界对能源的利用日益增加，电能的需求更是日甚一日。电能主要是通过火力发电和水力发电，此外还有风力发电、原子能发电和太阳能发电等获得的。但是仍不能够满足广大工矿企业和人民的需求，所以必须节约用电。如果我们每个人从身边做起，每个人一个月节约一度电，那么全国人民一个月就可以节约 14 亿度电。1 度电虽少，但可以炼 40 千克钢，灌溉农田 1 小时，还可以让 40W 的电灯亮 25 小时。因此，我们必须提倡节约用电，比如，使用节能灯、节能电冰箱，给电气设备装设节能开关等。在平日生活和工作中都应该节约用电，养成随手关灯的好习惯，让节约下来的电能用到更多、更应该用电的地方去，做更多、更需要的事情。

### 思考与练习题

1-1-1 举出身边用电做功的家用电器。

1-1-2 举出 4 种类型的发电厂。

## 1.2 生产实际中的电工与电子设备

在生产实际中，常用的电工与电子设备包括：变压器、电动机及低压电器、电动工具、电风扇、照明控制电器、电子开关、稳压电源、万用表、数字表、示波器及其他仪器类等设备。

电力系统中，用来变换电压的全密封式电力变压器如图 1-1 所示；电子设备中常用的小型变压器如图 1-2 所示；用作动力的三相异步电动机如图 1-3 所示；用作控制的微型电动机如图 1-4 所示；在实验室常用的直流稳压电源如图 1-5 和图 1-6 所示；图 1-7 所示的数字式万用表和图 1-8 所示的数字示波器也是实验室必备的仪表和仪器。

随着时代的发展与生活节奏的加快，各行各业的工作效率和技术要求也在不断地提高，因此，如何快速地掌握常用的电工与电子设备的正确使用方法，是广大电工电子初学者面临的课题。

图 1-1　全密封式电力变压器

图 1-2　小型变压器

图 1-3　三相异步电动机

图 1-4　微型电动机

图 1-5　直流稳压电源

图 1-6　直流开关稳压电源

图 1-7　数字式万用表

图 1-8　数字示波器

### 思考与练习题

1-2-1　举出几种常见的电子仪器。

1-2-2　在生活和工作中常见的电工与电子设备有哪些？

## 1.3　电的危害与安全用电

电给我们带来方便，但若使用不正确也会造成触电和产生火灾等危害，所以在生活工作中还应该注意安全用电，在采取必要的安全措施下使用和维修电工与电子设备。

### 1.3.1　电的危害

如果在生产和生活中不注意安全用电则会带来灾害。例如，触电可造成人身伤亡，设备漏电产生的电火花可能酿成火灾、爆炸，高频电气设备可产生电磁污染等。因此在生活和工作中必须严格遵守安全规程，正确使用电气设备，避免灾害的发生。

### 1.3.2 安全用电

#### 1. 如何安全用电

在夏季，酷热难耐，空调、电风扇也都运转起来。因不正确使用这些电器而造成的火灾、触电事故每年都有发生。如何既安全又科学地用电，是每个家庭必须注意的大事。首先，在安装电器之前要考察电能表和室内线路的承载能力。电能表所能承受的电功率近似于电压乘以电流的值，民用电的电压是 220V，如家中安装 5A 的电能表，所能承受的功率近似是 1 100W，家庭总用电功率超过 1 100W 时就不安全，所以安装电器时要考虑家庭的总用电量不超负荷才能使用。如此推算，10A 的电能表所能承受的电功率近似是 2 200W。

在用电时还要考虑一个插座允许插接几个电器。如果所有插接电器的最大功率之和不超过插座的功率，一般不会出问题。用三对以上插孔的插座，而且同时使用电饭锅、微波炉、电热水器等大功率电器时，应先算一算这些电器功率的总和。如超过了插座的限定功率，插座就会因电流过大而发热烧坏，这时应减少同时使用的电器数量，使功率总和保持在插座允许的范围之内。日常用电要注意的安全问题如图 1-9 所示。

（a）不要在家里用大功率的电炉

（b）不要用湿毛巾擦电器

（c）电加热设备上不能烘烤衣物

（d）搬动家用电器时，应先切断电源

图 1-9　日常用电要注意的安全问题

另外，安装的闸刀开关必须使用相应标准的熔丝。不得用其他金属丝替代，否则容易造成火灾，毁坏电器，有条件的应安装漏电保护器或空气开关。如家用电器着火引起火灾，必须先切断电源，然后再进行救火，以免触电伤人。

### 2. 安全用电方法

电冰箱、电视机、洗衣机、空调器等家用电器的普及，为人们的生活带来了诸多便利。但是，要注意电源的安全使用，以避免不必要的伤害。

带金属外壳的电器应使用三脚电源插头，三脚插座的地线必须可靠接地。有些家电出现故障或受潮时外壳可能漏电，一旦外壳带电，如果用两脚电源插座，人体接触后就有触电的可能。大功率的家用电器要使用单独的电源插座，因为电线和插座都有规定的载流量，如果多种大功率电器合用一个电源插座，当电流超过其额定流量时，电线便会发热，塑料绝缘套可能熔化导致燃烧。三脚电源插头如图 1-10（a）所示，三脚插座如图 1-10（b）所示。

电压波动大时要使用保护器。日常生活中，瞬间断电或电源电压波动较大的情况时有发生，这对电冰箱是一个威胁。若停电后又在短时间（3～5 分钟）内恢复供电，电冰箱的压缩机所承受的启动电流要比正常启动电流大好几倍，可能会烧毁压缩机。

（a）三脚电源插头　（b）三脚插座

图 1-10　三脚电源插头和三脚插座

### 3. 触电救护方法

电击伤俗称触电，是由于电流通过人体所致的损伤。大多数是因人体直接接触电源所致，也有被数千伏以上的高压电或雷电击伤的情况。

脱离电源的触电急救的要点是动作迅速，救护得法。发现有人触电，首先要使触电者尽快脱离电源，然后根据具体情况，进行相应的救治。脱离电源的方法：①如开关箱在附近，可立即拉闸或拔掉插头，断开电源。②如距离开关较远，应迅速用绝缘良好的电工钳或有干燥木柄的利器（刀、斧、锹等）砍断电线，或用干燥的木棒、竹竿、硬塑料管等物迅速将电线拨离触电者。③若现场无任何合适的绝缘物可利用，救护人员也可用几层干燥的衣服将手包裹好，站在干燥的木板上，拉触电者的衣服，使其脱离电源。④对高压触电，应立即通知有关部门停电，或迅速拉下开关，或由有经验的人采取特殊措施切断电源。

人触电后出现神经麻痹、呼吸中断、心脏停搏等症状，外表上呈现昏迷的状态，不一定会立即死亡，如现场抢救及时，方法得当，人是可以获救的。现场急救对抢救触电者是非常重要的。根据统计资料显示，触电后 1 分钟开始救治者，90%有良好效果；触电后 12 分钟开始救治者，救活的可能性就很小。这说明抢救时间是个重要因素。因此，争分夺秒，及时抢救是至关重要的。

救护方法：①如果触电者神志清醒，但有心慌、四肢发麻、全身无力或触电者在触电过程中曾一度昏迷，但已清醒过来，那么应使触电者安静休息、不要走动、严密观察，必要时送医院诊治。②如果触电者已经失去知觉，但心脏还在跳动，还有呼吸，那么应使触电者在空气清新的地方舒适、安静地平躺，解开妨碍呼吸的衣扣、腰带。如果天气寒冷要注意保持体温，并迅速请医生到现场。③如果触电者失去知觉，呼吸停止，但心脏还在跳动，那么应立即进行口对口（鼻）人工呼吸，并及时请医生到现场。④如果触电者呼吸和心脏跳动完全停止，那么应立即进行口对口（鼻）人工呼吸和胸外心脏按压急救，并迅速请医生到现场。应当注意，急救要尽快进行，即使送往医院的途中也应持续进行。

### 1.3.3 电气火灾的防范

为了预防电气火灾的发生，首先在安装电气设备时，必须保证质量，并应满足安全防火的各项要求。要用合格的电气设备，破损的开关、灯头和破损的电线都不能使用，电线的接头要按规定连接法牢靠连接，并用绝缘胶带包好。对接线桩头、端子的接线要拧紧螺钉，防止因接线松动而造成接触不良。电工安装好电气设备后，并不意味着可以一劳永逸了，用户在使用过程中，如发现灯头、插座接线松动，特别是移动电器插头接线容易松动，接触不良或有过热现象时，要及时找电工处理。

其次，不要在低压线路和开关、插座、熔断器附近放置油类、纸张、棉花、木屑、木材等易燃物品。

电气火灾发生前，都有前兆，要特别引起重视，电线因过热首先会烧焦绝缘外皮，散发出一种烧胶皮或烧塑料的难闻气味。所以，当闻到此气味时，应首先想到可能是电气设备方面原因引起的，如查不到其他原因，应立即拉闸切断电源，直到查明原因，妥善处理后，才能合闸送电。

图 1-11　干粉灭火器

万一发生了火灾，不管是否是电气设备方面引起的，首先要想办法迅速切断火灾范围内的电源。因为，如果火灾是电气设备方面引起的，切断了电源，也就切断了起火的火源；如果火灾不是电气设备方面引起的，也会烧坏电线的绝缘，若不切断电源，烧坏的电线会造成碰线短路，引起更大范围的电线着火。发生电气火灾后，应使用盖土、盖沙或干粉灭火器或二氧化碳灭火器，但不能使用泡沫灭火器，因为此种灭火剂是导电的。图 1-11 所示为干粉灭火器。

#### 思考与练习题

1-3-1　不注意安全用电会带来哪些灾害？举例说明。

1-3-2　在生活和工作中如何安全用电？

1-3-3　如何防范电气火灾？

## 本章小结

（1）电能是一种方便的能源，也是人们生活和工作中不可缺少的能源、电能可由水力、火力、核能、风力和太阳能等发电产生。

（2）在生产实际中，常用的电工与电子设备有：变压器、电动机及低压电器，电动工具、电风扇、照明控制电器、电子开关、稳压电源、万用表、数字表、示波器及其他仪器等设备。

（3）若用电不正确会导致触电和产生火灾等危害，所以在生活工作中还应该注意安全用电，使用的电气设备要保证质量，并应满足安全防火的各项要求。当有人触电时应及时正确地进行救护；发生电气火灾要迅速切断火灾范围内的电源，应使用盖土、盖沙和干粉灭火器或二氧化碳灭火器。

## 习题 1

1-1　试举出几种类型的发电厂。

1-2　在生产实际中，常用的电工与电子设备有哪些？

1-3　电的危害有哪些？如何安全用电？

教学微视频

# 第2章 电路的基本概念

本章主要介绍电路的组成、识读基本电路符号和简单电路图，电流、电压、电位、电源和电动势的基本概念，导体的电阻，导体、绝缘体与半导体的概念，常用各类电阻器的性能及万用表的使用方法和电阻的测量方法。

## 学习目标

1. 能识别常用的电路元件符号。
2. 能绘制简单的电路图。
3. 能理解电流、电压、电位、电源、电动势和电阻的概念。
4. 能识别常用的电阻器。
5. 能使用万用表测量电阻。

## 课程思政目标

1. 引入伽伐尼发现电流的故事，融入严谨治学的科学态度的培养。
2. 技能训练"用万用表测量电阻"，要求学生严格按照规程操作，培养学生良好的职业素养。

## ■■ 2.1 电路的基本组成

电路是电流所流经的路径，它由电路元件组成。在电路中可以实现能量的传输和转换，信号的传递和处理。在日常生活和工作中，人们随时都可以接触到电路，例如照明电路，当开关闭合后，电灯立即亮起来，这是因为灯泡中有电流流过，将电能转换为光能。各种家用电器都是由电路来完成各项功能的。

组成电路的元件种类很多，但大体分为三类基本元件，即电源、负载和导线。电源是产生电能和信号的设备，它的作用是将其他形式的能转换为电能，如发电机将机械能转换为电能；负载是用电设备，它将电能转换为其他形式的能，如电动机是将电能转换为机械能，而电灯则将电能转换为光能；导线是将电源和负载连接起来，将电能传输、分配给负载。可见电路的作用是产生、传输、分配和使用电能。图 2-1 就是一个简单电路，图 2-2 是用电路符号代替图 2-1 中实际元件的简单电路示意图。

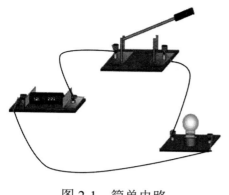

图 2-1　简单电路

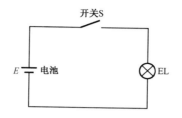

图 2-2　简单电路示意图

## 2.2　识读基本电路符号和简单电路图

### 2.2.1　电路图

用导线将电源、负载及开关、电流表、电压表等连接起来组成电路，在实际中为了便于分析、研究电路，通常将电路的实际元件用图形符号表示，画出与实际电路相对应的结构示意图，这样绘制出的结构示意图就称为电路图。如图 2-1 所示的电路图中实际电路元件用图 2-2 中的电路符号表示。常用电路元件符号如表 2-1 所示。

表 2-1　常用电路元件符号

| 元件名称 | 电路符号 | 元件名称 | 电路符号 | 元件名称 | 电路符号 |
|---|---|---|---|---|---|
| 电　池 | —┤├— | 电感器 | ～～～ | 电压表 | —Ⓥ— |
| 电压源 | —⊕— | 电容器 | —┤├— | 电流表 | —Ⓐ— |
| 电阻器 | —▭— | 电　灯 | —⊗— | 开　关 | —／— |
| 二极管 | —▷|— | 熔断器 | —▭— | 接　地 | ⏚ |

### 2.2.2　电路图的意义

电路图是人们为了研究和工程的需要，用约定的符号绘制的一种表示电路结构的图形。通过电路图可以知道实际电路的情况。这样，在分析电路时，就不必把实物翻来覆去地琢磨，而只要拿着一张图纸就可以了；在设计电路时，也可以在纸上或计算机上进行，确认完成后再进行实际安装，通过调试、改进，直至成功；现在可以应用先进的计算机软件来进行电路的辅助设计，进行虚拟的电路实验，大大提高了工作效率。

---

2-2-1　电路由哪几部分组成？各部分起什么作用？

2-2-2　安装一个简单实用的直流电路装置，并画出它的电路图。

---

# 2.3　电流的基本概念

电子仪器与电气设备接通电源后才能工作，例如合上电源开关后，电灯立即亮起来。这是因为电灯中有电流通过，将电能转换成光能；电流通过电动机会使电动机旋转，将电能转换成机械能。

### 2.3.1　电流的形成

在金属导体中存在着大量的自由电子，当电路中加入电源时，自由电子朝一个方向运动就形成了电流。如图 2-3 所示电路，当闭合开关后，电流由电池的正极流出，经过开关、电流表、灯泡流入电池的负极。电流表显示出电流的数值。

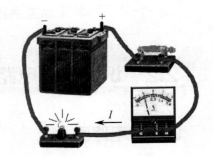

图 2-3　电路中的电流

### 2.3.2　电流的大小和方向

电流具有热效应、化学效应和磁效应，常用电流强度表示电流产生各种效应的强弱。电流强度简称电流，用 $I$ 表示，它是电路中的基本物理量之一。电流的大小定义为单位时间内通过导体截面的电量。

设在时间 $t$ 内通过导体截面 $S$ 的电量为 $Q$，如图 2-4 所示，则电流为

$$I = \frac{Q}{t} \tag{2-1}$$

在国际单位制中，电流的基本单位是安培（A）。如果每秒内通过导体截面的电量为 1 库仑（C），则电流是 1 安培。在计算大电流时，常以千安（kA）为单位；而小电流用毫安（mA）或微安（μA）为单位。它们之间的换算关系如下：

$$1\ kA = 10^3\ A$$
$$1\ mA = 10^{-3}\ A$$
$$1\ \mu A = 10^{-6}\ A$$

电流的大小可以用电流表测得，家庭常用电灯的电流一般在 0.1～0.5A，而大型电动机的电流可以达到几百安培。当 50mA 的电流通过人体的心脏时，就会危及人的生命，因此在工作中要注意安全用电。

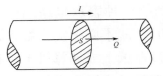

图 2-4　通过导体截面的电量示意图

电流有一定的方向，在电路中电流的方向用箭头表示。人们开始发现电流时，认为是正电荷在运动，所以规定正电荷运动的方向为电流的实际方向，如图 2-4 所示。对于简单电路判断电流的实际方向并不困难，当电

路较复杂时，电流的实际方向就不容易判定了，因此在分析电路时必须给电流规定参考方向。在参考方向下计算出电流为正时，说明电流的参考方向与实际方向相同；计算出电流为负时，说明电流的参考方向与实际方向相反。

在日常生活、工作中常用到的电流有直流电和交流电两种。电流的大小和方向不随时间变化的称为直流电，如手电筒、电动汽车等使用的都是直流电。电流的大小和方向随时间变化的称为交流电，目前工农业生产和人们生活中广泛应用的是交流电，有些直流电是由交流电经整流得到的，一般发电厂发出的电都是交流电。

> ### ▓ 思考与练习题
>
> 2-3-1 导体中的电流是如何形成的？
> 2-3-2 什么是电流的实际方向和参考方向？两者有何关系？

## ■ 2.4 电压与电位的基本概念

导体中形成电流的内在因素是导体内有大量的自由电子，而外因是导体两端存在电场。电场对电子产生作用力，使电子产生定向运动而形成电流。不同的电场对电子产生的作用力不相同，常用电压这个物理量表示电场对电荷作用的大小。

### 2.4.1 电压的大小和方向

为了便于理解电压的概念，用图 2-5 所示的水压来类比电压。由图 2-5 可见甲容器里的水面高于乙容器，当打开阀门后，因为甲与乙存在水压，所以水会从甲经过管道和水轮机流到乙里，由于水的流动，水轮机将转动做功。

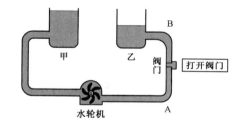

图 2-5 水压可以使水在管道中流动

在电路中，当导体两端有电压时将产生电流，电流的大小与单位时间内通过导体截面的电量多少有关，而电场力在移动电荷时要做功，为了衡量电场对电荷做功的大小，通常用电压表示。将电场力移动单位正电荷由 A 到 B 所做的功称为 AB 间的电压，用 $U_{AB}$ 表示。如果电场将电量为 $Q$ 的电荷从 A 移动到 B 所做的功为 $W_{AB}$，则 AB 间的电压为

$$U_{AB} = \frac{W_{AB}}{Q} \tag{2-2}$$

式（2-2）中，电场做功的单位为焦耳，电量的单位为库仑时，电压的基本单位是伏特（V）。通常家用电源电压为 220V，一般干电池的电压只有 1.5V，对于超高压输电常用千伏（kV）为单位，目前我国远距离超高压输电线路的电压等级有 110kV、220kV、330kV 和 500kV。在电路中，当电压很低时用毫伏（mV）或微伏（μV）为单位。它们之间的关系如下：

$$1\ kV = 10^3 V$$

$$1\ mV=10^{-3}V$$

$$1\ \mu V=10^{-6}V$$

电压不但有大小也有方向，电压的实际方向为正电荷的运动方向，即电压的方向是由正极到负极。在电路分析中，也经常规定电压的参考方向，在参考方向下计算出电压为正时，说明电压的参考方向与实际方向相同；计算出电压为负时，电压的参考方向与实际方向相反。

### 2.4.2 电位

在分析电路时，经常用到电位这个物理量，以便分析各点之间的电压。在电路中任选一点作为参考点，参考点的电位为零，在实际电路中一般选接地点为参考点，电路中某一点的电位等于该点到参考点之间的电压，所以电位的基本单位也是伏特，常用 V 表示。

在电路中任意两点的电位之差，等于这两点之间的电压，因此电压也称为电位差。电压的实际方向是由高电位指向低电位，电流的实际方向与电压的实际方向一致，称为关联参考方向，由高电位流向低电位。所以在电路分析中常将电压与电流的参考方向规定为一致。如果两点的电位相等，则两点的电压为零，若用导线连接该两点就没有电流通过，因此也可以认为电流是由电压产生的。电位相等的点称为等电位点，这是带电作业的理论基础。

> ### 思考与练习题
>
> 2-4-1　电压与电位有何区别？
>
> 2-4-2　什么是电压的实际方向和参考方向？两者有何关系？
>
> 2-4-3　什么是电位的参考点和等电位点？

## 2.5　电源与电动势

为了便于直观地理解电路和电源的作用，我们用水流来作类比。

在图 2-6 中，由于甲容器与乙容器里的水存在水压，当打开阀门后，水会从甲容器经过管道和抽水机流到乙容器里。但是随着水的流通，甲容器里的水会逐渐减少，乙容器里的水会逐渐增多，甲、乙之间的水压随之减小，直到甲、乙容器的水压等于零，管道中就没有水流通过了。若要维持水流继续存在，必须维持管道两端甲、乙容器的水压，这个水压要靠抽水机将乙容器的水送回甲容器里，如图 2-6 所示。甲、乙容器和抽水机就相当于电源，水管相当于电路，水

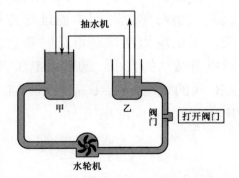

图 2-6　抽水机将乙容器的水
送回甲容器产生水压

轮机相当于负载，甲容器相当于电池的正极，乙容器相当于电池的负极。电池是将化学能转化为电能，水轮机是转动做功。

### 2.5.1　提供电能的装置——电源

电源是一种能量转换装置，相当于抽水机的功能。电源将机械能、化学能或光能等转换为电能，如发电机、干电池和光电池等。在各种电源中，有一个共同点，即在电源的内部移动电荷，使电源的一个极具有一定数量的正电荷，另一个极具有一定数量的负电荷，这样就在两极之间形成电场，产生电位差。图 2-7 为干电池与电源的电路符号。

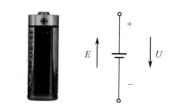

图 2-7　干电池与电源的电路符号

### 2.5.2　电源给予单位电荷的能量——电动势

电源的电动势是衡量电源力对电荷做功能力大小的物理量。电源力把单位正电荷从电源的低电位端 B 经电源内部移到高电位端 A 所做的功，称为电源的电动势 $E_{BA}$。当电源力将正电荷 $Q$ 从负极 B 移到正极 A 所做的功为 $W_{BA}$ 时，则电源的电动势为

$$E = \frac{W_{BA}}{Q} \tag{2-3}$$

其中当 $W_{BA}$ 的单位是焦耳，$Q$ 的单位是库仑时，$E$ 的基本单位与电压相同，也是伏特。

电动势的方向为电源力移动正电荷的方向，即由低电位指向高电位。由此可见，电动势与电压的方向相反，如图 2-7 所示。这是因为在电源内部电源力逆着电场力的方向将正电荷由低电位移到高电位，因此电动势的方向为电位升高的方向，电压的方向是电位降低的方向。

直流电源的电动势大小和方向不随时间变化，如电池和直流发电机等都是直流电源；电动势的大小和方向随时间变化的电源称为交流电源，交流发电机和信号发生器就是交流电源。

---

▦▦ **思考与练习题**

2-5-1　电源的作用是什么？

2-5-2　什么叫电动势？它与电压有什么差别？

---

## ▪▪ 2.6　电阻、导体和绝缘体 ⋀

### 2.6.1　导体对电流阻力的参数——电阻

导体中的自由电子在电场力的作用下，产生定向运动形成电流。当电流通过导体时也会受到阻力，因为自由电子在运动中不断与导体内的原子、分子发生碰撞，使自由电子受到一定的阻力。导体对电流的这种阻力称为电阻，电阻用 $R$ 表示。

电阻的单位是欧姆（Ω），大电阻以千欧（kΩ）或兆欧（MΩ）为单位。它们的换算关系如下：

$$1\ \text{k}\Omega = 1\ 000\Omega = 10^3\Omega$$

$$1\ \text{M}\Omega = 1\ 000\text{k}\Omega = 10^3\text{k}\Omega = 10^6\Omega$$

导体存在电阻是一个客观现象，那么导体电阻的大小与哪些因素有关呢？实验证明，导体的电阻与导体的长度成正比，与导体的横截面积成反比，还与导体的材料有关。这是因为导体越长，自由电子运动路径就越长，与原子和分子碰撞的机会增多，故表现为电阻增大；如导体横截面积越大，自由电子运动的通道也增大，与原子和分子碰撞的机会将减少，故电阻减小。不同材料单位体积内的自由电子数目不同，导电的能力也不同，因而电阻的大小也就不同。导体电阻可以由下式计算

$$R = \rho\frac{l}{A} \tag{2-4}$$

式中　　$R$——导体电阻（$\Omega$）；

　　　　$l$——导体长度（m）；

　　　　$A$——导体横截面积（$\text{m}^2$）；

　　　　$\rho$——导体电阻率（$\Omega\cdot\text{m}$）。

电阻率$\rho$表示长度为 1m、截面积是 $1\text{m}^2$ 的导体所具有的电阻。不同的材料有不同的电阻率，几种常用电工材料的电阻率见表 2-2。

表 2-2　常用电工材料的电阻率

| 材 料 名 称 | 电阻率（$\Omega\cdot\text{m}$） | 材 料 名 称 | 电阻率（$\Omega\cdot\text{m}$） |
| --- | --- | --- | --- |
| 银 | $1.65\times10^{-8}$ | 钢 | $1.3\times10^{-7}$ |
| 铜 | $1.75\times10^{-8}$ | 铸铁 | $5\times10^{-7}$ |
| 铝 | $2.6\times10^{-8}$ | 锰铜合金 | $4.2\times10^{-7}$ |
| 钨 | $4.9\times10^{-8}$ | 镍铬合金 | $1.5\times10^{-6}$ |

由表 2-2 可见，银、铜和铝的电阻率较小，它们都具有良好的导电性能，由于银较贵重，不宜大量使用，因此常用的导电材料是铜和铝。锰铜合金常用来制作标准电阻器，而镍铬合金用于制造电热丝。

## 2.6.2　不同导电能力的物体——导体、绝缘体和半导体

电工材料按其导电性能可分为导体、绝缘体和半导体三类，各种材料的导电性能可以用电阻或电导表示。

导体具有良好的导电性能，即电导率大，电阻率小。导体材料的电阻率一般在 $10^{-2}\sim1$ 范围内，金属材料中绝大部分为良导体，如银、铜和铝等，金属导体在电工和电子技术中得到广泛应用。

通常将电阻极大，导电能力非常差，电流几乎不能通过的材料称为绝缘体。绝缘体的电阻率一般在 $10^{12}\sim10^{22}$ 范围内，所以认为绝缘体是不能导电的。绝缘体在电工和电子技术中与导体同样占有重要的地位，常用的绝缘体有橡胶、塑料、云母、陶瓷、石棉及干燥的木材等。

此外，还有一类材料的导电性能介于导体和绝缘体之间，称为半导体。半导体的电阻率在 $10^8$ 左右。常用的半导体材料有硅、锗和硒等。半导体在电子技术中得到广泛的应

用，如二极管、三极管、晶闸管及集成电路等都是由半导体材料制成的。

### 2.6.3　认识不同类型的电阻器

电阻器简称电阻，它是具有一定阻值的元件。在电路中主要用来调节电压和电流，起降压、分压、限流、分流作用。电阻器有固定电阻器和可变电阻器两大类。

#### 1．固定电阻器

固定电阻器的电阻固定不变。在实际应用中根据制造材料和结构的不同，固定电阻器可分为碳膜电阻器、金属氧化膜电阻器、金属膜电阻器、线绕电阻器和贴片式电阻器等。

1）碳膜电阻器

碳膜电阻器是通用型电阻器，如图 2-8 所示。碳膜电阻器以碳膜作为电阻材料，利用浸渍或真空蒸发形成结晶的电阻膜（碳膜）。电阻的调整和确定通过在碳膜上刻螺纹槽来实现，电阻体的两个端面用镀锡铜丝和镀锡环箍来连接。碳膜电阻器又分为普通碳膜电阻器、测量型碳膜电阻器、精密碳膜电阻器等。

图 2-8　碳膜电阻器

2）金属氧化膜电阻器

图 2-9 所示为金属氧化膜电阻器，金属氧化膜电阻器是在陶瓷基体上蒸发一层金属氧化膜，然后再涂一层硅树脂薄膜，使电阻器的表面坚硬而不易损坏。金属氧化膜电阻器的电感很小，与同样体积的碳膜电阻器相比，其额定负荷大大提高。但阻值范围小，通常在 $200\text{k}\Omega$ 以下。

图 2-9　金属氧化膜电阻器

3）金属膜电阻器

图 2-10 所示为金属膜电阻器，金属膜电阻器以特种稀有金属作为电阻材料，在陶瓷基体上，利用厚膜技术进行涂层和焙烧的方法形成电阻膜，也可以采用薄膜技术中掩膜蒸发的方法来形成电阻膜，电阻的大小通过刻槽或改变金属膜的厚度来控制。金属膜电阻器的工作稳定性高、噪声低，但成本较高，通常在精度要求较高的场合使用。

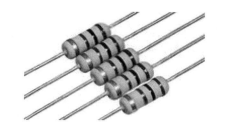

图 2-10　金属膜电阻器

4）绕线电阻器

图 2-11 所示为绕线电阻器，绕线电阻器的电阻丝通常采用镍铬丝、康铜丝、锰铜丝等材料制成，其阻值范围可达 $0.1\Omega\sim5\text{M}\Omega$。绕线电阻器与额定功率相同的薄膜电阻器相比，具有体积小的优点，它的缺点是分布电感较大，阻值受工作频率变化的影响较大。在实际应用中，采用特殊绕法可减小其分布电感。

图 2-11　绕线电阻器

5）贴片式电阻器

图 2-12 所示为贴片式电阻器，又称表面贴装电阻器，是小型电子线路的理想元件。它是把很薄的碳膜或金属合金涂覆到陶瓷基体上，电子元件和电路板的连接直接通过金属封装端面，不需引脚。贴片式电阻器有薄膜和厚膜两种，电阻从 0～10MΩ，允许误差可小至±0.1%。

图 2-12　贴片电阻器

### 2. 可变电阻器

可变电阻器也称电位器，电位器有 3 个引脚，根据 3 个引脚连接的不同，阻值的调节有两种方式，如图 2-13 所示。

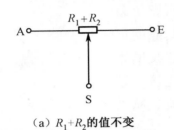
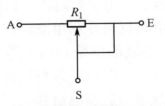

（a）$R_1+R_2$ 的值不变　　　　　　　　　（b）$R_1$ 在0到电位器的标称阻值之间

图 2-13　电位器

常用电位器种类有以下几种。

（1）合成碳膜电位器。

合成碳膜电位器如图 2-14 所示。合成碳膜电位器是目前使用最多的一种电位器。其主要特点有分辨率高、阻值范围大、滑动噪声大、耐热耐湿性不好。

（2）金属陶瓷电位器。

图 2-15 所示为金属陶瓷电位器，金属陶瓷电位器通过一个多触点的滑动臂在金属陶瓷的电阻膜上做圆周或直线运动，实现电阻的连续变化。该电位器具有阻值范围大，体积小和可调精度高（±0.01%）等特点。

（3）线绕式电位器。

图 2-16 所示为线绕式电位器，线绕式电位器由电阻丝绕在圆柱形的绝缘体上（如陶瓷）构成，通过滑动滑柄或旋转转轴实现电阻的调节。线绕式电位器属于功率型电阻器，具有噪声低、温度特性好、额定负荷大等特点，主要用于各种低频电路的电压或电流调整。

图 2-14　合成碳膜电位器　　　图 2-15　金属陶瓷电位器　　　图 2-16　线绕式电位器

（4）微调电位器。

图 2-17 所示为微调电位器，微调电位器一般用于阻值不需频繁调节的场合，通常由专业人员完成调试，用户不可随便调节。微调电位器也有多个品种。其中精密多圈微调电位器的电阻丝被绕制 2～40 圈，它的误差很小，阻值变化的线性度好，分辨率高，并具有大的负荷能力。

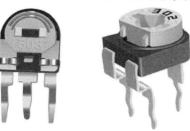

图 2-17　微调电位器

（5）贴片式电位器。

图 2-18 所示为贴片式电位器，贴片式电位器是一种无手动旋转轴的超小型直线式电位器，调节时需借助工具。贴片式电位器的负荷能力较小，一般用于通信、家电等电子产品中。

图 2-18　贴片式电位器

除固定电阻器和可变电阻器外，还有如图 2-19 所示的压敏电阻器，压敏电阻器的阻值随瞬态电压变化，可以对电路进行保护。图 2-20 所示为热敏电阻器，热敏电阻器的阻值对温度极为敏感，也称为半导体热敏电阻器，这种元件已获得广泛的应用，例如温度测量、温度控制器。图 2-21 所示为光敏电阻器，在光敏电阻器两端的金属电极之间加上电压，其中便有电流通过，受到适当波长的光线照射时，电流就会随光强的增加而变大，从而实现光电转换。常用固定电阻器的阻值一般用色环或数值表示，实际中可以用万用表测量其阻值。

图 2-19　压敏电阻器　　　　图 2-20　热敏电阻器　　　　图 2-21　光敏电阻器

**▪▪ 思考与练习题**

2-6-1　什么是电阻和导体？导体电阻与哪些因素有关？

2-6-2　试列举几种常用的导体、绝缘体和半导体。

# ■■ 2.7　技能训练 1　用万用表测量电阻

## 2.7.1　技能训练目的

（1）掌握常用电阻器的基本识别方法。

（2）了解万用表的基本应用。

（3）掌握万用表欧姆挡的使用方法。

（4）掌握用万用表测量电阻的方法。

### 2.7.2 预习要求

（1）了解电工安全规程及注意的问题。
（2）掌握电压、电流的概念。
（3）熟悉常用电阻器的种类和特点。

### 2.7.3 仪器和设备

测量仪器和设备见表2-3。

表2-3　测量仪器和设备

| 名　称 | 型号及使用参数 | 数　量 |
|---|---|---|
| 电阻器 | 6.8Ω、51Ω、510Ω、680 Ω、1kΩ、51kΩ、250kΩ、820 kΩ色环电阻 | 8 个 |
| 万用表 | MF10 | 1 块 |

### 2.7.4 技能训练内容和步骤

#### 1．学习电阻器的标记方法

1）标称阻值和允许误差

（1）标称阻值。

标称阻值指电阻器上标注的电阻值。电阻值的基本单位是欧姆（简称欧），用符号"Ω"表示，常用的单位有千欧（kΩ）、兆欧（MΩ）。在实际应用中，电阻器的电阻值并不是随心所欲生产的。对于小功率电阻器，IEC（国际电工委员会）规定了系列标称值。

（2）允许误差。

通常普通电阻器的允许误差为：±5%、±10%、±20%，精密电阻器的允许误差为：±0.5%、±1%、±2%。只要一个电阻器的实际阻值在允许误差范围内，那么该电阻器就是一个合格的产品。

（3）额定功率。

额定功率指电阻器在规定条件下长期工作时所能承受的最大功率。电阻器的额定功率也有标称值，一般分为 0.125W、0.25W、0.5W、1W、2W、3W、5W、10W 等，目前最常用的是 0.25W。图 2-22 所示为不同功率的电阻器。

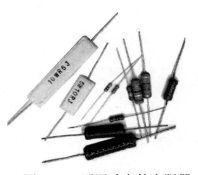

图 2-22　不同功率的电阻器

2）电阻器的标记

（1）色环标记。

电阻器的标称阻值和允许误差常用色环来表示。在电阻器上印有四条色彩鲜艳的圆环，紧靠电阻器左端的三条色环表示电阻值，最后一条色环表示允许误差。图 2-23 为电阻器的色环标记方法。

第一环：电阻值的第一位数字。

第二环：电阻值的第二位数字。

第三环：在前面的两位数后面所乘上的乘数（10 的 $N$ 次方）。

第四环：阻值允许误差的等级。

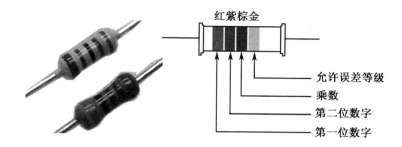

图 2-23　电阻的色环标记方法

如果电阻器上有五个色环标记，那么前三环表示电阻值的前三位数字，第四环表示应乘的乘数，而第五环则表示该电阻的允许误差值。表 2-4 是常用电阻器色环表。

（2）数字标记。

① 直标法：直接将阻值、允许误差标注在电阻器上。例如：2.7kΩ±5%，即表示该电阻器的标称阻值为 2.7kΩ，允许误差为±5%。

② 符号法：用缩写符号来表明标称阻值和允许误差。

例如：10R=10Ω　3k9=3.9kΩ　1MΩ=1MΩ

**表 2-4　常用电阻器色环表**

例：
黄紫棕银
$47\times10^{1}\pm10\%$
$=470\Omega\pm10\%$

误差
倍乘数
个位数
十位数

| 颜色 | 第一色环<br>十位数字 | 第二色环<br>个位数字 | 第三色环<br>倍乘数 | 第四色环<br>允许误差 |
|---|---|---|---|---|
| 棕 | 1 | 1 | $\times10^{1}$ | |
| 红 | 2 | 2 | $\times10^{2}$ | |
| 橙 | 3 | 3 | $\times10^{3}$ | |
| 黄 | 4 | 4 | $\times10^{4}$ | |
| 绿 | 5 | 5 | $\times10^{5}$ | |
| 蓝 | 6 | 6 | $\times10^{6}$ | |
| 紫 | 7 | 7 | $\times10^{7}$ | |
| 灰 | 8 | 8 | $\times10^{8}$ | |
| 白 | 9 | 9 | $\times10^{9}$ | |
| 黑 | 0 | 0 | $\times10^{0}$ | |
| 金 | | | $\times0.1$ | ±5% |
| 银 | | | $\times0.01$ | ±10% |
| 本色（无色环） | | | | ±20 |

③ 数码法：在电阻器上用三位数字表示电阻器标称阻值的方法称为数码标记法。如贴片电阻器常用数码标记。在三位数码中，从左至右第一、二位数表示电阻器标称阻值的第一、二位有效数字，第三位数为倍率，即在前两位数后加 0 的个数，单位为Ω。例如，标记为 222 的电阻器，其阻值为 2 200Ω，即 2.2kΩ；标记是 105 的电阻器阻值为 1MΩ；

标记是 4R7 的电阻器阻值为 4.7Ω。需要注意的是，要将这种标记法与传统方法区别开：如标记为 220 的电阻器的阻值为 22Ω，只有标记为 221 的电阻器其阻值才为 220Ω。

掌握电阻器的标记方法后，将 8 个电阻器插在硬纸板上，根据电阻器上的色环，写出它们的标称阻值。

### 2．认识万用表，学习万用表欧姆挡的使用

万用表又称多用表、三用表、复用表，是一种多功能、多量程的测量仪表，一般万用表可测量直流电流、直流电压、交流电压、电阻和音频电平等，有的还可以测交流电流、电容、电感及半导体的一些参数。万用表有指针式和数字式两种类型，图 2-24 为 MF10 型指针式万用表，图 2-25 是数字式万用表。数字式万用表不但可以测量交直流电压、交直流电流和电阻，而且还可以测量电容及信号频率、判断电路的通/断等。

图 2-24　MF10 型指针式万用表　　　图 2-25　数字式万用表

1）指针式万用表的结构

万用表由表头、测量电路及转换开关三个主要部分组成。

（1）表头：它是一个高灵敏度的磁电式直流电流表，万用表的主要性能指标基本上取决于表头的性能。表头上有五条刻度线，从上到下其功能是：第一条标有 ∞ 和Ω，指示的是电阻值，转换开关在欧姆挡时，即按照此条刻度线读数；第二条标有～V 和 V～，指示的是除小于交流 10V 以外的交流电压值；第三条标有-V 和 A-，指示的是直流电压和直流电流值；第四条标有 10V，指示的是小于 10V 交流电压值，当转换开关在交流电 10V 挡时，即读此条刻度线；第五条标有 dB，指示的是音频电平。

（2）转换开关。

其作用是用来选择各种不同的测量线路，以满足不同种类和不同量程的测量要求。

2）万用表符号含义

（1）A-V-Ω表示可测量电流、电压及电阻。

（2）-表示直流，～表示交流。

（3）45-1500-5000Hz 表示使用频率范围为 5 000Hz 以下，标准工频范围为 45～65Hz。

（4）20000Ω/V-250～500V 表示直流 250～500V 挡的灵敏度为 20 000Ω/V。

3）万用表使用方法

（1）熟悉表盘上各符号的意义及转换开关的主要作用。

（2）进行机械调零：在使用之前，应该先调节指针定位螺钉使电流示数为零，避免不必要的误差。

（3）根据被测量的种类及大小：选择转换开关的挡位及量程，找出对应的刻度线。选择合适的倍率挡。万用表欧姆挡的刻度线是不均匀的，所以倍率挡的选择应使指针停留在刻度线较稀的部分为宜，且指针越接近刻度尺的中间，读数越准确。一般情况下，应使指针指在刻度尺的 1/3～2/3 之间。

（4）测量电阻：先进行欧姆调零。测量电阻之前，应将 2 支表笔短接，同时调节"欧姆调零旋钮"，使指针刚好指在欧姆刻度线右边的零位。如果指针不能调到零位，说明电池电压不足或仪表内部有问题。并且每换一次倍率挡，都要再次进行欧姆调零，以保证测量准确。

（5）读数：表头的读数乘以倍率，就是所测电阻器的电阻。

（6）选择表笔插孔的位置。

### 3．用万用表测量电阻

在熟悉万用表的使用方法和各类电阻器后，在实际中可以用万用表欧姆挡测量电阻。用万用表测量电阻时先将表笔搭在一起短接，使指针向右偏转，随即调整欧姆调零旋钮，使指针恰好指到0。然后将两支表笔分别接触被测电阻器（或电路）两端，读出指针在欧姆刻度线（第一条线）上的读数，再乘以该挡标的数字，就是所测电阻器的电阻。例如，如图2-26所示的是用$R×100$挡测量电阻，指针指在80，则所测得的电阻为$80×100=8kΩ$。由于"Ω"刻度线左部读数较密，难看准，所以测量时应选择适当的欧姆挡。使指针在刻度线的中部或右部，这样读数比较清楚准确。每次换挡时，都应重新将两支表笔短接，调整指针到零位，才能测准。

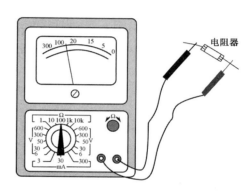

图 2-26　万用表测量电阻

（1）将万用表按要求调整好，选择适当的欧姆挡，调整欧姆调零旋钮将欧姆挡调零。

（2）分别测量8个电阻器的电阻，将测量值记入表2-5中，测量时注意读数应乘倍率。

（3）若测量时指针偏角太大或太小，应换挡后再测量。换挡后应再次调零才能使用。

（4）检查 8 个电阻器的电阻中你测量正确的有几个？将测量值和标称阻值相比较，计算各电阻的相对误差，记入表 2-5。

（5）将万用表转换开关指向交流电压最高挡。

表 2-5　测量电阻记录表

| 标称阻值 | $R_1$<br>（6.8Ω） | $R_2$<br>（51Ω） | $R_3$<br>（510Ω） | $R_4$<br>（680Ω） | $R_5$<br>（1kΩ） | $R_6$<br>（51kΩ） | $R_7$<br>（250kΩ） | $R_8$<br>（820kΩ） |
|---|---|---|---|---|---|---|---|---|
| 实测电阻 | | | | | | | | |
| 选择量程 | | | | | | | | |
| 相对误差 | | | | | | | | |

电阻的相对误差为测量阻值和标称值之差与标称阻值之比的百分数。

### 2.7.5 注意事项

（1）严禁在被测电路带电的情况下测量电阻。

（2）测电阻时直接将表笔跨接在被测电阻器或电路的两端。

（3）测量前或每次更换倍率挡时，都应重新调整欧姆零点。

（4）测量电阻时，应选择适当的欧姆挡，使指针尽可能接近标度的几何中心。

（5）测量中不允许用手同时触及被测量电阻器两端，以避免并联人体电阻，使读数减小。

（6）检测热敏电阻器时，电阻测量读数只供参考。

---

**思考与练习题**

2-7-1　万用表可以测量哪些电量？

2-7-2　试说出几种常用电阻器。

2-7-3　使用万用表测量电阻的步骤是什么？测量时应注意什么问题？

2-7-4　想一想，怎样用万用表测试电位器，实际做做，看看什么样的电位器质量好。

---

## 本章小结

（1）导体中的自由电子在电场力的作用下，产生有规则的定向运动形成电流。电流的实际方向为正电荷运动的方向，在电路分析时常指定电流的参考方向。电流的大小用单位时间内通过导体截面的电量表示。

（2）要使电荷产生定向运动形成电流，在导体两端必须有电压。电压是衡量电场力做功能力的物理量，电压的实际方向也是正电荷运动的方向。

（3）电路中某点的电位是该点到参考点的电压，参考点的电位为零。选择不同的参考点只影响各点的电位，不改变两点间的电压。

（4）要维持电路中电流的存在就必须有电源，电源把其他形式的能转换为电能，电源做功的能力用电动势表示，电动势与电压的方向相反。

（5）物体的导电能力用电阻或电导表示，导体的电阻与长度成正比，与截面积成反比，还与材料有关，可以用万用表测量电阻。

（6）电阻器是常用的电路器件，要根据其外观和标记来识别它的类型，根据色环或数码识别阻值，实际工作中常用万用表的欧姆挡测量电阻，万用表是一种多功能、多量程的测量仪表，一般万用表可测量直流电流、直流电压、交流电压、电阻和音频电平等。

## 习题 2

2-1 电荷的_____运动就形成电流。

2-2 在电路中规定_____电荷运动的方向为电流的实际方向。

2-3 在日常生活、工作中常用到的电流有_____和_____两种电流。

2-4 电压的实际方向为_____电荷的运动方向。

2-5 电路中某点的电位是该点到_____点的电压。

2-6 如果在 5s 内通过导线截面的电量是 10C，电流是多少？如果通过导线截面的电流是 0.1A，则 1min 将有多少库仑的电量通过导线截面？

2-7 已知一根铜导线长 1000m，截面积为 10mm²，求导线的电阻和电导。同样尺寸的铝导线的电阻为多大？

2-8 已知在电路中 A 点对地的电位是 10V，B 点对地的电位是 −10V，求 A、B 之间的电压。

2-9 用万用表测量 10 个电阻器的电阻，并计算绝对误差和相对误差。

**教学微视频**

# 第3章　直流电路

本章主要介绍直流电路的概念、结构和工作状态，电路的基本定律，运用欧姆定律和基尔霍夫定律对电路进行分析，并介绍电阻串联与分压、并联与分流的概念及应用，电路的功率与电能，直流稳压电源的使用方法和电流与电压的测量方法。

### 学习目标

1. 能判断电路的不同工作状态。
2. 能使用欧姆定律分析电路。
3. 能使用基尔霍夫定律分析求解复杂电路。
4. 能分析求解串并联电路。
5. 能理解电功率和电能的概念和计算公式。
6. 能使用万用表测量电流和电压值。

### 课程思政目标

1. 引入欧姆、基尔霍夫等名人故事，让学生感受在科学探索过程中的艰辛，培养学生勇于面对挫折和失败的挑战精神。

2. 复杂电路求解和串并联电路分析计算中，培养学生解决问题时能透过现象抓本质的意识。

3. 技能训练"电流、电压的测量"，通过实验操作、观察、分工合作、记录数据等行为培养学生准确、务实、严谨的工作作风和团结协作的精神，融入职业素养和安全生产意识的培养。

## 3.1　电路及工作状态

### 3.1.1　电路和电路图

电路是电流所流经的路径，它由电路元件组成。在实际中为了便于分析、研究电路，通常将电路的实际元件用电路符号表示，在电路图中画出与实际电路相对应的电路图。在电路图中，只有两个端点与电路其他部分相连的无分支电路称为支路；3 条支路以上的连接点称为节点；由支路组成的闭合路径称为回路。如图 3-1 所示电路中共有 3 条支路、2 个节点和 3 个回路。

### 3.1.2 电路的工作状态

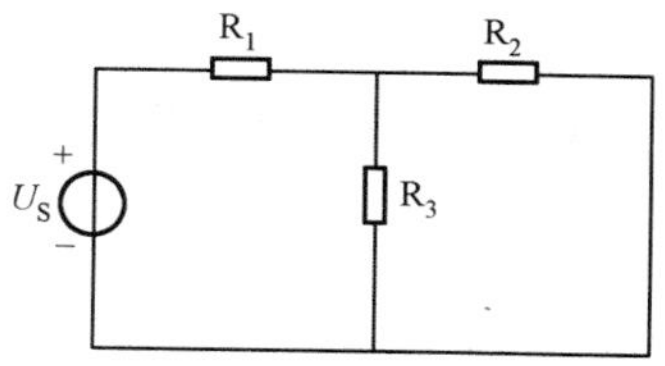

电路在不同的工作条件下其状态也不同，并具有不同的特点，通常研究如下三种状态。

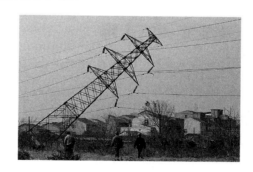

图 3-1 具有 3 个回路的电路图

#### 1. 额定工作状态

各种电气设备的电压、电流及功率都有一个使用规定值，它表示设备正常工作条件和工作能力，通常将这些电压、电流及功率值称为"额定值"。按额定值来使用设备可以保证设备的安全和一定的使用寿命，如果在使用中超过设备的额定值将降低设备的使用寿命，甚至会导致设备的损坏。当设备在额定值范围工作时称为额定工作状态，例如常用的白炽灯 220V、40W 为电灯的额定电压和额定功率。设备的额定值是由设计、制造部门考虑其使用的经济性、可靠性以及寿命等因素制定的。

#### 2. 开路状态

如图 3-2 所示电路，当开关 S 打开时，灯泡与电源断开，电路中没有电流，这时称电路处于开路状态。电路开路时的特点是电路开路点处电流为零。开路有时是由电路故障引起的，如实际电路中的断线和脱焊等。

#### 3. 短路状态

在电路中当一部分电路的两端用电阻可以忽略不计的导线连接起来的，称这部分电路被短路。电路短路时的特点是短路点的电压为零。电路短路一般是由故障引起的，当电源发生短路时，电流比正常工作电流大得多，时间稍长，便会使设备损坏和引起火灾。所以电源短路是一种严重的事故，应避免发生短路，在电路中可以接入熔断器和漏电保护器等短路保护装置，以便在电路发生短路时能迅速将电源与短路点切断，使之不酿成灾害。图 3-3 所示为高压输电线铁塔倾倒发生短路事故。

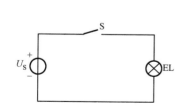

图 3-2 处于开路状态的电路图

图 3-3 高压输电线铁塔倾倒发生短路事故

#### 思考与练习题

3-1-1 什么叫支路、节点和回路？

3-1-2 电路开路和短路的特点各是什么？

## 3.2 欧姆定律及应用

### 3.2.1 欧姆定律

电流与电压是电路的基本物理量，电阻是电路元件的参数，分析电路就是研究电压与电流的关系。欧姆定律表明了电阻器两端电压与流过电阻器的电流和电阻三者之间的关系。

德国科学家欧姆通过大量的实验在 1827 年得到一个重要的结论：电阻器中的电流与电阻器两端电压成正比，而与电阻器的电阻成反比。这就是欧姆定律，它是电路的重要定律。欧姆定律表达式为

$$I = \frac{U}{R} \tag{3-1}$$

式中　　$I$ —— 电流（A）；

　　　　$U$ —— 电压（V）；

　　　　$R$ —— 电阻（Ω）。

应用式（3-1）时要注意电压与电流参考方向应相同，即关联参考方向，如电压与电流方向相反，电流取负号。如图 3-4 中电压与电流方向一致，电流为 1A；若电压与电流方向相反，如图 3-5 所示，则电流为-1A。电路中电压、电流的正、负只表示方向，不代表大小。

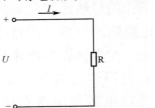　　　　　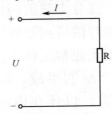

图 3-4　电压与电流方向相同示意图　　　　图 3-5　电压与电流方向相反示意图

### 3.2.2 欧姆定律的应用

对于任一电阻支路，只要知道电路中电压、电流和电阻这三个量中的任意两个量，就可以由欧姆定律求得第三个量。举以下几例说明欧姆定律的应用。

【例 3-1】　一盏 220V、100W 的电灯，灯泡的电阻是 484Ω，当电源电压为 220V 时，求通过灯泡的电流。

解　已知电灯的电阻和使用电压，通过灯泡的电流可以由式（3-1）确定，即

$$I = \frac{U}{R} = \frac{220}{484} = 0.455 \text{ (A)}$$

【例 3-2】　手电筒的电池电压为 3V，通过灯泡的电流为 150mA，求灯泡的电阻。

解　已知电压和电流，利用欧姆定律可以求得灯泡的电阻为

$$R = \frac{U}{I} = \frac{3}{0.15} = 20 \text{ (Ω)}$$

【例 3-3】　如果人体电阻的最小值为 800Ω，通过人体的电流达到 50mA 时，会引起呼吸器官的麻痹，不能自主摆脱电源，试求人体的安全工作电压。

**解** 由欧姆定律可知

$$U = IR = 50 \times 10^{-3} \times 800 = 40\text{V}$$

所以人体的安全工作电压应在 40V 以下，如 24V、12V 等。

**【例 3-4】** 如图 3-6 所示电路，已知电源电压为 12V，电阻为 2kΩ，求在图（a）和图（b）指定的参考方向下的电流。

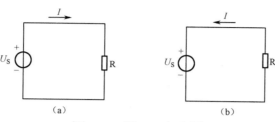

图 3-6  例 3-4 电路图

**解** 在图（a）电路中，电流与电压的参考方向相同，由欧姆定律可知电流

$$I = \frac{U_\text{S}}{R} = \frac{12}{2\,000} = 0.006(\text{A}) = 6(\text{mA})$$

在图（b）电路中，电流与电压的参考方向相反，电流表达式应加负号，即

$$I = -\frac{U_\text{S}}{R} = -\frac{12}{2\,000} = -0.006(\text{A}) = -6(\text{mA})$$

电流为负说明电流与电压的方向相反，正负在电路中只代表方向，不代表大小。

**■ 思考与练习题**

3-2-1 欧姆定律确定了哪几个量之间的关系？

3-2-2 用欧姆定律确定电阻器中的电压、电流时，其参考方向对其有何影响？

3-2-3 某一电阻器，若保持电阻不变，当电阻器两端电压增加时，其电流如何变化？

3-2-4 已知一电热器的电阻是 44Ω，使用时的电流是 5A，求供电线路的电压。

# 3.3 基尔霍夫定律

欧姆定律可以确定电阻器的电压与电流的关系，但一般只用于简单电路。对于一个比较复杂的电路，如图 3-7 所示的电路，如电源电压和各电阻已知，用欧姆定律不能确定出各支路的电流。对于复杂电路要利用基尔霍夫定律进行求解。基尔霍夫定律是分析电路的重要定律，它包括基尔霍夫电流定律和基尔霍夫电压定律。

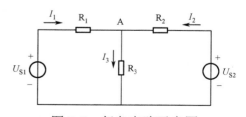

图 3-7  复杂电路示意图

## 3.3.1 基尔霍夫电流定律

基尔霍夫电流定律可以确定电路中任一节点所连的各支路电流之间的相互关系。基尔

霍夫电流定律指出：对于电路中的任一节点，流入节点的电流之和必定等于流出该节点的电流之和。基尔霍夫电流定律是电流连续性原理在电路中的体现，即任一瞬间从电路一个节点流入多少电荷，必定从该节点流出相等数量的电荷。

如图 3-7 所示电路，电流 $I_1$ 和 $I_2$ 流入 A 节点，而 $I_3$ 由该节点流出，由基尔霍夫电流定律可以将三个电流之间的关系用下式表示

$$I_1 + I_2 = I_3$$

如果将上式中的 $I_3$ 移到等式的左边，则

$$I_1 + I_2 - I_3 = 0$$

即任一瞬间，流入电路任一节点的各支路电流代数和等于零。可以用下式表示，即

$$\Sigma I = 0 \tag{3-2}$$

式中，$\Sigma$ 是代数和的意思，说明各项电流可以是正或负。如果规定流入节点的电流为正，则流出节点的电流为负，反之也成立。在应用时要注意各支路电流对节点的方向。

基尔霍夫电流定律不仅适用于电路的任一节点，而且还可以推广应用于电路中任何一个闭合面。例如，如图 3-8 所示的晶体三极管中，对于虚线所示的闭合面，三个电极电流的代数和等于零，即

$$I_b + I_c - I_e = 0$$

由于闭合面与节点具有相同的性质，因此也称闭合面为广义节点。

【例 3-5】 如图 3-9 所示电路，已知 $I_1=2A$，$I_4=-3A$，$I_5=5A$，试求 $I_2$、$I_3$ 和 $I_6$。

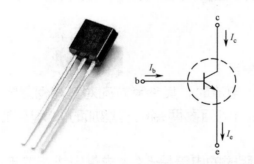

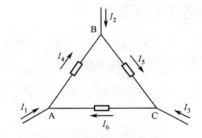

图 3-8　晶体三极管及电流方向示意图　　　图 3-9　例 3-5 电路图

**解** 根据电路中给定的电流参考方向，应用基尔霍夫电流定律，分别由节点 A、B、C 求得

$$I_6 = I_4 - I_1 = -3 - 2 = -5(A)$$
$$I_2 = I_5 - I_4 = 5 - (-3) = 8(A)$$
$$I_3 = I_6 - I_5 = -5 - 5 = -10(A)$$

在求得 $I_2$ 后，$I_3$ 也可以由广义节点求出，即

$$I_3 = -I_1 - I_2 = -2 - 8 = -10(A)$$

### 3.3.2　基尔霍夫电压定律

基尔霍夫电压定律可以确定电路任一回路中各部分电压之间的相互关系。基尔霍夫电压定律指出：对于电路的任一回路，沿任一方向绕行一周，各元件电压的代数和等于零，即

$$\Sigma U = 0 \tag{3-3}$$

应用基尔霍夫电压定律时，首先选定回路的绕行方向，回路中元件电压方向与绕行方向相同者取正号，反之取负号。例如，如图 3-10 所示电路，共有三个回路，如果选择顺时针方向为各回路的方向，由基尔霍夫电压定律可以列出各回路电压方程如下

回路 1        $U_1+U_3-U_{S1}=0$
回路 2        $-U_2+U_{S2}-U_3=0$
回路 3        $U_1-U_2+U_{S2}-U_{S1}=0$

根据欧姆定律，式中的电阻电压可以用电阻与电流的乘积表示，即

$$U_1=I_1R_1 \qquad U_2=I_2R_2 \qquad U_3=I_3R_3$$

基尔霍夫电压定律是能量守恒定律在电路中的体现，因为电压为电位之差，电位的升高使电荷获得能量，而电位的降低使电荷失去能量；根据能量守恒定律可知，在一个回路中，电荷得到的能量应与失去的能量相等，在电路中则体现为基尔霍夫电压定律的形式。

**【例 3-6】**  如图 3-11 所示电路中，已知电源 $U_{S1}=20V$、$U_{S2}=10V$，各个电阻器的电阻为 $R_1=1\Omega$、$R_2=1\Omega$、$R_3=5\Omega$、$R_4=3\Omega$，求电路中的电流 $I$。

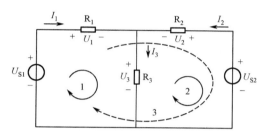
图 3-10  具有三个回路的电路图

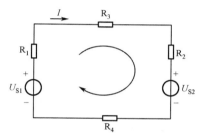
图 3-11  例 3-6 电路图

**解**  此电路是一个无分支的单回路，取顺时针方向为回路方向，由基尔霍夫电压定律列出回路电压方程为

$$IR_1+IR_2+IR_3+IR_4-U_{S1}+U_{S2}=0$$

代入数据可求出电流

$$I = \frac{U_{S1}-U_{S2}}{R_1+R_2+R_3+R_4} = \frac{20-10}{1+1+5+3} = 1\ (A)$$

基尔霍夫定律是分析电路的重要理论基础，在应用定律列电路方程时必须指定电流、电压的参考方向及回路的方向，并注意方向对方程的影响。

### ▦ 思考与练习题 ·

3-3-1  基尔霍夫定律确定了电路中哪些量之间的关系？

3-3-2  结合体会归纳应用基尔霍夫定律时要注意的问题。

3-3-3  如图 3-12 所示电路，在电路 $N_1$ 和 $N_2$ 之间只有一根导线相连，流过此导线的电流是多少？

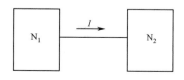
图 3-12  题 3-3-3 电路图

## 3.4 电阻器的连接方式

在电路中，电阻器的连接形式多种多样，串联与并联是最基本的连接方式。

### 3.4.1 电阻器的串联与分压

将两个以上的电阻器依次首尾相连接，这种连接方式称为电阻器的串联，两个电阻器的串联电路如图 3-13 所示。图 3-14 所示为两个灯泡组成的串联电路，电阻器串联有以下特点。

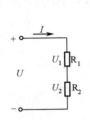

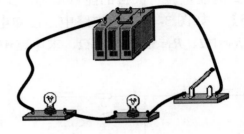

图 3-13　两个电阻器的串联电路图　　　图 3-14　两个灯泡组成的串联电路

（1）在串联电路中，通过各电阻器的电流相同。这是因为电阻器串联时，电路中只有一条电流的通道，通过一个电阻器的电流也必然通过其他电阻器，由基尔霍夫电流定律也可以得到相同的结论。

（2）串联电路的总电压等于各电阻器电压之和。这一点可以由基尔霍夫电压定律来证明，如图 3-13 所示的电阻器串联电路，由式（3-3）可以列出回路的电压方程，即

$$U_1+U_2-U=0$$

所以总电压　　　　　　　　　　　　$U=U_1+U_2$

（3）串联电路的总电阻为各电阻之和。由欧姆定律可知

$$U_1=IR_1 \qquad U_2=IR_2$$

因此　　　　　　　　　$U=IR_1+IR_2=I(R_1+R_2)=IR$

其中　　　　　　　　　　　　　$R=R_1+R_2$

$R$ 是串联电路的总电阻，通常称为等效电阻，所谓等效电阻是指 $R$ 与 $R_1+R_2$ 的数值相等，在电路中所起的功能转换作用相同。在进行电路分析时可以将多个电阻器的串联用如图 3-15 所示的一个等效电阻表示，这样可以简化电路。

由串联电路的特点可以看出：如果在串联电路中增加电阻，则等效电阻增大，在电源电压不变的情况下，电路中的电流就要减小，所以串联电阻器可以起到限制电流的作用。例如，在较大型的电动机启动时，为了防止启动电流过大，常在启动回路串联一个启动电阻器，以减小启动电流。

串联电阻器的另一个用途是分压，如图 3-13 所示的电阻器串联电路中，由于各电阻器通过的是一个电流，根据欧姆定律可知，每个电阻器上分得的电压与其电阻的大小成正比。即

$$\frac{U_1}{U}=\frac{R_1}{R} \qquad \frac{U_2}{U}=\frac{R_2}{R}$$

由此可见串联电阻器中每个电阻器上分得的电压取决这个电阻器的电阻与等效电阻的比值。适当选择各电阻器的电阻，就可以在每个电阻器上获得相应的电压。如电阻分压器和多量程电压表就是利用分压原理制成的。

【例 3-7】 如图 3-16 所示分压器电路，已知 $U_i$=12V，$R_1$=350Ω，$R_2$=550Ω，$R_P$=270Ω，调节可变电阻器 $R_P$ 的滑动端 C 由 A 到 B，求输出电压 $U_o$ 的变化范围。

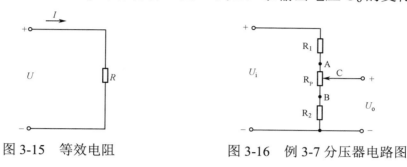

图 3-15 等效电阻　　　　图 3-16 例 3-7 分压器电路图

**解** 由串联分压原理可知，当可变电阻器 $R_P$ 的滑动端 C 到达 A 时，输出电压为最大值，即

$$U_{o\max}=\frac{R_2+R_P}{R_1+R_2+R_P}U_i=\frac{550+270}{350+550+270}\times12=8.4\ (\text{V})$$

当滑动端 C 到达 B 时，输出电压为最小值，即

$$U_{o\min}=\frac{R_2}{R_1+R_2+R_3}U_i=\frac{550}{350+550+270}\times12=5.6\,(\text{V})\times12=5.6(\text{V})$$

所以分压器的输出电压 $U_o$ 的变化范围在 5.6～8.4V。

【例 3-8】 有一块量程为 250V 的电压表，其内阻是 250kΩ。现用其测量 450V 左右的电压，应如何扩大该电压表的量程？

**解** 根据串联电阻器分压原理，可以给电压表串联一个电阻器，让串联电阻器分得一部分电压，从而使电压表所承受的电压不大于它的量程 250V。为了能够测量 450V 的电压，可以将电压表的量程扩大到 500V，分压电阻器所承受的最大电压为 250V。设电压表的内阻为 $R_V$，串联分压电阻器的电阻为 $R_F$，其电路如图 3-17 所示。根据分压关系可知

$$\frac{U_F}{U_V}=\frac{R_F}{R_V}$$

由此可得分压电阻

$$R_F=\frac{U_F}{U_V}R_V=\frac{250}{250}\times250=250(\text{k}\Omega)$$

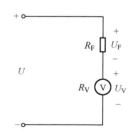

所以，此电压表串联一个 250kΩ 的电阻器，就可以测量 500V 以下的电压。在测量时，实际加在电压表上的电压，只是被测电压的一半，所以应将电压表的读数乘以 2，才是被测量电压的实际值。

图 3-17 例 3-8 电压表扩大量
程电路图

### 3.4.2 电阻器的并联与分流

几个电阻器首尾分别连在一起，即电阻器都是接在两个节点之间，这种连接方式称为

电阻器的并联，两个电阻器的并联电路如图 3-18 所示。图 3-19 所示为两个灯泡的并联电路。下面以两个电阻器并联为例，说明并联电路的特点。

（1）各并联电阻器的电压相同。如家庭常用照明电灯都是并联连接，各电灯的电压相同。

（2）并联电路的总电流为各支路电流之和。由基尔霍夫电流定律可知图 3-18 所示电路中的总电流为

$$I=I_1+I_2$$

（3）并联电路等效电阻的倒数为各电阻的倒数之和。由欧姆定律可知，图 3-18 所示中各支路电流为

$$I_1=\frac{U}{R_1} \qquad\qquad I_2=\frac{U}{R_2}$$

总电流

$$I=\frac{U}{R_1}+\frac{U}{R_2}=U(\frac{1}{R_1}+\frac{1}{R_2})=\frac{U}{R}$$

所以

$$\frac{1}{R}=\frac{1}{R_1}+\frac{1}{R_2}$$

一般常见的是两个电阻器的并联电路，等效电阻的倒数为

$$\frac{1}{R}=\frac{1}{R_1}+\frac{1}{R_2}=\frac{R_1+R_2}{R_1R_2}$$

其等效电阻

$$R=\frac{R_1R_2}{R_1+R_2}$$

并联电路的实例很多，如电灯与电视机等家用电器都是并联连接。并联电路适应于恒定电压供电方式。由于这种供电方式的电网电压一般不变，而且负载并联时，其中一个负载接通或断开，不会影响其他负载的正常工作，因此，供电系统都是采用恒定电压的供电方式，负载一般是并联连接。

由并联电路的特点还可以看出，当电路增加一个并联电阻器后，则该电阻器将通过一定的电流，使总电流增大。因此，并联电阻器可以起分流的作用，各电阻器中电流与总电流的关系为

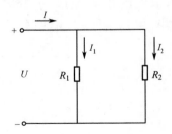

图 3-18　两个电阻器的并联电路

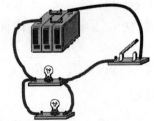

图 3-19　两个灯泡的并联电路

$$I_1=\frac{U}{R_1}=\frac{IR}{R_1}=\frac{R}{R_1}I$$

$$I_2=\frac{U}{R_2}=\frac{IR}{R_2}=\frac{R}{R_2}I$$

可见，每个并联电阻器中的电流与总电流之比等于电导之比或电阻的反比。当总电流一定时，适当选择并联电阻器，可以得到所需要的电流。

对于图 3-18 所示两个电阻器的并联电路，其两个电阻器中的电流为

$$I_1 = \frac{R}{R_1}I = \frac{R_2}{R_1 + R_2}I$$

$$I_2 = \frac{R}{R_2}I = \frac{R_1}{R_1 + R_2}I$$

分流器就是根据电阻器并联分流原理制成的，利用分流器可以扩大电流表的量程，举下例说明。

【例 3-9】 有一个量程为 $100\mu A$ 的电流表，内阻为 $1k\Omega$。要将其改装成量程为 $10mA$ 的电流表，求分流电阻器的电阻。

解 在 $100\mu A$ 电流表两端并联一个电阻器 $R_F$，如图 3-20 所示，使被测电流 $I$ 的一部分 $I_F$ 经过电阻器 $R_F$，使通过电流表的电流 $I_A$ 不超过其量程，这样就扩大了电流表的测量范围，这个并联电阻器 $R_F$ 称为分流电阻器。已知 $I_A=100\mu A$，$R_A=1k\Omega$，$I=10mA$，由两个电阻器的分流关系可知分流电阻器中的电流为

$$I_F = I - I_A = 10 - 0.1 = 9.9(mA)$$

根据电流之比等于电阻反比可得分流电阻器的电阻

$$R_F = \frac{I_A}{I_F}R_A = \frac{0.1}{9.9} \times 1000 = 10.1(\Omega)$$

【例 3-10】 在图 3-21 所示电路中，已知 $I=10A$，$R_1=1\Omega$，$R_2=9\Omega$，求等效电阻 $R$ 和支路电流 $I_1$、$I_2$。

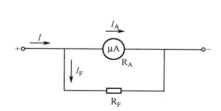

图 3-20　例 3-9 电流表扩大量程电路图

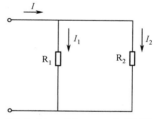

图 3-21　例 3-10 电路图

解 两个电阻器并联的等效电阻为

$$R = \frac{R_1 R_2}{R_1 + R_2} = \frac{1 \times 9}{1 + 9} = 0.9(\Omega)$$

由分流公式可得

$$I_1 = \frac{R_2}{R_1 + R_2}I = \frac{9}{1 + 9} \times 10 = 9(A)$$

$$I_2 = \frac{R_1}{R_1 + R_2}I = \frac{1}{1 + 9} \times 10 = 1(A)$$

### 3.4.3　电阻器的混联

电阻器的串联与并联是电路的最基本的连接形式，在电路中，可能既有电阻器串联又有电阻器并联，这称为电阻器的混联电路。如图 3-22 所示电路即混联电路。分析混联电路的方法如下：

（1）应用电阻器串联和并联的特点逐步简化电路，

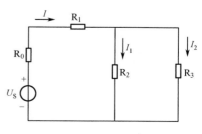

图 3-22　例 3-11 电路图

求出电路的等效电阻；

（2）由等效电阻和电路的总电压，根据欧姆定律求出电路的总电流；

（3）由总电流根据串联分压和并联分流及基尔霍夫定律或欧姆定律求各支路的电流。

下面举例说明混联电路的分析方法。

**【例 3-11】** 如图 3-22 所示电路，已知电源电压 $U_S$=8V，内阻 $R_0$=0.5Ω，$R_1$=3.5Ω，$R_2$=12Ω，$R_3$=6Ω，求电路的总电流 $I$ 及支路电流 $I_1$、$I_2$。

**解** 因为 $R_0$ 与 $R_1$ 串联，$R_2$ 与 $R_3$ 并联，可以先分别求出其等效电阻。

$R_0$ 与 $R_1$ 串联的等效电阻

$$R_{01}=R_0+R_1=0.5+3.5=4(\Omega)$$

$R_2$ 与 $R_3$ 并联的等效电阻

$$R_{23}=\frac{R_2R_3}{R_2+R_3}=\frac{12\times6}{12+6}=4(\Omega)$$

电路的总等效电阻

$$R=R_{01}+R_{23}=4+4=8(\Omega)$$

电路的总电流

$$I=\frac{U_S}{R}=\frac{8}{8}=1(A)$$

由分流公式可得

$$I_1=\frac{R_3}{R_2+R_3}I=\frac{6}{12+6}\times1=\frac{1}{3}(A)$$

$$I_2=\frac{R_2}{R_2+R_3}I=\frac{12}{12+6}\times1=\frac{2}{3}(A)$$

**【例 3-12】** 在照明线路上使用电炉时，电灯会明显变暗。这是由于电炉的电流较大，引起线路上的电压损失增加所致。图 3-23 为供给电灯和电炉的等效电路，设线路的起始端电压为 220V，线路电阻 $R_L$ 为 1Ω，在线路末端接有 100W、220V 电灯 2 盏，每盏电灯的电阻为 484Ω，如果接入一个电阻为 12.1Ω、4kW 的电炉，求电炉接入前和接入后电灯两端的电压。

**解** 由于每盏电灯的电阻相等，2 盏电灯并联的等效电阻为

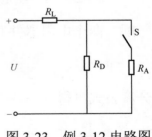

$$R_D=\frac{484\times484}{484+484}=242(\Omega)$$

图 3-23 例 3-12 电路图

接入电炉前电路电流为

$$I=\frac{U}{R_L+R_D}=\frac{220}{1+242}=0.91(A)$$

电灯两端的电压为

$$U_D=IR_D=0.91\times242=220(V)$$

接入电炉后，电灯与电炉并联，这时电路的等效电阻为

$$R=R_L+\frac{R_DR_A}{R_D+R_A}=1+\frac{242\times12.1}{242+12.1}\approx11.52(\Omega)$$

电路总电流

$$I' = \frac{U}{R} = \frac{220}{11.52} \approx 19.1(\text{A})$$

这时电灯的电压降低为

$$U_D' = U - I'R_L = 220 - 19.1 \times 1 = 200.9(\text{V})$$

这说明接入电炉后，电流增大，线路上的电压损失增加，使得电灯两端的电压降低，因此电灯明显暗了。

**▦▦ 思考与练习题 ◦**

3-4-1　电阻器串联和并联时有何特点？如何求等效电阻？

3-4-2　在电阻器串联电路中，电阻器两端电压的大小与电阻器的电阻是何关系？

3-4-3　在电阻器并联电路中，流经电阻器的电流的大小与电阻器的电阻是何关系？

3-4-4　图 3-24 所示电路已知 $R_1 = 10\,\Omega$，$I_1 = 2\text{A}$，$I = 3\text{A}$，求 $I_2$ 和 $R_2$。

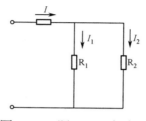

图 3-24　题 3-4-4 电路图

# 3.5　电路的功率与电能

电阻器是电路中的重要元件，电压与电流是电路分析中最常用的物理量，前面章节研究了各量之间的相互关系，在电路分析中还经常遇到功率和电能的问题。在电路中，电源一般发出功率，电阻器消耗功率。

### 3.5.1　电功率

电功率是单位时间内电场做的功，简称功率。图 3-25 是电路中的一个电阻器，它两端的电压为 $U$，通过的电流是 $I$，由电压、电流的定义可知：电压是电场力移动单位正电荷所做的功，电流是单位时间内通过电阻器的总电量。因此，单位时间内电场在电阻器上做的功应为电压与电流的乘积，即

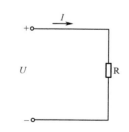

图 3-25　电路中的一个电阻器

$$P = UI \tag{3-4}$$

式中，$P$ 为电功率，当电压 $U$ 的单位为 V，电流 $I$ 的单位是 A 时，电功率的基本单位是瓦特（W）。大功率的设备常以千瓦为单位，小功率的以毫瓦为单位，其换算关系如下

$$1\text{kW} = 10^3\text{W}$$

$$1\text{mW} = 10^{-3}\text{W}$$

由欧姆定律可知电阻器的功率还可以用下式表示

$$P=UI=I^2R=\frac{U^2}{R} \tag{3-5}$$

可见电阻器中消耗的功率与电阻的大小及电阻器两端的电压或通过电阻器的电流有关。

**【例 3-13】** 一个 220V、100W 的灯泡，当接到电压为 220V 的电源时，通过的电流为多大？灯泡的电阻是多少？如果将此灯泡接到 110V 的电源时，灯泡的功率是多大？

**解** （1）由式（3-4）可知灯泡的电流及电阻为

$$I=\frac{P}{U}=\frac{100}{220}=0.455(A)$$

$$R=\frac{U}{I}=\frac{220}{0.455}=484(\Omega)$$

（2）将灯泡接到 110V 电源时，灯泡的电阻不变，由式（3-5）可知其功率为

$$P=\frac{U^2}{R}=\frac{110^2}{484}=25(W)$$

电压减小一半，功率降至 1/4。在实际电路中电功率可以用功率表进行测量。

### 3.5.2 电能

电灯、电动机及各种电器的功率只表示其工作能力，而完成的工作量不仅取决于功率，而且还与工作时间的长短有关。因此，电能（用电量）是表示电场在一段时间内所做的功，即

$$W=Pt \tag{3-6}$$

式中 $P$——功率，以千瓦为单位；

$t$——时间，以小时为单位；

$W$——电能，其单位是千瓦时（kW·h），1 千瓦时就是平常所说的 1 度电。如 40W 的电灯，工作 25h，消耗 1 度的电能。

**【例 3-14】** 一台 10kW 电动机，每天工作 8h，求一个月 30 天的用电量。

**解** 由式（3-6）可知电动机每天的用电量为

$$W_1=Pt_1=10\times8=80\ (kW·h)$$

电动机 30 天的用电量为

$$W=W_1\times30=80\times30=2400(kW·h)$$

在生产和生活中，电能可以用图 3-26 所示电能表测量，电能表俗称电度表。

图 3-26 电能表

---

**思考与练习题**

3-5-1 电路的功率为何等于电压与电流的乘积？

3-5-2 有一个电阻器，上标有 1kΩ、2W 字样，求该电阻器的工作电流和电压。

3-5-3 一个 10Ω 的电阻器，通过的电流为 0.1A，求电阻器消耗的功率。

3-5-4 一台 100W 的冰箱，每天工作 12h，求 30 天的用电量。

## 3.6 技能训练2 电流、电压的测量

### 3.6.1 技能训练目的

（1）掌握简单电路的连接方法。
（2）掌握直流稳压电源的基本使用方法。
（3）掌握万用表电压挡的使用方法。
（4）掌握用万用表测量电压和电流的方法。

### 3.6.2 预习要求

（1）复习电阻器串联电路和并联电路的连接方式和特点。
（2）掌握串联分压和并联分流的分析方法。
（3）掌握基尔霍夫电流定律和电压定律的应用。
（4）会画简单电路图。
（5）了解电工实验安全规程及应注意的问题。

### 3.6.3 仪器和设备

测量仪器和设备见表 3-1。

表 3-1　测量仪器和设备

| 名　　称 | 参考型号及使用参数 | 数　　量 |
|---|---|---|
| 电阻器 | 510Ω、1kΩ色环电阻器 | 2 个 |
| 万用表 | MF10 | 1 块 |
| 可调直流稳压电源 | XDT—18 | 1 台 |
| 直流数字电压表 | DICE—DG | 1 块 |
| 直流数字毫安表 | DICE—DG | 1 块 |

### 3.6.4 技能训练内容和步骤

电工常用测量仪表、仪器有电压表、电流表、万用表和直流稳压电源。用这些仪表、仪器测量电路时，若不注意正确的使用方法或稍有疏忽，就会将仪表或稳压电源烧坏，或者使被测元件损坏，甚至还危及人身安全。因此，掌握常用电工测量仪表及仪器的正确使用方法是非常重要的。

#### 1．学习使用万用表测量电压

用指针式万用表测量电压和电流时要注意，万用表标度盘内有数条标尺。它们分别在测量不同电量时使用，根据测量种类在相应的标尺上读取数据。例如标有"DC"或"-"的标尺用于测量直流各量；标有"AC"或"～"的标尺用于测量交流各量。

测量电压（或电流）时要选择好量程，如果用小量程去测量大电压，那么会有烧表的危险；如果用大量程去测量小电压，那么指针偏转太小，无法读数。量程的选择应尽量使

指针偏转到满刻度的 2/3 左右。如果事先不清楚被测电压的大小时，应先选择最高量程挡，然后逐渐减小到合适的量程。

直流电压的测量：将万用表转换开关置于直流电压的合适量程上，且"+"表笔（红表笔）接到高电位处，"−"表笔（黑表笔）接到低电位处，即让电流从"+"表笔流入，从"−"表笔流出，如图 3-27 所示。若表笔接反，表头指针会反方向偏转，容易撞弯指针。

### 2. 学习使用万用表测量电流

测量直流电流时，将万用表转换开关置于直流电流的合适量程上，电流的量程选择和读数方法与测量电压相似。测量时必须先断开电路，然后按照电流从"+"到"−"的方向，将万用表串联到被测电路中，即电流从红表笔流入，从黑表笔流出，如图 3-28 所示。如果误将万用表与负载并联，则因表头的内阻很小，会造成短路烧毁仪表。其读数方法如下：

$$实际值=指示值×量程/满偏$$

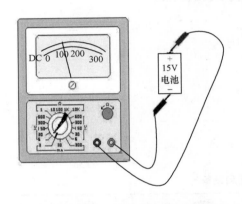

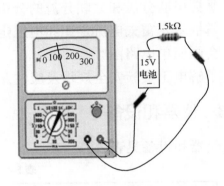

图 3-27　万用表测量直流电压　　　图 3-28　万用表测量直流电流

### 3. 数字电压表和电流表

数字电压表和电流表是把被测电压或电流的数值通过模/数转换技术，变换成数字量，然后用数码管以十进制数字显示被测量电压或电流的值。数字电压和电流表具有高精度、量程宽、显示位数多、分辨率高、易于实现测量自动化等优点，在电压、电流测量中也占据了越来越重要的地位。图 3-29 为数字电压表，图 3-30 为数字电流表。

图 3-29　数字电压表　　　　　图 3-30　数字电流表

### 4. 学习直流稳压电源的使用方法

直流稳压电源是输出可调稳定直流电压的电源设备。常用的直流稳压电源如图 3-31 所示，它一般可以输出稳定的直流电压 0～30V，输出最大电流为 3A。使用时先插上仪器旁侧的电源插头，输入 220V 的交流电压，再打开面板上的电源开关，指示灯即亮。面板上的输出接线柱有"+、–"之分，电路中如果不需要接地时，"+、–"端可悬空。输出接线柱千万不能误接到交流电源上，否则会使稳压电源立即损坏。输出电压和输出电流的值由面板上的电压表和电流表指示出来。

直流稳压电源在使用中，要防止过载和短路，若发现电压表指示突然下降至零，表示电流过大，内部的过载保护部分停止输出电压，这时要设法减小输出电流，然后再按一下面板上的复位按钮，即可使输出电压恢复正常。有些直流稳压电源在面板上或仪器内部装有管状熔丝塞孔，用于短路保护。

由于直流稳压电源的内阻极小（数十毫欧姆），输出电压稳定，故可当作恒定的电压源使用。图 3-32 是稳压性能更好的直流开关稳压电源。

图 3-31　直流稳压电源　　　　　图 3-32　直流开关稳压电源

### 5. 简单直流电路的连接

熟悉电阻器、电压表、电流表、万用表和稳压电源的使用方法后，实际电路连接如图 3-33（a）所示，原理电路如图 3-33（b）所示，$E$ 为可调直流稳压电源，先将稳压电源输出电压调为 10V，断开开关 S；然后将 510Ω 和 1kΩ 电阻器串联后接在稳压电源的输出端，经检查无误后闭合开关 S，电路接通后可以用万用表或数字电压表和电流表测量电路的电压和电流。

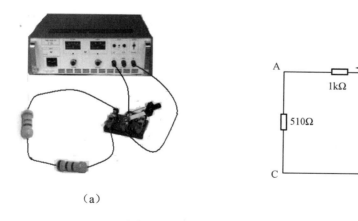

　　　　（a）　　　　　　　　　　　　　　　　　（b）

图 3-33　实际电路的连接和原理电路

### 6. 测量直流电路中的电压及电流

1）直流电压的测量

将万用表转换开关拨至直流电压挡上，估计被测电压的大小，选择适当的量程，两表笔与被测电路并联，红表笔插"+"孔，接至被测电压的正极；黑表笔插"–"孔，接至被测电压的负极。当指针反向偏转时，将两表笔交换后接至电路，再读取读数。被测电压的正负由电压的参考极性和实际极性是否一致来决定。闭合图 3-33 电路的开关 S，用并接直流电压表的方法分别测量出 A、B、C 三点间的各电压值，记入表 3-2。测量时注意表的极性并合理选择量程。

　　2）直流电流的测量

　　将万用表转换开关拨至直流电流挡，估计被测电流的大小，选择适当的量限，两表笔与被测支路串联，应使电流从红色表笔流入，从黑色表笔流出。当指针反向偏转时，应将两表笔交换位置，再读取读数，被测电流的正、负由电流的参考方向与实际方向是否一致来决定。在图 3-33 电路中用串接直流电流表的方法测出回路电流值，记入表 3-2。测量时注意表的极性并合理选择量程。

表 3-2　测量记录表

| 电阻值 | $U_{AB}$（V） | $U_{AC}$（V） | $U_{BC}$（V） | $I$（mA） |
|---|---|---|---|---|
| 计算值 | | | | |
| 测量值 | | | | |
| 误差值 | | | | |

### 3.6.5　注意事项

　　（1）在启动电源之前，应使直流稳压电源的输出旋钮置于零位，测量时再缓缓地增、减输出。

　　（2）使用各仪表测量直流量时要正确选择表的极性，同时读数要正确。读数时，应正视表面，同时认清所选测量挡的标度尺；记录时要标出正、负号。

　　（3）稳压电源的输出端不允许短路。

　　（4）不能用万用表的电流挡和电阻挡测量电压值。

　　（5）改接线时，要断开电源避免带电操作。

■■ 思考与练习题 ●

　　3-6-1　为什么电压表要与被测量电路并联，电流表要与被测量电路串联？

　　3-6-2　练习用数字式万用表测简单电路的电压和电流。

## 本章小结 ●

　　（1）电流流经的路径称为电路，电路由电源、负载、开关和连接导线构成。电路有三种工作状态，即额定工作状态、开路状态和短路状态，开路的特点是开路点的电流为零，短路的特点是短路点的电压为零。

　　（2）欧姆定律说明了电阻器中电压和电流关系的客观规律，基尔霍夫电流定律确定了节点上各支路电流的关系，基尔霍夫电压定律确定了回路中各支路电压的关系。欧姆定律和基尔霍夫定律是分析电路的基础。

（3）电阻器的串联与并联是电路的基本连接形式，串联的特点是各电阻器中的电流相同，具有分压的作用；并联的特点是各电阻器上的电压相同，具有分流的作用。

（4）电路的功率为单位时间内电场做的功，电能是电场在一段时间内所做的功，其大小等于电压与电流的乘积，电阻器是消耗电能的元件。

（5）电压表、电流表、万用表和直流稳压电源是电工常用测量仪表、仪器，用这些仪表、仪器在测量电路时要注意正确的使用方法，电压表要与被测量电路并联，电流表要与被测量电路串联，稍有疏忽，就会将仪表或稳压电源烧坏，要正确掌握常用电工测量仪表及仪器的使用方法。

## 习题 3

3-1　如图 3-34 所示电路，求 6Ω电阻器中的电流和 a、b 两端之间的电压 $U_{ab}$。

3-2　如图 3-35 所示电路，已知 $R_1$=10Ω、$I_1$=2A、$I$=3A，求 $I_2$ 和 $R_2$。

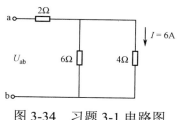

图 3-34　习题 3-1 电路图

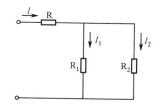

图 3-35　习题 3-2 电路图

3-3　如图 3-36 所示电路，求 A、B 端的等效电阻 $R_{AB}$。

3-4　如图 3-37 所示电路，已知 $R_1$=100Ω，两个电流表的读数分别是 $I$=3A，$I_1$=2A，求 $I_2$ 和 $R_2$。

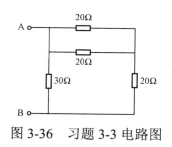

图 3-36　习题 3-3 电路图

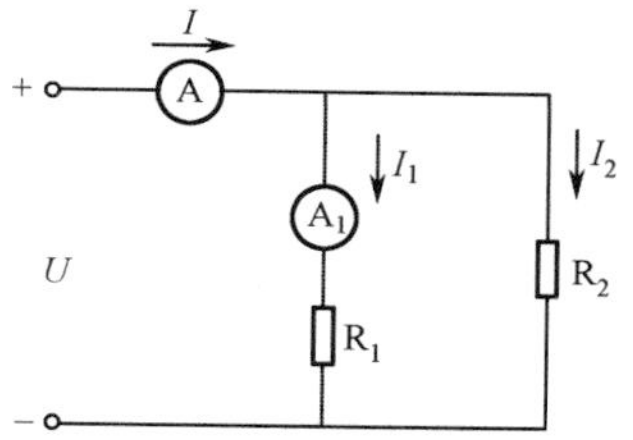

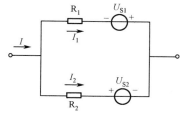

图 3-37　习题 3-4 电路图

3-5　如图 3-38 所示电路，已知 $U_{S1}$=5V、$R_1$=5Ω、$U_{S2}$=10V、$R_2$=10Ω、$I$=3A，求电流 $I_1$ 和 $I_2$。

3-6　有一个量程为 100μA、内阻是 1kΩ的表头，如果将其改装成为一个如图 3-39 所示量程为 3V、30V 和 300V 的多量程电压表，求分压电阻器 $R_1$、$R_2$ 及 $R_3$ 的电阻。

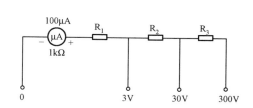

图 3-38　习题 3-5 电路图

图 3-39　习题 3-6 电路图

3-7　一个 220V、40W 的灯泡，求灯泡的额定电流和灯丝的电阻。

3-8　两根输电线，每根的电阻为 1Ω，通过的电流年平均值为 50A，一年工作 4 200h，求此输电线一年内的电能损耗。

3-9　有两个灯泡，一个为 220V、100W，另一个为 220V、40W，若把两个灯泡串联到 220V 电源上，求每个灯泡的功率，哪个灯泡亮些？为什么？

教学微视频

# 第4章 正弦交流电路

在电工与电子技术中，广泛地使用着正弦交流电。从理论分析到实际应用，掌握分析正弦交流电路的方法都是非常重要的。本章主要介绍电容器和电感器的性能、参数和应用；正弦交流电的基本概念和表示方法；电阻器、电感器和电容器的电压与电流的关系；室内常用配电板的安装方法；日光灯电路的安装连接及功率因数的提高方法。

## 学习目标

1. 能认识电容器和电感器以及符号和单位。
2. 能理解电容器和电感器的基本特性。
3. 能理解正弦交流电的三要素。
4. 能掌握正弦交流电的表示方法。
5. 能分析求解正弦交流电路的参数。
6. 能掌握配电板的安装方法。
7. 能掌握实际电路中改善感性负载功率因数的方法

## 课程思政目标

1. 引入科学发展史上著名的"交直流之争"故事，通过科学家的具体事例培养学生坚持不懈、百折不挠的个人品质，学习科学家严谨的科学态度及创新的科学思想。

2. 求解正弦交流电路的参数，强调数学方法和数学思维在分析解决工程问题的重要性，引导学生发觉各学科的关联，提高学习兴趣。

3. 技能训练"配电板的安装"，引入大学生寝室违规用电的案例，让学生了解违规使用电器的危害，引导学生养成诚实守信、安全用电的意识，努力践行社会主义核心价值观。

4. 技能训练"日光灯电路的安装连接"，引导学生怀抱匠心，练就精湛技艺，对工作保持精益求精和追求卓越的态度。

## 4.1 电容器与电感器

### 4.1.1 电容器

电容器是电气设备中一种重要的元器件，是电工与电子技术中广泛应用的一种元器件，例如，在洗衣机、电风扇、空调、电视机和手机中都有电容器。电容器在电路中的主要作用有滤波、耦合、旁路、调谐、能量转换和延时等。

电容器的种类繁多，按电容量能否变化分为固定电容器与可变电容器。如图 4-1 所示为固定电容器，固定电容器的电容量固定不变；电容器按绝缘介质分为空气电容器、云母电容器、陶瓷电容器、金属氧化膜电容器、纸质电容器、聚酯膜（涤纶）电容器、铝电解电容器等。电解电容器用一层薄的氧化膜作为电介质，分有极性电解电容器和无极性电解电容器两种。有极性的电解电容器使用时，要求电容器的正极接电压的正极，电容器的负极接电压的负极，不能接反，否则会损坏电容器。常用的电解电容器有铝电解电容器和钽电解电容器。

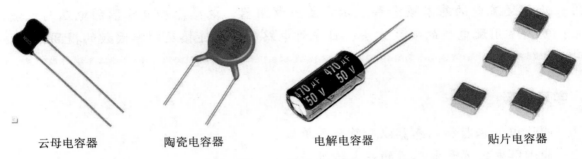

| 云母电容器 | 陶瓷电容器 | 电解电容器 | 贴片电容器 |

图 4-1　固定电容器

图 4-2 所示为可变电容器，可变电容器的电容量可以在一定范围内调节。

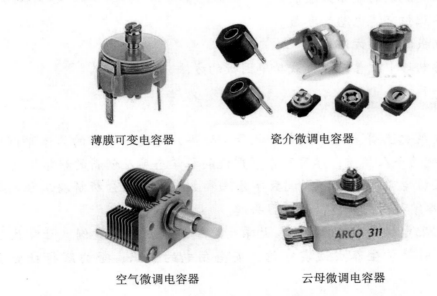

| 薄膜可变电容器 | 瓷介微调电容器 |

| 空气微调电容器 | 云母微调电容器 |

图 4-2　可变电容器

电容器能在一定的直流电压下长时间地稳定工作，并且保证电介质性能良好，这个直流电压的数值称为额定工作电压。额定工作电压一般也称为耐压，指电容器能长期工作而电介质不损坏的直流电压数值。电容器的额定工作电压一般标注在电容器的外壳上，是一个标称值，电容器的额定工作电压界定了电容器两端所能承受的最大电压。当电容器两端加交流电压时，交流电压的最大值不能超过电容器的额定工作电压，否则电容器会被击穿，造成电路短路事故。

电容器两极之间的电阻称为绝缘电阻，又称漏电电阻，大小是额定工作电压下的直流电压与通过电容器的漏电流的比值。绝缘电阻越小，漏电流越大。因此，电容器的绝缘电阻越大越好。

电容器在电场作用下消耗的能量，通常用损耗功率和电容器的无功功率之比，即损耗角的正切值表示。损耗角越大，电容器的损耗越大，损耗角大的电容不适于在高频情况下工作。

### 4.1.2 电容器的性能及参数

电容器是组成电路的常用元器件之一。在电路中，电容器具有储存电荷的作用，当电容器的电压升高时，电容器充电储存电荷；当电容器的电压降低时，电容器放电释放电荷。

#### 1. 电容器的电荷与电压的关系

电容器的储存电荷的能力称为电容量，简称电容，用 C 表示电容器的电路图形符号如图 4-3（a）所示。在图 4-3（b）所示电压参考方向下，若以 $q$ 表示正极板上的电荷，则电容

$$C = \frac{q}{U} \tag{4-1}$$

若电容大小与电压、电荷无关，是一个常数，称为线性电容。其特点是电荷与电压成正比。在式（4-1）中，当 $q$ 的单位为库仑（C），$U$ 的单位为伏特（V）时，电容的基本单位是法拉（F）。实际电路中常用的单位是微法（μF）和皮法（pF）。换算关系是 $1\mu F=10^{-6}F$，$1pF=10^{-12}F$。

如果以 $U$ 为横坐标，$q$ 为纵坐标，画出电荷与电压关系的图像，称为电容器的库伏特性。线性电容的库伏特性是一条通过原点的直线，如图 4-4 所示。

实际电容器上标有标称容量和允许误差。电容器上所标明的电容量称为标称容量，允许误差是指在国家标准规定范围内的误差。

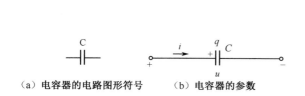

（a）电容器的电路图形符号　　（b）电容器的参数

图 4-3　电容器的电路图形符号及参数

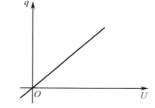

图 4-4　电容器的库伏特性示意图

#### 2. 电容器的电压与电流的关系

当电容器的进行充放电时，电容器的电压将发生变化，极板上电荷的数量也要相应改变，这时在与电容器相连接的导线中就有电荷的移动，形成电流。

电容器中电流的大小取决于电容器上电压对时间的变化率，而不决定于电压的大小。因为电容器中的电流是充放电电流，当其充电时，电压升高，电流与电压方向相同；当它放电时，电压降低，电流与电压方向相反。在直流电路中电容器充满电后其电压不再变化，电流为零，相当于开路，所以电容器具有隔直流电的作用。

### 3. 电容器的电场能量

电容器充电后极板上储存了电荷，极板之间有电压，说明电容器内存在电场。电场是一个能量场，因此当电容器储存有电荷或有电压时，它就储存了电场能量。任一时刻电容器储存的电场能量

$$W_C = \frac{1}{2}Cu^2 \tag{4-2}$$

上式表明，任一时刻电容器的电场能量与该时刻的电压平方成正比。当电容的单位为法拉，电压的单位为伏特时，电场能量的单位是焦耳（J）。

由于电容器可以储存电场能量，因此它与电感器相似是一种储能元器件。当电容器充电时，电压上升，电容器储存电场能量；当电容器放电时，电压下降，电容器释放电场能量。所以电容器只是储存能量而不消耗能量，也不会释放出多于它吸收的能量。

## 4.1.3 电容器的应用及性能判别

电容器的标称容量、允许误差（精度等级）可用数字、字母或色码在电容器上标明，标注方法与电阻器相同。通常电容器的电容小于 10 000pF 时，用 pF 做单位，大于 10 000pF 时，用 μF 做单位。例如，2n2J 表示该电容器标称容量为 2.2 纳法（nF），即 2200 皮法（pF），允许误差为 ±5%；470nF 表示电容器的电容为 470 纳法（nF）或 0.47 微法（μF），允许误差±10%。色标法在电容器上也常用，与电阻器标注方法相同。目前多数的圆片电容器、瓷介电容器和 CBB 电容器都用数码表示法，读数方法与电阻器相同。贴片电容器一般都是无符号标志的，可根据经验从颜色的深浅去辨别。浅色或白色的为皮法（pF）级，如 100pF 以内的；深色、棕色为隔直流电、滤波电容器，为纳法（nF）级的电容器。电容器的额定工作电压（耐压）一般直接标注在电容器上。

电容器有多种类型，实际应用中应根据电路的具体要求确定选用哪种类型的电容器。所选电容器的主要参数（电容、额定工作电压、允许误差、绝缘电阻等）要满足电路的要求，电容器的外形尺寸也要符合电路的要求。一般来说，高频、超高频电路中选用高频瓷介电容器；中、低频电路可选用低频瓷介电容器（铁电陶瓷电容器）、有机薄膜电容器、金属化纸介电容器、电解电容器；调谐电路中选用可变电容器。

## 4.1.4 电感器

电感器也称线圈，由缠绕在绝缘骨架或磁芯、铁芯上的绝缘导线构成，它是电路中常用的元器件之一，电感器分为固定电感器和可变电感器两大类，如图 4-5 所示为各种类型电感器。电感器广泛用于数码相机、笔记本电脑、手机、对讲机、通信设备、电子玩具及传真机等。在电路中的主要作用有滤波、耦合、调谐、信号隔离等。

### 1. 固定电感器

固定电感器的电感量固定不变，电感量简称为电感。常用的固定电感器有空心电感器、磁芯电感器、铁芯电感器等。

工字电感器　　　　　磁芯电感器　　　　　空心电感器

色环电感器　　　　　贴片电感器　　　　　可变电感器

图 4-5　各种类型电感器

1）空心电感器

空心电感器又称空心线圈，多用于高频电路中，由漆包线在模具上绕好后脱去模具制成，实际应用中，根据需要可随时用漆包线绕制空心电感器，其电感量的大小由绕制匝数的多少来调整。

2）磁芯电感器

磁芯电感器由漆包线环绕在磁芯或磁棒上制成，磁芯电感器广泛应用于电视机，摄像机、录像机、通信设备、办公自动化设备等电子电路中。

3）铁芯电感器

铁芯电感器由漆包线环绕在铁芯上制成，这类电感器有时又称为扼流圈，主要应用在电源供电电路中，用以隔离或滤波。

4）贴片电感器

贴片电感器体积小，主要用于手机、计算机主机板、摄像机、数码相机、电源变换器等各类电子产品。

### 2. 可变电感器

可变电感器的电感量可以在一定范围内调节。电感器电感量的大小，主要取决于绕制电感器线圈的匝数、绕制方式、有无磁芯及磁芯的材料。匝数越多，绕制的线圈越密集，电感量越大；有磁芯的电感器比没有磁芯的电感器电感量大；磁芯磁导率越大，电感器的电感量也越大。在实际应用中，通常都是通过调节磁芯在线圈中的位置来改变电感量。

### 4.1.5　电感器的性能及参数

电感器是表示线圈的理想化的电路元件，它是组成电路的常用元件之一。当电流通过电感器时，在它的周围建立了磁场，将电能转化为磁场能量储存起来。

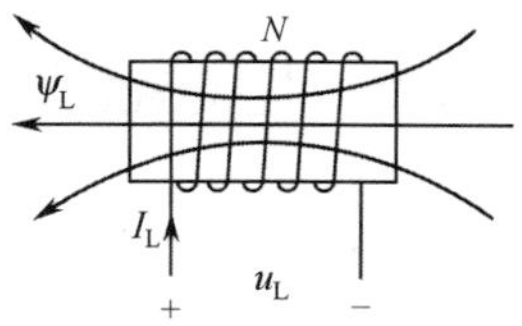

### 1. 电感器磁通链与电流的关系

如图 4-6 所示线圈，当电流 $I_L$ 通过线圈时，将产生自感

图 4-6　线圈示意图

磁通 $\Phi_{\mathrm{L}}$。设线圈有 $N$ 匝，如果磁通穿过线圈的各匝，则线圈中的自感磁链（全部自感磁通）$\Psi_{\mathrm{L}}=N\Phi_{\mathrm{L}}$。由于磁通是电流产生的，所以磁链与电流存在一定的关系，在磁通与电流的参考方向符合右螺旋的情况下，将自感磁链与产生它的电流之比称为线圈的电感，用 $L$ 表示，即

$$L=\frac{\Psi_{\mathrm{L}}}{I_{\mathrm{L}}} \tag{4-3}$$

$L$ 是一个比例系数，当 $\Psi_{\mathrm{L}}$ 的单位为韦伯（Wb），$I$ 的单位为安培（A）时，$L$ 的基本单位是亨利（H），常用的单位还有毫亨（mH）和微亨（μH）。它们的换算关系为：1H=1 000mH，1mH=1 000μH。

电感器的电感量与线圈的形状、匝数、几何尺寸及周围介质有关，当介质为非铁磁物质时，$L$ 为常数称为线性电感。在电路中电感器可以用图 4-7 所示的符号表示。式（4-3）的图像如图 4-8 所示，称为韦安特性。

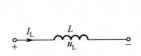

图 4-7　电感器的电路符号

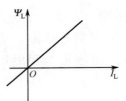

图 4-8　电感器的韦安特性示意图

### 2. 电感器感应电压与电流的关系

当通过电感器的电流变化时，电流产生的磁链也随之变化，根据电磁感应定律，电感器两端将产生感应电压。感应电压的大小取决电流对时间的变化率，即某一瞬间的感应电压不是取决于此瞬间电流的数值，而是由电流的变化快慢决定的。电感器在直流电路中，由于电流不变化，感应电压为零，相当于短路。

### 3. 电感器的磁场能量

电感器中若有电流就一定产生磁通，而有磁通就意味着电感器内有磁场。磁场是一个能量场，它储存着一定的磁场能量。因此，当电感器通有电流时，它的磁场中就储存有磁场能量。任一时刻电感器的磁场能量

$$W_{\mathrm{L}}=\frac{1}{2}LI^2 \tag{4-4}$$

当 $L$ 的单位是亨利，电流的单位是安培时，磁场能量的单位是焦耳（J）。由式（4-4）可见，磁场能量与电流的平方成正比，当电流增加时磁场能量增加，电感器吸收能量将电能转化为磁场能量；当电流减小时，磁场能量也随之减小，电感器释放能量。因此电感器只是储存能量而不消耗能量，也不会释放出多于它吸收的能量，电感器与电阻器不同，它是一种储能元件。

## 4.1.6　电感器的应用及性能判别

### 1. 电感器的型号

一般来说，电感器的型号包含三个部分：第一部分用字母表示主称；第二部分用字母

与数字混合或数字表示电感量；第三部分用字母表示允许误差。

### 2．电感器的标号

电感器的标号与电阻器、电容器的标号类似，只是没有标注出单位的是以"μH"为单位。需要特别说明的是：在电感器中，也用"R"表示小数点，实际使用时应注意与电阻器的区别，避免混淆。

### 3．标称电感量和允许误差

1）标称电感量

标称电感量指电感器上标注的电感量。电感量的基本单位是亨利（H）（简称亨），实际常用的单位还有毫亨（mH）、微亨（μH）。

2）允许误差

电感器的允许误差应根据不同的使用场合来确定。一般用于振荡或滤波等电路中的电感器要求精度较高，允许误差为±0.25%～±0.5%；而用于耦合、扼流等电感器的精度要求不高，允许误差为±10%～±20%。

### 4．额定工作电流

电感器的额定工作电流指电感器正常工作时允许通过的最大电流。

### 5．品质因数

电感器的品质因数又称为 $Q$ 值，是衡量电感器质量的主要参数。品质因数指电感器在某特定频率（谐振频率）的交流电压下工作时，所呈现的感抗与其等效损耗电阻之比。电感器的品质因数越高，其损耗越小，效率越高，质量也越好。

### 6．分布电容

电感器本质上是绝缘导线绕制成的线圈，线圈匝与匝之间、线圈与磁芯之间，或多或少都会存在"电容"，这种"电容"称为分布电容。

电感器选择时，主要考虑其电感量、额定工作电流、品质因数、直流电阻等性能参数及外形尺寸是否符合要求。对振荡电路而言，要求电感器误差小，性能稳定。

---

### ▓▓ 思考与练习题

4-1-1　为什么在电容器的充、放电过程中，电路中会出现电流？这个电流与电容器两端的电压大小有没有关系？

4-1-2　电容器能通过直流电流吗？为什么？

4-1-3　两个电容器，一个电容量较大，另一个较小，充电到同样的电压时，哪一个带电量多？如果带电量相同，哪一个电压高？

4-1-4　什么叫线圈的电感？电感与哪些因素有关？

4-1-5　线圈中产生的感应电压是否与线圈中的电流大小成比例？为什么？

4-1-6　线圈储存的磁场能量与哪些量有关？理想电感器是否消耗能量？

## ▪▪ 4.2 正弦交流电的基本概念

### 4.2.1 正弦交流电的三要素

交流电是指大小和方向都随时间变化的电压或电流，每一时刻的电压、电流值称为瞬时值，一般用小写字母 $u$、$i$ 表示。按正弦规律变化的交流电为正弦交流电，也称为正弦量。正弦交流电由交流发电机或正弦信号发生器产生。正弦交流电可以用波形图表示，其波形用示波器测量，如图 4-9（a）所示，也可以用正弦函数的解析式（瞬时值表达式）表示，如图 4-9（b）所示，其瞬时值表达式为

$$i = I_m\sin(\omega t + \varphi_i) \tag{4-5}$$

式中，三个常数 $\omega$、$I_m$ 和 $\varphi_i$ 表示正弦交流电的特征，称为正弦交流电的三要素。

**1. 周期与频率**

正弦交流电是周期性信号，变化一个循环所用的时间称为周期，用大写字母 $T$ 表示，它的基本单位是秒（s）。正弦交流电在 1s 内变化的周期数称为频率，用小写字母 $f$ 表示。不难看出频率与周期互为倒数关系，即

$$f = \frac{1}{T} \tag{4-6}$$

频率的基本单位是 1/s，称为赫兹（Hz）。常用的频率单位还有千赫（kHz）、兆赫（MHz）。与其相对应的周期单位是毫秒（ms）、微秒（μs）。

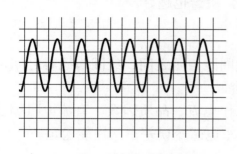
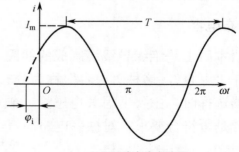

（a）示波器显示的正弦交流电波形　　　　（b）正弦交流电波形

图 4-9　正弦交流电波形图

我国电力工业的标准频率为 50Hz，习惯上称为工频，它的周期是 0.02s。声音信号的频率大约是 20Hz～20kHz，无线电调幅广播使用的频率一般为 525kHz～18MHz，调频广播的频率为 88～108MHz，而目前常用的电视信号频率则在 48.5～957.5MHz。周期与频率是表示正弦交流电变化快慢的重要参数。

在图 4-9（b）中，$\omega$ 是正弦交流电的角速度，它反映了正弦交流电周期变化的快慢。由于正弦交流电在一个周期经过的角度为 $2\pi$ 弧度，即 $\omega T = 2\pi$，故有

$$\omega = \frac{2\pi}{T} = 2\pi f \tag{4-7}$$

因此在电路中，$\omega$ 称为角频率，单位是弧度/秒（rad/s）。当 $f$=50Hz 时，$\omega$=2π×50=

314rad/s。

### 2．最大值与有效值

在电流瞬时值表达式中，$I_m$ 是正弦交流电流 $i$ 在一个周期内变化过程中的最大值，是波形的幅值，用大写字母 $I$ 与下标 m 表示。正弦交流电压的最大值用 $U_m$ 表示。最大值不能确切地反映正弦交流电能量转换的效果，工程上常用有效值表示正弦交流电的量值，电流有效值用大写字母 $I$ 表示。

交流电有效值的定义如下：如果一个交流电流 $i$ 通过一个线性电阻器 R，在一个周期 $T$ 内所消耗的电能与一个直流电流 $I$ 流过同一电阻器，在相等时间内所消耗的电能相等，则将直流电流 $I$ 的数值称为交流电流 $i$ 的有效值。由数学推导或实验可得正弦交流电的有效值为

$$I = \frac{I_m}{\sqrt{2}} = 0.707 I_m \tag{4-8}$$

同理可以得到

$$U = \frac{U_m}{\sqrt{2}} = 0.707 U_m \tag{4-9}$$

由此可见，正弦交流电的有效值等于其最大值除以 $\sqrt{2}$，或者说正弦交流电的最大值为有效值的 $\sqrt{2}$ 倍，所以经常用有效值表示最大值。这样正弦交流电的瞬时值表达式又可写为

$$i = \sqrt{2}\, I \sin(\omega t + \varphi_i)$$
$$u = \sqrt{2}\, U \sin(\omega t + \varphi_u)$$

在工程上，通常所说的正弦交流电压、电流的大小一般指有效值。例如，交流电源的电压为 220V，是指有效值；交流测量仪表指示的电压、电流读数，电气设备与电子仪器的额定电压与额定电流都是有效值。但是选择元器件的耐压值时，应考虑使用电压的最大值。可见，最大值与有效值是表示正弦交流电大小的重要参数。

### 3．相位、初相与相位差

在式（4-5）中的 $(\omega t + \varphi_i)$ 称为正弦交流电的相位角或相位，相位反映了正弦交流电随时间变化的进程，确定正弦交流电每一瞬间的状态。当相位随时间连续变化时，正弦交流电的瞬时值随之变化，它体现了正弦交流电的变化进程，因此相位是正弦交流电的又一重要特征。相位概念的建立对分析正弦交流电路起着至关重要的作用，要深刻理解。

$t=0$ 时的相位称为初相，即 $(\omega t + \varphi_i)|_{t=0} = \varphi_i$，其取值范围规定 $|\varphi_i| \leq \pi$。初相与计时起点的选择有关，当电路中有多个同频率正弦交流电时，可根据需要选择其中某一正弦交流电由负向正变化经过零值的瞬间作为计时起点，则其初相为零，这个正弦交流电波形图的正半波起点在坐标的原点，如图 4-10 所示。当正弦交流电的初相大于零时，其正半波的起点在坐标原点的左边；当正弦交流电的初相小于零时，其正半波的起点在坐标原点的右边。如图 4-11 所示电压 $u$ 的初相 $\varphi_u > 0$，电流 $i$ 的初相 $\varphi_i < 0$。

在正弦交流电路中，电压与电流都是同频率的正弦交流电，分析电路时常常要比较它们的相位之差。设同频率的电压、电流分别为

$$u = U_m \sin(\omega t + \varphi_u)$$
$$i = I_m \sin(\omega t + \varphi_i)$$

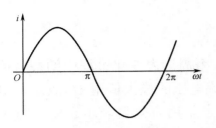

图 4-10　初相为零的电流波形图

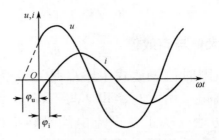

图 4-11　初相大于零的电压与初相小于零的电流波形图

电压与电流之间的相位之差称为相位差，用 $\varphi$ 表示，即

$$\varphi = (\omega t + \varphi_u) - (\omega t + \varphi_i) = \varphi_u - \varphi_i \qquad (4-10)$$

由此可见，两个同频率正弦交流电的相位差为初相之差，是一个不随时间变化的常数，而且与计时起点的选择无关。当计时起点改变时，它们的相位与初相都随之改变，但两者的相位差保持不变。因此，在分析正弦交流电路时，为了方便起见，往往令电路某一正弦交流电的初相等于零，该正弦交流电称为参考正弦交流电。相位差的取值范围与初相的取值范围规定相同，即 $|\varphi| \leqslant \pi$。图 4-12 所示为电压与电流不同相位差时的波形图。

当 $\varphi = 0$ 时，即 $\varphi_u = \varphi_i$ 时，称电压与电流同相。其特点是：电压与电流同时从零到达最大值，又从最大值到达零，如图 4-12（a）所示。此时 $u$ 和 $i$ 的瞬时值表达式为

$$u = U_m\sin(\omega t + \varphi) \qquad i = I_m\sin(\omega t + \varphi)$$

当 $\varphi = \pi/2$ 时，即电压与电流的相位差 $90°$，称两个正弦交流电为正交。正交的特点是：当一个正弦交流电为最大值时，另一个正弦交流电刚好是零，如图 4-12（b）所示。由波形图可以得到电压与电流的瞬时值表达式，即

$$u = U_m\sin(\omega t + 90°) \qquad i = I_m\sin \omega t$$

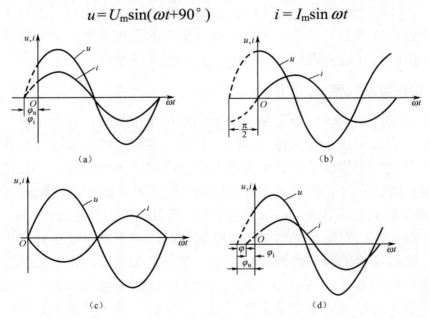

图 4-12　不同相位差的电压与电流波形图

当 $\varphi = \pi$ 时，电压与电流的相位相反，称它们为反相。反相的特点是：一个正弦交流电的正半波正好对应另一个正弦交流电的负半波，如图 4-12（c）所示。其电压与电流的瞬时值表达式为

$$u = U_\mathrm{m}\sin\omega t \qquad\qquad i = I_\mathrm{m}\sin(\omega t - \pi)$$

如果 $\varphi > 0$，即 $\varphi_\mathrm{u} > \varphi_\mathrm{i}$ 时，则电压比电流先到达零值或最大值，称电压超前电流 $\varphi$ 角，或者说电流滞后电压 $\varphi$ 角，如图 4-12（d）所示。此时的电压与电流的瞬时值表达式为

$$u = U_\mathrm{m}\sin(\omega t + \varphi_\mathrm{u}) \qquad\qquad i = I_\mathrm{m}\sin(\omega t + \varphi_\mathrm{i})$$

应注意的是，以上对相位关系的讨论，只对同频率的正弦交流电而言，相位差是区分两个同频率正弦交流电的重要标志之一，同相、正交、反相、超前与滞后等都是十分重要的概念。因此，要求不但从波形图中能判断，而且从解析式中能分清。至于两个不同频率的正弦交流电，其相位差要随时间变化，不是一个常数。以后所指相位差均为同频率正弦交流电的相位差。

**【例 4-1】** 已知某正弦交流电压在 $t = 0$ 时，其值为 $u(0) = 220\mathrm{V}$，且知电压的初相为 $45°$，$f = 50\mathrm{Hz}$，求电压的有效值和最大值，并写出电压的瞬时值表达式。

**解** 该电压可由下式表达

$$u = U_\mathrm{m}\sin(\omega t + 45°)$$

当 $t = 0$ 时

$$u(0) = U_\mathrm{m}\sin 45° = 220(\mathrm{V})$$

则电压的最大值为

$$U_\mathrm{m} = \frac{220}{\sin 45°} = 220\sqrt{2}\ (\mathrm{V})$$

故电压有效值为

$$U = U_\mathrm{m}/\sqrt{2} = 220(\mathrm{V})$$

电压的角频率为

$$\omega = 2\pi f = 2\pi \times 50 = 314\ (\mathrm{rad/s})$$

所以电压的瞬时值表达式

$$u = 220\sqrt{2}\sin(314t + 45°)\ (\mathrm{V})$$

**【例 4-2】** 已知两个正弦交流电分别为 $u = U_\mathrm{m}\sin(\omega t - 30°)$，$i = I_\mathrm{m}\sin(\omega t - 60°)$，试问电压与电流的相位差为多少？$u$ 与 $i$ 哪个超前？超前多少度？

**解** 已知 $\varphi_\mathrm{u} = -30°$、$\varphi_\mathrm{i} = -60°$，由此可得电压与电流的相位差

$$\varphi = \varphi_\mathrm{u} - \varphi_\mathrm{i} = -30° - (-60°) = 30°$$

说明电压超前电流 $30°$。

**【例 4-3】** 已知同频率的三个正弦交流电流 $i_1$、$i_2$ 和 $i_3$ 的有效值分别为 4A、3A 和 5A，频率为 50Hz。如果 $i_1$ 比 $i_2$ 超前 $60°$，$i_2$ 又比 $i_3$ 超前 $30°$，试任选一个电流为参考正弦交流电，写出三个电流的瞬时值表达式。

**解** 如选择 $i_2$ 为参考正弦交流电，则 $\varphi_{i2} = 0$，$i_1$ 比 $i_2$ 超前 $60°$，故 $\varphi_{i1} = 60°$，$i_2$ 比 $i_3$ 超前 $30°$，所以 $\varphi_{i3} = -30°$。三个电流的瞬时值表达式分别为

$$i_1 = 4\sqrt{2}\sin(314t + 60°)\ (\mathrm{A})$$
$$i_2 = 3\sqrt{2}\sin 314t\ (\mathrm{A})$$
$$i_3 = 5\sqrt{2}\sin(314t - 30°)\ (\mathrm{A})$$

### 4.2.2 正弦交流电的表示方法

正弦交流电的特点是大小和方向随时间变化，正确地表示正弦交流电，对分析、计算正弦交流电路很重要。由正弦交流电的三要素可知，三要素一旦确定，正弦交流电也随之而定，所以要表示正弦交流电，必须要体现三要素。正弦交流电有多种表示方法，下面介绍几种常用的表示方法。

**1. 正弦函数和波形图表示法**

正弦函数式表示正弦交流电也称为瞬时值表达式法。在此表达式中，表示出正弦交流电的最大值、角频率和初相三个要素，体现了正弦交流电的特点，所以它可以表示正弦交流电，例如电流 $i=\sqrt{2}\times3\sin(314t-30°)$A，电压 $u=\sqrt{2}\times220(314t+20°)$V。

在实验室中，通过示波器可以观察到正弦交流电随时间变化的规律，如图 4-13 所示。由图可见，波形图也表示出了三要素，即曲线的峰值为最大值，曲线变化一个循环所用的时间为一个周期，正半波的起点与坐标原点的夹角表示初相。

在画波形图时，一般横轴表示时间 $t$ 或相位角 $\omega t$；纵轴表示电压或电流的瞬时值。为了便于比较同频率电压与电流的相位关系，常将电压和电流的波形图画在同一个坐标平面上，如图 4-14 所示。

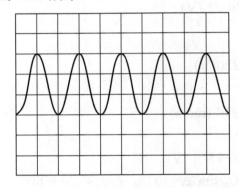

图 4-13 正弦交流电的波形图

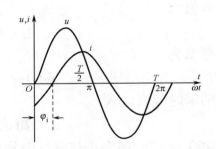

图 4-14 正弦交流电压与电流的波形图

**2. 相量表示法**

在正弦交流电路分析中，常常要进行电压、电流的运算，正弦交流电的瞬时值表达式体现了交流电的变化规律，可直接得出正弦交流电的三要素，但是运算烦琐。波形图虽然表示简单且形象直观，有几何的直观性，但是不便于运算。因此，在正弦交流电路的分析中应该采用更简便的表示方法。用相量表示正弦交流电，不但使正弦交流电路的分析变得简便，而且使正弦交流电路的许多规律和性质便于认识和理解。

对于一个正弦交流电 $i=I_m\sin(\omega t+\varphi_i)$，可以用一个旋转向量来表示，如图 4-15（a）所示。在平面直角坐标中，以原点为起点画一个电流向量 $\dot{I}_m$，电流向量的长等于电流的最大值 $I_m$，电流向量的初始位置与横轴正方向的夹角等于电流的初相 $\varphi_i$。若 $\dot{I}_m$ 以 $\omega$ 为角速度绕原点逆时针旋转，则电流向量 $\dot{I}_m$ 在纵轴上的投影，即为相应不同时刻的电流瞬时值。例如 $i$ 在 $t=0$ 时的投影为 $I_m\sin\varphi_i$，就是该电流在 $t=0$ 时的瞬时值。如果将图 4-15（a）按时间 $t$ 展开，即可得到图 4-15（b）所示的正弦波形。由此可见，旋转向量反映了正弦交流电的三要素，所以它可以用来表示正弦交流电。同理正弦交流电压也可以用旋转向量 $\dot{U}_{\mathrm{m}}$ 表示。为了与空间向量区别，电路中称其为相量。

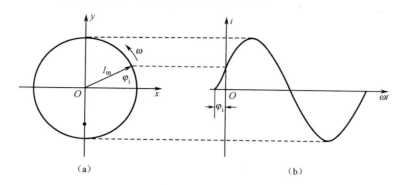

图 4-15　旋转向量表示正弦交流电示意图

以上介绍的是最大值相量，在实际中常用有效值相量，它仅在数值上比最大值相量小 $\sqrt{2}$ 倍。电流、电压的有效值相量用 $\dot{I}$ 和 $\dot{U}$ 表示。

几个同频率正弦交流电用相量表示，可以画在同一个坐标上。由于它们的频率相同，在旋转时的相对位置不变，即相位差不变，因为同频率正弦交流电的相位差等于初相之差，所以在画相量时，可以只画出每个相量的初始位置即可。为了便于研究正弦交流电之间的相位关系，常将几个相量画在同一个坐标内，组成相量图，如图 4-16（a）所示。

由于相量之间的相位差，在频率相同时，任何时刻都保持不变，因此在作相量图时，一般将坐标也省去，而以某一相量作为参考相量，其他相量的位置由它们与参考相量之间的相位差而定，相量图 4-16（a）可用图 4-16（b）表示。

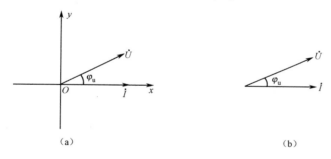

图 4-16　相量图

相量图在分析、计算正弦交流电路和工程上得到广泛的应用，可以用相量图表示或分析几个同频率正弦交流电之间的相位和大小关系。相量可以进行加减运算，其方法是平行四边形法则。如图 4-17（a）中，$\dot{U}=\dot{U}_1+\dot{U}_2$；图 4-17（b）中，$\dot{U}=\dot{U}_1-\dot{U}_2$。相量在进行减法时可利用加负相量的方法，即 $\dot{U}=\dot{U}_1-\dot{U}_2=\dot{U}_1+(-\dot{U}_2)$。

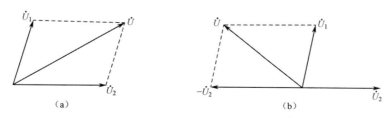

图 4-17　相量的合成示意图

以上介绍了三种常用的正弦交流电的表示方法，尤其是相量表示方法在进行正弦交流电的加减运算时较为简便，在电路分析中常用来分析几个正弦交流电的相位关系。在此特别指出的是：由于正弦交流电之间存在大小和相位关系，所以一般不能用有效值或最大值直接进行加减运算，因为有效值和最大值没有体现出相位关系。

**【例4-4】** 作出 $u_A = \sqrt{2} \times 220 \sin \omega t (V)$、$u_B = \sqrt{2} \times 220 \sin(\omega t - 120°)(V)$ 和 $u_C = \sqrt{2} \times 220 \sin(\omega t + 120°)(V)$ 的相量图。

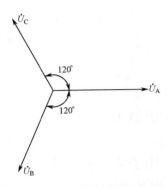

图4-18　例4-4相量图

**解**　由最大值和有效值的关系可知三个电压的有效值均为220V，初相分别为 $\varphi_A = 0$、$\varphi_B = -120°$、$\varphi_C = 120°$。选 $\dot{U}_A$ 为参考相量，$\dot{U}_B$ 顺时针旋转 120°，$\dot{U}_C$ 逆时针旋转 120°，作出如图4-18所示的相量图。

由上可见，要完整地表示一个正弦交流电必须突出三要素，正弦函数表达式和正弦波形图都可以表示正弦交流电，但是它们都不便于运算。在本章中，由于所研究的电路中的电压与电流都是同频率的正弦交流电。因此，在进行电路分析时，频率只有一个，并不需要重新计算；而且同频率正弦交流电的相位差为初相之差，与频率无关。这样，在电路的分析与计算中，可将三要素简化为二要素，即最大值或有效值与初相。这样，同频率的正弦交流电只需要表示两个要素即可完成运算。相量图也有两个要素，即相量的长和夹角。在电路分析中一般所指的相量都是有效值相量。

应该指出的是，正弦交流电是时间的函数，而相量只包含正弦交流电的有效值（或最大值）和初相，相量不是时间函数。因此，不能将相量与正弦交流电相等同。

### 4.2.3　正弦交流电路关注的主要问题及分析方法

前面介绍了正弦交流电的一些特性及其表示方法，对正弦交流电有了初步的认识，但并没有研究正弦交流电路的内在规律。为了进一步讨论正弦交流电路的特点和基本规律，应首先了解正弦交流电路研究的主要问题，以及分析正弦交流电路的基本方法。

#### 1．正弦交流电路关注的主要问题

正弦交流电路关注的主要问题基本与直流电路相似，即包括两个方面。

（1）电路中电压与电流的关系。

（2）电路中电源与负载之间的功率关系。

正弦交流电路的上述关系要比直流电路复杂，因为正弦交流电压、电流的大小和方向随时间变化，并且存在相位关系；此外，正弦交流电路中的元件有电阻器、电感器和电容器，三种元件的电压电流关系是不相同的。由于本章所讨论的都是同频率正弦交流电，所以在进行电路分析时，要抓主要矛盾，关键是掌握电压与电流有效值的数量关系和相位关系。

在直流电路中只有电阻器，电源供给电阻器功率。在正弦交流电路中，除电阻器外还有电感器和电容器，电阻器是消耗电能的元件，而电感器和电容器是储能元件，并不消耗能量。所以正弦交流电路中的功率关系主要研究电阻器、电感器、电容器和电源的功率大小与特点，并讨论它们之间的能量交换过程。

### 2. 正弦交流电路的分析方法

分析正弦交流电路的依据仍是欧姆定律和基尔霍夫定律，但电路的电压和电流都要用瞬时值或相量表示。

基尔霍夫电流定律是电流连续性原理在电路中的体现，在正弦交流电路中，流过电路任一节点的电流瞬时值代数和等于零。即

$$\sum i = 0 \tag{4-11}$$

在同频率正弦交流电路中，电流可以用相量表示，所以基尔霍夫电流定律的相量形式为

$$\sum \dot{I} = 0 \tag{4-12}$$

即任一节点所连各支路电流相量的代数和为零。式中流入节点的支路电流相量取正号，流出节点的支路电流相量取负号。

基尔霍夫电压定律是能量守恒定律在电路中的体现。在交流电路中，任一瞬间电路中任一回路各支路电压的代数和等于零，即

$$\sum u = 0 \tag{4-13}$$

在正弦交流电路中电压用相量表示后，可得到基尔霍夫电压定律的相量形式

$$\sum \dot{U} = 0 \tag{4-14}$$

即任一回路中各支路电压相量的代数和为零。式中与回路方向相同的电压相量为正，反之为负。

应用基尔霍夫定律时要特别注意，对电压、电流有效值（最大值）一般不成立，即 $\sum I \neq 0$，$\sum U \neq 0$。因为有效值没有表示正弦交流电的相位，而相位在正弦电路的分析中是不可缺少的参数。

---

**▓▓ 思考与练习题** ·

4-2-1 什么是正弦交流电的周期、频率和角频率？并说明三者之间的关系。

4-2-2 什么是正弦交流电的相位、初相和相位差？举例说明同相、超前与滞后。

4-2-3 什么是正弦交流电的瞬时值、最大值和有效值？电源为 220V 的正弦交流电压的最大值为多少？

4-2-4 何为正弦交流电的三要素？

4-2-5 已知某电路的电压 $u = \sqrt{2} \times 100\sin 314t$ (V)，电流 $i = \sqrt{2} \times 5\sin(314t + 30°)$(A)，求

（1）电压、电流的有效值和最大值；

（2）电压与电流的相位差，并指出哪一个超前；

（3）电压、电流的频率、周期与角频率。

4-2-6 为什么只有同频率的正弦交流电才能用相量表示？

4-2-7 什么叫相量图？在相量图中正弦交流电的三个要素只表示出几个要素？

4-2-8 相量如何进行加减运算？

4-2-9 已知电压 $u_1 = \sqrt{2} \times 100\sin\omega t$ (V)、$u_2 = \sqrt{2} \times 100\sin(\omega t + 90°)$(V)，$u_1 + u_2$ 的有效值是否等于 200V？为什么？画出两个电压的相量图。

## 4.3 纯电阻、纯电感、纯电容电路

### 4.3.1 纯电阻正弦交流电路

电阻器、电感器、电容器是交流电路的基本元件，本节研究正弦交流电压作用下的电阻器、电感器、电容器的电压与电流的关系和功率特性。

#### 1. 正弦交流电路中电阻器的电压与电流关系

电阻器的基本特性是伏安特性，在直流电路中线性电阻器的电压与电流的关系由欧姆定律确定。电阻器是一个耗能元件，在电路中消耗能量。

在正弦交流电路中，虽然电压、电流是随时间变化的，但是在每一瞬间，电阻器上的电压与电流的关系仍由欧姆定律确定。图 4-19 为正弦交流电阻电路，在电压、电流关联参考方向下，设电阻器两端的电压

$$u = U_m \sin\omega t$$

根据欧姆定律，可得电阻器中的电流

$$i = \frac{u}{R} = \frac{U_m}{R}\sin\omega t = I_m\sin\omega t$$

上式表明电压与电流是同频率、同相的正弦交流电，其电压与电流有效值（或最大值）的关系仍满足欧姆定律，即

$$I = \frac{U}{R} \qquad 或 \qquad I_m = \frac{U_m}{R}$$

电压与电流的波形图和相量图如图 4-20 所示。

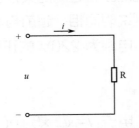

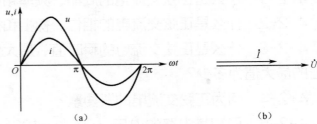

图 4-19  正弦交流电阻电路图　　　　图 4-20  电压与电流的波形图和相量图

#### 2. 正弦交流电路中电阻器消耗的功率

电阻器在正弦交流电路中同样也消耗功率，由于电压电流随时间变化，因此电阻器在各瞬间消耗的功率也不同。电阻器中任意瞬间消耗的电功率称为瞬时功率，它等于电压与电流瞬时值的乘积，用小写字母 $p$ 表示。将电压 $u$ 与电流 $i$ 代入，即

$$p = ui = U\sqrt{2}\sin\omega t \, I\sqrt{2}\sin\omega t$$
$$= 2UI\sin^2\omega t$$
$$= UI(1-\cos^2\omega t)$$
$$= UI - UI\cos^2\omega t$$

由此可知，瞬时功率随时间变化的规律如图 4-21 所示。$p$ 中的前一部分为常量 $UI$，后一部分是以二倍电源频率正弦变化，整个波形在平均值 $UI$ 的上下变动。由于电压与电流同相，所以当电压、电流同时为零时，瞬时功率也为零；电压、电流到达最大值时，瞬时功率也达最大值。在任何瞬间，恒有 $p \geqslant 0$；说明电阻器在吸收功率，它是一种耗能元件。

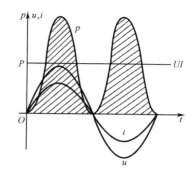

图 4-21　瞬时功率的波形图

瞬时功率虽然表明了电阻器中消耗功率的瞬时状态，但不便于表示和比较大小，所以工程中常用瞬时功率在一个周期内的平均值表示功率，称为平均功率（或有功功率），用大写字母 $P$ 表示，由瞬时功率 $p$ 的表达式可知其第二项 $UI\cos^2\omega t$ 的平均值为零，故有

$$P=UI=I^2R \tag{4-15}$$

与直流电路中电阻器消耗功率的形式相同。

因为平均功率代表了电路实际所吸收的功率，所以习惯上就称其为功率，它的基本单位仍为瓦特（W）。例如，日常说的 100W 灯泡、1/8W 的电阻器、10kW 的电动机等都是指平均功率。

**【例 4-5】**　一个 $1k\Omega$ 的电阻器，将其接到频率为 50Hz，电压有效值为 10V 的正弦交流电源上，求电阻器的电流有效值和功率。如果保持电压有效值不变，将电源频率变为 10kHz，再求电阻器的电流和功率。

**解**　因为电阻的大小与频率无关，所以当频率改变时，如果电压有效值不变，电流有效值及功率也不变。

$$I=\frac{U}{R}=\frac{10}{1\,000}\text{(A)}=0.01\text{(A)}=10\text{(mA)}$$

$$P=I^2R=0.01^2\times1\,000=0.1\text{(W)}$$

**【例 4-6】**　已知某电阻器的电压 $u=\sqrt{2}\times220\times\sin(314t+30°)\text{(V)}$，电阻器的阻值 $R=2.2k\Omega$，求电阻器中的电流 $i$ 和功率。

**解**　设电压与电流为关联参考方向，则电压有效值

$$U=220\text{V}$$

而电流有效值

$$I=\frac{U}{R}=\frac{220}{2\,200}=0.1\text{(A)}$$

电压与电流同相且同频率，所以

$$i=\sqrt{2}\times0.1\sin(314t+30°)\text{(A)}$$

$$P=I^2R=22\text{(W)}$$

## 4.3.2　纯电感正弦交流电路

本节分析线性电感器在正弦交流电源作用下的电压与电流的关系，并讨论电感器的功率与能量交换。

### 1. 正弦交流电路中电感器的电压与电流的关系

如图 4-22 所示为电感电路图，当电感器中通过的正弦交流电流 $i = I_m\sin\omega t$ 时，在电压、电流方向相同的情况下，可知电感器电压

$$u = \omega L I_m\sin(\omega t + 90°)$$
$$= U_m\sin(\omega t + 90°)$$

上式表明，在正弦交流电路中，电感器电压与电流是同频率的正弦交流电，而且电压的相位超前电流 90°，其波形如图 4-23 所示。电感器电压与电流最大值或有效值的关系由电感 $L$ 及电源的角频率 $\omega$ 确定，即

$$U_m = \omega L I_m = X_L I_m$$

或

$$U = \omega L I = X_L I \tag{4-16}$$

其中

$$X_L = \omega L = 2\pi f L \tag{4-17}$$

$X_L$ 称为电感电抗，简称感抗，它表示了电感器电压有效值与电流有效值的大小关系，体现了电感器对正弦交流电流的阻碍作用，显然 $X_L$ 的基本单位是欧姆。

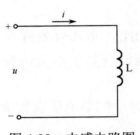

图 4-22　电感电路图

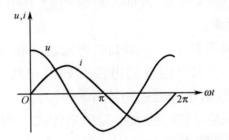

图 4-23　电感器电压与电流的波形图

从式（4-17）可以看出感抗 $X_L$ 与电感 $L$ 和电源频率 $f$ 成正比。这说明对于不同频率的电源，电感器有不同的感抗，而且电感器对高频电流阻碍作用很大，而在直流电路中电感器的感抗等于零，可视为短路。$X_L$ 随频率变化的关系称为感抗的频率特性，如图 4-24 所示。

值得研究的是电感器电压的相位超前电流 90° 的物理实质。由上节可知，电感器电压取决于电流的变化率，如图 4-23 所示的波形图可以看出电流在正半波起始时，其值虽然为零，但它的变化率却是最大的，所以电压值为最大；而当电流为最大时，其变化率为零，因此电压值也为零，这就使得电感器电压的相位超前电流 90°。图 4-25 所示为电感电路的相量图，它清楚地表明电压超前电流 90°。

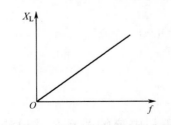

图 4-24　感抗的频率特性示意图

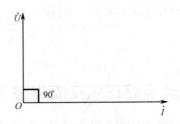

图 4-25　电感电路相量图

### 2. 电感电路的功率与能量

在电压、电流关联参考方向下，电感器的瞬时功率

$$p = ui = U_m\sin(\omega t + 90°)I_m\sin\omega t$$

$$= \frac{1}{2}U_m I_m\sin^2\omega t$$

$$= UI\sin^2\omega t$$

由此可见电感器的瞬时功率是一个幅值为 $UI$，以二倍电源频率正弦变化的时间函数。其波形如图 4-26 所示。

从波形图可以看出，当 $u$、$i$ 都为正值或都为负值时，$p > 0$，说明此时电感器吸收功率，从电源得到电能，并将其转变为磁场能量储存起来；当 $u$ 与 $i$ 一个为正值，另一个为负值时，$p < 0$，说明此时电感器向外释放能量，将磁场能量转变为电能送还给电源，所以电感器与电源之间发生了周期性的能量交换。由波形图不难看出，电感器的瞬时功率在一个周期内的平均值为零，即

$$P = 0$$

平均功率等于零，说明电感器不消耗功率。

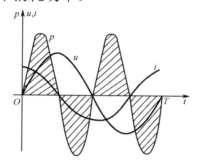

图 4-26　电感器瞬时功率的波形图

虽然电感器不消耗功率，但是它与电源之间有能量交换，工程中为了表示能量交换的规模大小，将电感器瞬时功率的最大值定义为电感器的无功功率，简称感性无功功率，用 $Q_L$ 表示，即

$$Q_L = UI = I^2 X_L = \frac{U^2}{X_L} \tag{4-18}$$

无功功率的基本单位是乏尔，简称乏（Var），较大的单位是千乏（kVar）。

**【例 4-7】**　已知某电感 $L = 0.0127H$，若将其接到频率 $f = 50Hz$，电压 $U = 10V$ 的正弦交流电源上，求（1）电感器的感抗和电流；（2）如果将电源的频率变为 $f = 5kHz$，其感抗和电流为多少。

**解**　（1）当 $f = f_1 = 50Hz$ 时

$$X_{L1} = 2\pi f_1 L = 2\times3.14\times50\times0.0127 = 4 \ (\Omega)$$

$$I_1 = \frac{U}{X_{L1}} = \frac{10}{4} = 2.5(A)$$

（2）当 $f = f_2 = 5kHz$ 时

$$X_{L2} = 2\pi f_2 L = 2\times3.14\times5000\times0.0127 = 100\times X_{L1} = 400 \ (\Omega)$$

$$I_2 = \frac{U}{X_{L2}} = \frac{10}{400} = 0.025\text{A} = 25(\text{mA})$$

可见在电压有效值不变的情况下，频率越高感抗越大，电流就越小。

**【例4-8】** 将 $L = 0.318$H 的电感器接到 $u = \sqrt{2} \times 220\sin(314t+60°)$(V)的电源上，求：（1）电感器电流的瞬时值表达式 $i$；（2）感性无功功率 $Q_L$；（3）电感器储存的最大磁场能量 $W_{Lm}$；（4）画电压电流相量图。

**解** （1）电压有效值

$$U = 220(\text{V})$$

电感器的感抗

$$X_L = \omega L = 314 \times 0.318 = 100\ (\Omega)$$

电感器的电流有效值

$$I = \frac{U}{X_L} = \frac{220}{100} = 2.2\ (\text{A})$$

电感器电流滞后电压90°，可知电流的瞬时值表达式

$$i = \sqrt{2} \times 2.2\sin(314t+60° -90°) = \sqrt{2} \times 2.2\sin(314t-30°)\ (\text{A})$$

（2）电感器的无功功率

$$Q_L = I^2 X_L = 2.2^2 \times 100 = 484\ (\text{Var})$$

（3）最大磁场能量

$$W_{Lm} = \frac{1}{2}LI_m^2 = \frac{1}{2} \times 0.318(\sqrt{2} \times 2.2)^2 = 1.54\ (\text{J})$$

（4）电压电流相量图如图4-27所示。

### 4.3.3　纯电容正弦交流电路

在正弦交流电路中，电容器的应用十分广泛，本节分析电容器在正弦交流电源作用下，其电压与电流的关系，并讨论电容器的功率特点与能量交换。

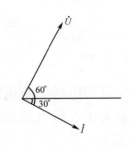

图4-27　例4-8相量图

**1. 正弦交流电路中电容器的电压与电流关系**

将电容器接到正弦交流电压 $u = U_m\sin\omega t$ 的电路中，如图 4-28 所示电压、电流相同方向下，电容器的电流

$$i = \omega C U_m\sin(\omega t+90°)$$
$$= I_m\sin(\omega t+90°)$$

上式表明在正弦交流电路中，电容器的电压与电流为同频率的正弦交流电，且电流的相位超前电压90°，其波形如图4-29所示。电容器的电压与电流最大值或有效值的关系由电容 $C$ 及电路的角频率 $\omega$ 确定，即

$$I_m = \omega C U_m = \frac{U_m}{1/(\omega C)} = \frac{U_m}{X_C}$$

或　　　$$I = \omega C U = \frac{U}{X_C} \tag{4-19}$$

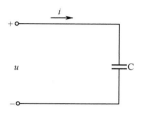

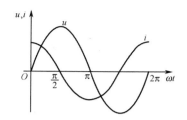

图 4-28　电容电路图　　　　图 4-29　电容器的电压、电流波形图

其中

$$X_C = \frac{1}{\omega C} = \frac{1}{2\pi f C} \qquad (4-20)$$

$X_C$ 称为电容电抗，简称容抗，它表示了电容器的电压有效值与电流有效值的大小关系，体现了电容器对正弦交流电流的阻碍作用。$X_C$ 的单位是欧姆。

从式（4-20）中可以看出，$X_C$ 也由两个因素决定，它与电容和电源频率成反比。这是因为在电压一定的情况下，$C$ 越大电容器储存的电荷越多；$f$ 越高电容器的充、放电次数越多，电流越大，相当于 $X_C$ 减小。所以电容器对高频电流阻碍作用小，对低频电流阻碍作用大。在直流电路中，电容器的 $X_C = \infty$，可视为开路。$X_C$ 的频率特性如图 4-30 所示。

还需特别讨论的是，电容器电流的相位超前电压 90° 的物理实质。我们知道电容器电流是充放电电流，它取决电压的变化率。由图 4-29 所示的波形图可知，电压正半波起始时，其虽然为零，但变化率为正的最大，所以电流值为最大；当电压为最大时，其变化率为零，电流值也为零。这就使得电流在相位上超前电压 90°。电容器电压与电流的相量图如图 4-31 所示，它清楚地表明了电流超前电压 90°。

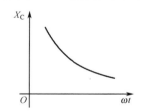

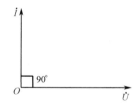

图 4-30　$X_C$ 的频率特性图　　　图 4-31　电容器电压与电流的相量图

### 2. 电容电路的功率与能量

在电压电流关联参考方向下，电容器的瞬时功率

$$p = ui = U_m\sin\omega t I_m\sin(\omega t + 90°)$$
$$= 1/2\, U_m I_m \sin^2\omega t$$
$$= UI\sin^2\omega t$$

由此可见电容器瞬时功率的最大值为 $UI$，并以二倍电源频率正弦变化，其波形如图 4-32 所示。

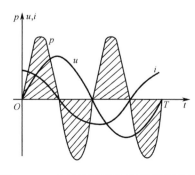

由波形图看出，当 $p > 0$ 时，电容器电压 $|u|$ 增大，说明此时电容器充电，从电源获得能量并转化为电场能量，储存起来；当 $p < 0$ 时，$|u|$ 减小，说明此时电容器放电，将电场能量送还给电源，所以电容器与电源之间发生了周期性的能量交换。从波形图不难看出电容器在一个周期内

图 4-32　电容器瞬时功率的波形图

的平均功率为零，即

$$P = 0$$

说明电容器不消耗功率。

虽然电容器不消耗功率，但是它与电源之间存在能量交换。为了表示能量交换的规模大小，将电容器瞬时功率的最大值定义为电容器的无功功率，或称容性无功功率，用 $Q_C$ 表示，即

$$Q_C = UI = I^2 X_C = \frac{U^2}{X_C} \qquad (4\text{-}21)$$

$Q_C$ 的单位也是乏或千乏。

**【例 4-9】** 将一个 25μF 的电容器接到 $f$=50Hz，$U$=10V 的正弦交流电源上，求电容器的容抗和电流。如果保持电压有效值不变，电源频率变为 500Hz，再求其容抗和电流。

**解** 当 $f=f_1$=50Hz 时

$$X_{C1} = \frac{1}{2\pi f_1 C} = \frac{1}{2 \times 3.14 \times 50 \times 25 \times 10^{-6}} = 127.4 \ (\Omega)$$

$$I_1 = \frac{U}{X_{C1}} = \frac{10}{127.4} = 0.078\text{A} = 78 \ (\text{mA})$$

当 $f=f_2$=500Hz 时

$$X_{C2} = \frac{1}{2\pi f_2 C} = \frac{X_{C1}}{10} = 12.74 \ (\Omega)$$

$$I_2 = \frac{U}{X_{C2}} = 10 \times I_1 = 0.78\text{A} = 780 \ (\text{mA})$$

可见在电压有效值一定的情况下，频率越高，则电容器的电流越大。

**【例 4-10】** 将一个 127μF 的电容器接到 $u = \sqrt{2} \times 220\sin(314+30°)$(V) 的电源上，求：（1）电容器的电流 $i$；（2）容性无功功率；（3）电容器储存的最大电场能量 $W_{Cm}$；（4）画电压电流相量图。

**解** （1）电压的有效值

$$U = 220\text{V}$$

电容器的容抗

$$X_C = 1/(\omega C) = \frac{10^6}{314 \times 127} = 25 \ (\Omega)$$

电容器的电流

$$I = \frac{U}{X_C} = \frac{220}{25} = 8.8 \ (\text{A})$$

所以

$$i = \sqrt{2} \times 8.8\sin(314t+30°+90°)(\text{A}) = \sqrt{2} \times 8.8\sin(314t+120°)(\text{A})$$

（2）容性无功功率

$$Q_C = I^2 X_C = 8.8^2 \times 25 = 1936 \ (\text{Var})$$

（3）电压为最大值时电容器储存最大的电场能量

$$W_{Cm} = 1/2 C U_m^2 = 1/2 \times 127 \times 10^{-6} \times (220\sqrt{2})^2 = 6.15 \ (\text{J})$$

（4）电压电流相量图如图 4-33 所示。

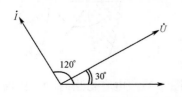

图 4-33 例 4-10 电压电流相量图

**思考与练习题**

4-3-1　220V、60W 的灯泡接在 220V 的正弦交流电源上，求通过灯泡的电流和灯泡的电阻。

4-3-2　一盏 220V、40W 的电灯，接在电压为 220V、频率是 50Hz 的交流电源上，若以电压为参考，写出电压与电流的瞬时值表达式。

4-3-3　在电感电路中，电压与电流的相位差是多少？

4-3-4　什么是感抗？它的单位是什么？感抗的大小与哪些因素有关？

4-3-5　什么叫感性无功功率？它的物理意义是什么？

4-3-6　有一个线圈，其电阻可以忽略不计，若将它接在 220V、50Hz 的电源上，测量到通过线圈的电流为 3A，求线圈的电感量是多少？

4-3-7　电容电路的电压与电流的相位差是多少？

4-3-8　什么叫容抗？它与哪些因素有关？

4-3-9　为什么电感器在直流电路中相当于短路？电容器在直流电路中相当于开路？

4-3-10　求电容为 3μF 的电容器在 50Hz 和 100Hz 交流电路中的容抗。

## 4.4　技能训练3　家用配电板的安装

### 4.4.1　技能训练目的

（1）认识闸刀开关、熔断器、单相电能表，掌握使用方法。

（2）掌握家用配电箱的功能。

（3）学习家用配电板原理电路。

（4）掌握配电板的安装方法。

（5）了解配电板安装的工艺要求。

### 4.4.2　预习要求

（1）掌握正弦交流电的基本特性。

（2）掌握正弦交流电路的分析方法。

（3）了解家用配电箱的功能。

（4）学习交流电的安全使用方法。

### 4.4.3　仪器和设备

技能训练仪器和设备见表 4-1。

表 4-1 技能训练仪器和设备

| 名　　称 | 型号及使用参数 | 数　　量 |
|---|---|---|
| 单相电能表 | DD282—10A | 1 块 |
| 漏电保护器 | ZS108L1—32 | 1 个 |
| 闸刀开关 | 250V/10A | 1 个 |
| 熔断器 | 10A | 2 个 |
| 松木板或塑料板 | 15～20mm 厚 | 1 块 |

### 4.4.4 技能训练内容和步骤

#### 1．了解家用配电箱

图 4-34 家用配电箱

配电板是连接电源与用电设备的中间装置，它除了分配电能外，还具有对用电设备进行控制、测量、指示及保护等功能。将测量仪表和控制、保护等器件按一定规律安装在专业的板上，便制成配电板。将其装入专用的箱内，便成为配电箱。目前常用的家用配电箱如图 4-34 所示。

目前室内配电装置已将分体安装的电能表、空气开关由供电部门统一安装，一般安装在室外，统一管理。室内配电装置，主要由保护器和控制开关组成。随着人们生活水平的提高、住房改善，用电量增大，室内配电装置不断改进，用电器也分路保护和控制，如照明控制、插座控制、空调控制，有的将插座再分路控制，分配更细化，更明确。

#### 2．画出家用配电板原理电路

一般家用配电板由单相电能表、闸刀开关、漏电保护器、熔断器等组成。现在使用的空气开关都带有漏电保护，所以使用空气开关可以代替闸刀开关和漏电保护器。家用配电板原理电路如图 4-35 所示。

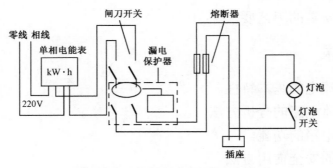

图 4-35 家用配电板原理电路

#### 3．安装配电板

1）配电板的组成

配电板可用 15～20mm 厚的松木板或塑料板制作，板上装有单相电能表、胶盖闸刀开关、漏电保护器和插入式熔断器等。

在配电板上排列仪表和器件的原则如下。

（1）面板上方排列电能表，下方排列开关、熔断器和漏电保护器，漏电保护器的外观如图4-36所示。

（2）元器件要牢固安装在配电板上，各元器件的安装位置应整齐、匀称，间距及布局合理。

2）单相电能表的接线方法

（1）单相电能表的外形。

单相电能表的外形如图4-37所示。

图4-36 漏电保护器

（2）单相电能表的接线。

单相电能表可直接接在供电线路上，单相电能表接线盒里共有四个接线柱，从左至右按1、2、3、4编号。直接接线方法一般有以下两种。

① 按编号1、3接进线（1接相线，3接零线），2、4接出线（2接相线，4接零线）。

② 按编号1、2接进线（1接相线，2接零线），3、4接出线（3接相线，4接零线）。具体接线时应以电能表接线盒内侧的线路为准。

图4-37 单相电能表的外形

本次训练使用的单相电能表接线方法为第一种，即进1、3，出2、4，如图4-38所示。

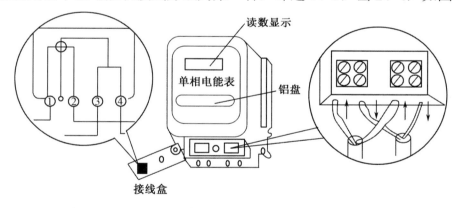

图4-38 单相电能表的接线示意图

3）闸刀开关与熔断器的安装方法

（1）电阻性负载可选用胶盖闸刀开关或其他普通开关；电感性负载应选用负荷开关或自动空气开关。安装时既要考虑操作方便，又要安全、美观。

（2）电源进线必须与开关的静触点接线桩相接，出线与动触点接线桩相接，进、出线规格要一致。

（3）闸刀开关的外形及结构图如图4-39所示，闸刀开关的载流量应大于被控制负载最大的分断负荷电流。

（4）用于保护电器的熔断器应安装在总开关的后面；用于线路隔离的熔断器应安装在各路负载的前面。熔断器的外形及结构图如图4-40所示。

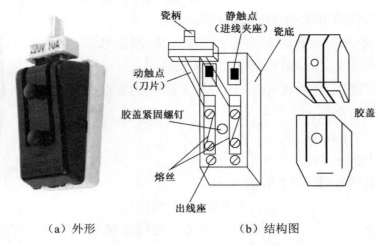

（a）外形     （b）结构图

图 4-39 闸刀开关的外形及结构图

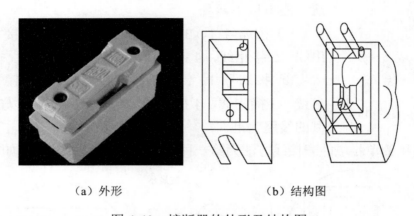

（a）外形     （b）结构图

图 4-40 熔断器的外形及结构图

4）配电板安装的工艺要求

（1）导线的选择与敷设。

① 按配电板上所用仪表和器件的规格、容量及所在位置选择导线的型号、规格及长度。

② 导线的敷设有明敷和暗敷两种。明敷是导线敷设于墙壁、桁架或天花板等处的表面，暗敷是导线敷设于墙壁里面、地板内或楼板内等处。

（2）导线的连接要求。

① 板内布线应横平竖直，分布均匀。变换走向时应垂直。连接时导线头要顺时针弯成羊眼圈固定在电器的接线柱、连线孔上。

② 板内布线还应遵循自上而下为左零右相的原则，同一平面的导线应高低一致或前后一致，不能交叉。非交叉不可时，该根导线应在元件接线端子引出时，就水平架空跨越，但必须走线合理。

③ 所有连接点要紧固、不反圈、不压绝缘皮、不露铜太长。

④ 提醒：要正确使用工具和仪表，操作时注意安全！

掌握安装工艺后按图 4-35 所示电路将家用配电板组装好。

## 4.4.5　注意事项

（1）实际中要正确选择电能表的容量。电能表的额定电压与用电器的额定电压相一致，负载的最大工作电流不得超过电能表的最大额定电流。

（2）电能表总线必须采用铜芯塑料硬线，其最小截面积不应小于 1.5mm²，中间不准有接头，自总熔丝盒到电能表之间沿线敷设长度不宜超长。

（3）电能表总线以"进1、3，出2、4"原则连接。

（4）实际电能表的安装必须垂直于地面。

（5）配电板应避免安装在易燃、高温、潮湿、振动或有灰尘的场所。配电板应安装牢固。

（6）技能训练中要注意用电安全。

---

#### ▦ 思考与练习题

4-4-1　图 4-41 所示为双控开关电路，试说明楼道照明双控开关电路是如何控制照明电灯的？

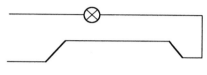

图 4-41　双控开关电路图

4-4-2　课后练习空气开关的接线方法和操作方法。

---

## 4.5　技能训练4　日光灯电路的安装连接及功率因数的提高

### 4.5.1　技能训练目的

（1）理解正弦交流电路中功率与电压、电流的关系。

（2）了解日光灯原理，掌握日光灯的组成和安装方法。

（3）加深理解提高功率因数的意义。

（4）掌握改善感性负载功率因数的方法。

### 4.5.2　预习要求

（1）复习电感器、电容器的性能特点。

（2）复习交流电路功率的概念和特性。

（3）学习电感性负载提高功率因数的意义和方法。

（4）掌握交流电压表、电流表和功率表的使用方法。

### 4.5.3　仪器和设备

技能训练仪器和设备见表 4-2。

表 4-2　技能训练仪器和设备

| 名　称 | 型号及使用参数 | 数　量 |
|---|---|---|
| 单相自耦调压器 | 2kV·A　220/0～250V | 1 台 |
| 功率表 | 0～300V　0～1A　$\cos\varphi = 0.2$ | 1 块 |
| 交流电压表 | 0～450V | 1 块 |
| 交流电流表 | 0～0.5A | 1 块 |
| 电容器 | 1μF、2μF、4μF/450V | 1 个 |
| 日光灯 | 40W | 1 个 |
| 镇流器及启辉器板 | 与 40W 日光灯配用 | 1 块 |
| 电流插座 | DICE—DG | 3 个 |
| 电流插头 | DICE—DG | 1 个 |

### 4.5.4　技能训练内容与步骤

#### 1. 认识日光灯

日光灯又称荧光灯，日光灯由灯管、镇流器和启辉器组成，如图 4-42 所示。日光灯管两端各有一灯丝，灯管内充有微量的氩和稀薄的汞蒸气，灯管内壁上涂有荧光粉，两个灯丝之间的气体导电时发出紫外线，使荧光粉发出柔和的二次可见光。

启辉器在灯管点亮过程中起自动开关作用，它由一个氖气放电管与一个电容器并联而成。放电管中一个电极用双金属片组成，利用氖泡放电加热，使双金属片在开闭时，引起镇流器电流突变并产生高压脉冲加到灯管两端，使灯管点亮。启辉器外形如图 4-43 所示。

图 4-42　日光灯

图 4-43　启辉器外形

镇流器是一个铁芯电感线圈，当线圈中的电流发生变化时，在线圈中将引起磁通的变化，从而产生感应电动势，其方向与电流的方向相反，阻碍电流变化。现在的日光灯越来越多地采用电子镇流器。荧光灯电子镇流器与传统的电感式镇流器相比，在电性能上更有独特之处。它实际上是一个高频谐振逆变器，体积小，重量轻，能耗低，低电压下仍能启动和工作，无频闪和噪声。但是，该电路的工作频率高达 20～30kHz，因此有较严重的射频干扰和电磁辐射干扰，影响其他电子仪器的正常工作，还容易对电网造成污染，对人体造成伤害。经过实际使用，它的使用寿命和对灯管寿命的影响，都不如电感式镇流器优越，电感式镇流器外形如图 4-44 所示。

目前，高效、无噪声、长寿节能的 LED 日光灯开始大量使用，如图 4-45 所示。随着时代的发展，日光灯正逐渐被原理相似但体积更小、效率更高的节能灯取代。

图 4-44 电感式镇流器外形

图 4-45 LED 日光灯管

### 2. 提高日光灯功率因数的方法

在计算交流电路的平均功率（有功功率）时，要考虑电压与电流间的相位差 $\varphi$，即 $P = UI\cos\varphi = S\cos\varphi$，功率因数 $\cos\varphi$ 取决于电路（负载）的参数。$\cos\varphi < 1$，电路中就发生能量互换，出现无功功率 $Q = UI\sin\varphi$。可见，功率因数低，一方面，电源设备的电容得不到充分利用；另一方面，输电线路上的电压和功率损耗将增加。可见，提高功率因数对于节约和充分利用电能具有重要意义。

实际中用电设备多为电感性的，自身功率因数较低，所以需要提高功率因数。提高功率因数的方法通常是在电感性负载两端并联电容器，如图 4-46 所示。当电容器 C 的电容选择合适时，可将功率因数提高到接近 1。而并联电容器后，不影响电感性负载的正常工作。

将功率因数从 $\cos\varphi$ 提高到 $\cos\varphi'$ 所需并联的电容按下式计算：

$$C = \frac{P}{\omega U^2}(\tan\varphi - \tan\varphi') \tag{4-22}$$

式中　$P$——负载所取用的有功功率；

　　　$U$——负载端电压。

训练中使用的电感性负载是日光灯电路，由镇流器、日光灯和启辉器构成，如图 4-47 所示。灯管与镇流器相串联，启辉器与灯管并联。

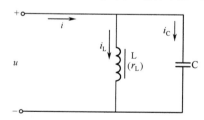

图 4-46 电路提高功率因数示例图

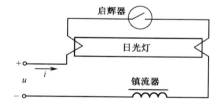

图 4-47 日光灯电路

训练中电容器选用实验箱上提供的电容器；测量电流时，使用专用电流插座和电流插头。

### 3. 装接和测量日光灯电路

（1）按图 4-48 所示电路连接线路，接好电路后先将电容器支路开关断开。使用的电源为 220V、50Hz 的单相正弦交流电，预先将自耦调压器调至"0"位，接好线路后必须经指导教师检查后方可接通电源。

（2）调节自耦调压器输出，使其输出电压缓慢增加，直到日光灯刚好能启辉点亮为止，将三表的指示值记录于表 4-3 中。然后将自耦调压器输出电压调至 220V，测量功率

$P$，电流 $I$，电压 $U$、$U_L$、$U_A$ 等值，记入表 4-3 中。

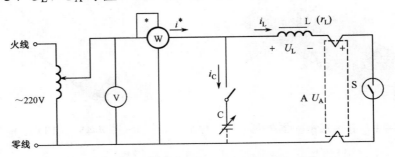

图 4-48　提高日光灯功率因数的电路图

表 4-3　日光灯技能训练记录表

| 项目 | 测 量 数 值 | | | | | 计 算 值 | |
|---|---|---|---|---|---|---|---|
| | $P(\mathrm{W})$ | $I(\mathrm{A})$ | $U(\mathrm{V})$ | $U_L(\mathrm{V})$ | $U_A(\mathrm{V})$ | $r_L(\Omega)$ | $\cos\varphi$ |
| 启辉值 | | | | | | | |
| 正常工作值 | | | | | | | |

（3）画出电压、电流相量图。

### 4. 提高日光灯电路的功率因数

（1）断开日光灯线路的电源，将自耦调压器调至"0"位，将图 4-48 所示电路中电容支路的开关闭合，接入并联电容器。

（2）将自耦调压器输出电压调节增至 220V，然后按表 4-4 的要求，利用电容器箱，改变电容，记录功率表及各电流之值。

表 4-4　功率因数提高技能训练记录表

| 测量值 ＼ 电容（F） | | $C=0$ | $C=1$ | $C=2$ | $C=3$ | $C=4$ | $C=5$ | $C=6$ | $C^*=$ |
|---|---|---|---|---|---|---|---|---|---|
| 测量项目 | $I(\mathrm{A})$ | | | | | | | | |
| | $I_C(\mathrm{A})$ | | | | | | | | |
| | $I_L(\mathrm{A})$ | | | | | | | | |
| | $P(\mathrm{W})$ | | | | | | | | |
| | $\cos(\varphi)$ | | | | | | | | |

（3）观察总电流的变化，找出其中功率因数最高的点，即总电流 $I$ 最小时对应的数值，将此时并联的电容标记为 $C^*$。根据测量数据计算出相应的功率因数。

### 4.5.5　注意事项

（1）合理安放好技能训练使用的仪器及设备，仪表尽量不要放在有电感线圈的附近，以防磁场对仪表的影响。

（2）正确使用调压器和功率表，正确选择各仪表量程。

（3）并联电容器的电容不得大于 20μF。

（4）注意用电安全。

░░ 思考与练习题 ⊦

4-5-1　提高电路的功率因数为什么只采用并联电容器法，而不采用串联法？

4-5-2　并联电容器后，负载取用的功率有无变化？

4-5-3　技能训练中，为什么并联电容器后，总电流会减少？试用相量图说明。

# ▣ 4.6　技能训练5　R、L、C元件阻抗特性的测定 ∿

## 4.6.1　技能训练目的

（1）验证电阻、感抗、容抗与频率的关系，测定 $R\sim f$、$X_L\sim f$ 及 $X_C\sim f$ 特性曲线。

（2）加深理解 R、L、C 元件端电压与电流间的相位关系。

## 4.6.2　预习要求

（1）复习正弦交流电路中电阻器的电压与电流的关系。

（2）复习正弦交流电路中电感器的电压与电流的关系。

（3）复习正弦交流电路中电容器的电压与电流的关系。

（4）复习低频信号发生器、交流毫伏表、双踪示波器和频率计的使用方法。

## 4.6.3　仪器和设备

技能训练仪器和设备见表4-5。

表4-5　技能训练仪器和设备

| 名　　称 | 型号及使用参数 | 数　　量 |
|---|---|---|
| 低频信号发生器 | Rigol DG1022 | 1台 |
| 交流毫伏表 | 0～600V | 1台 |
| 双踪示波器 | Rigol DS1205b | 1台 |
| 频率计 | 10Hz~20MHz | 1台 |
| 实验线路元件 | R 的电阻为 1kΩ，C 的电容为 1μF，L 的电感约为 1H | 1套 |
| 电阻器 | 30Ω | 1个 |

## 4.6.4　技能训练内容和步骤

### 1．R、L、C 的阻抗与信号频率的关系

在正弦交变信号作用下，R、L、C 在电路中的阻抗作用与信号的频率有关，它们的阻抗频率特性 $R\sim f$，$X_L\sim f$，$X_C\sim f$ 曲线如图 4-49 所示。

### 2．元件阻抗频率特性的测量

（1）如图 4-50 所示连接电路。

图中的 r 是提供测量回路电流用的标准小电阻器，由于 r 的电阻远小于被测元件的阻

抗值，因此可以认为 AB 之间的电压就是被测元件 R、L 或 C 两端的电压，流过被测元件的电流则可由 r 两端的电压除以 r 的电阻所得。

若用双踪示波器同时观察 r 与被测元件两端的电压，就能展现出被测元件两端的电压和流过该元件电流的波形，从而可在荧光屏上显示出电压与电流的幅值及它们之间的相位差。

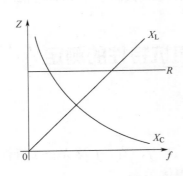

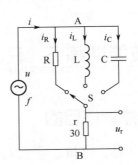

图 4-49　R、L、C 的阻抗频率特性曲线　　图 4-50　R、L、C 阻抗频率特性测量电路图

（2）通过电缆线将低频信号发生器输出的正弦信号接至图 4-50 所示的电路中，作为激励源电压，并用交流毫伏表测量，使激励电压的有效值 $U=3V$，并保持不变。

（3）使信号源的输出频率从 200Hz 逐渐增至 5kHz（用频率计测量），并使开关 S 分别接通 R、L、C 三个元件，用交流毫伏表测量 $U_r$，并计算各频率点时的 $I_R$、$I_L$ 和 $I_C$（即 $U_r/r$）以及 $R=U/I_R$、$X_L=U/I_L$ 及 $X_C=U/I_C$ 之值。

### 4.6.5　注意事项

（1）交流毫伏表属于高阻抗电表，测量前必须先调零。

（2）在接通 C 测试时，信号源的频率应控制在 200～2500Hz 之间。

（3）注意用电安全。

---

**▓▓ 思考与练习题**

4-6-1　测量 R、L、C 的阻抗频率特性时，为什么要与它们串联一个小电阻器？可否用一个小电感器或大电容器代替？为什么？

4-6-2　根据实验数据，在方格纸上绘制 R、L、C 的阻抗频率特性曲线，从中可得出什么结论？

## 本章小结

（1）随时间按正弦规律变化的电压、电流称为正弦交流电，最大值、角频率和初相是正弦交流电的三要素。在实际中常用有效值表示交流电的大小，正弦交流电的有效值是最大值的 $1/\sqrt{2}$。交流电的相位概念非常重要，同频率正弦交流电的相位差为初相之差，由于交流电路的电压与电流一般不同相，在电路分析中，要同时考虑有效值和相位。

（2）正弦交流电可以用正弦函数和波形表示，但交流电的运算一般采用相量形式较简洁。相量图清楚地描述了多个正弦交流电的相位关系，它是分析交流电路的重要工具。

（3）在正弦交流电路中，电阻器电压与电流有效值之比等于电阻 $R$，相位同相，电阻器消耗能量；电感器电压与电流有效值之比等于感抗 $X_L=\omega L$，电压超前电流 90°，电感器储存磁场能量；电容器电压与电流有效值之比等于容抗 $X_C=\dfrac{1}{\omega C}$，电压滞后电流 90°，电容器储存电场能量。

（4）配电板是连接电源与用电设备的中间装置，它除了分配电能外，还具有对用电设备进行控制、测量、指示及保护等功能。将测量仪表和控制、保护等器件按一定规律安装在专业的板上制成配电板。

（5）日光灯是一种节能灯具，由灯管、镇流器和启辉器组成。要掌握日光灯的安装连接方法和基本工作原理及提高功率因数的方法。

# 习题 4

4-1　已知电路中的电压 $u=311\sin(314t+30°)$V，电流 $i=2.82\sin(314t-30°)$A

（1）求电压、电流的最大值、有效值、周期与频率。

（2）求电压与电流的相位差，画出电压与电流的波形图。

4-2　两个正弦交流电流 $i_1=10\sin(942t+290°)$mA，$i_2=5\sin(942t+30°)$mA

（1）求电流的有效值和频率。

（2）哪个电流的相位超前？它们的相位差为多少？

4-3　已知正弦交流电流 $i_1=3\sqrt{2}\sin(\omega t+60°)$A，$i_2=4\sqrt{2}\sin(\omega t-30°)$A，画相量图求 $i_1+i_2$ 和 $i_1-i_2$。

4-4　已知正弦交流电压 $u_1=220\sqrt{2}\sin(\omega t+120°)$V，$u_2=220\sqrt{2}\sin(\omega t-120°)$V，画相量图求 $u_1+u_2$ 和 $u_1-u_2$。

4-5　有一个 220V、45W 的电烙铁接到 220V 工频电源上，试求电烙铁的电流和电阻，画出电压、电流的相量图。

4-6　有一个电感线圈，$L=0.626$H，线圈的电阻忽略不计，若将其接在 $U=220$V，$f=50$Hz 的正弦交流电源上，求线圈中的电流和无功功率。

4-7　有一个电容器电容 $C=31.8\mu$F，若将其接到工频电压 220V 的正弦交流电源上，求电容器的电流、无功功率和电容储存的最大电场能量，并画电压电流的相量图。

4-8　一个线圈，接到 48V 的直流电源时，线圈中电流为 8A，接到工频电压 220V 的正弦交流电源上时，线圈中电流为 12A，求线圈的电阻和电感。

**教学微视频**

# 第5章 三相正弦交流电路

  三相电路是电力系统发电与供电的专用电路，工业用交流电动机也多为三相电动机，单相交流电则是三相交流电的一相。1891 年，世界第一台三相交流发电机在德国劳芬发电厂投入运行，并建成了第一条从劳芬到法兰克福的三相交流输电线路。由于三相电路输送电力比单相电路经济，三相电动机比单相电动机运行可靠、效率高，因此目前世界上的电力系统几乎无一例外都采用三相制，图 5-1 所示为我国最大的水力发电站——三峡电站的三相三线输电线路。本章主要介绍对称三相电源和负载、三相电路的星形与三角形连接的特点、三相四线制供电系统等。

图 5-1　三峡电站的三相三线输电线路

## 学习目标

  1．能了解对称三相电路的特点。

  2．能识别三相电源星形连接与三角形连接的特点。

  3．能掌握三相电路星形连接与三角形连接中，线电压与相电压的关系

  3．能求解负载星形连接与三角形连接电路中，相电流与线电流的有效值。

## 课程思政目标

  1．展示我国在特高压直流输电领域取得的最新研究成果，激发学生的民族自豪感和自信心。

  2．求解负载星形连接与三角形连接电路，培养学生独立思考、解决问题的能力。

  3．技能训练"三相负载电路的连接与测量"，锻炼学生的专业技能，又通过互助合作，培养学生的团队合作意识、良好沟通能力和大局意识。

## 5.1 对称三相正弦交流电源

三相电路最基本的特点是，电源为三相电源。常用的对称三相电源由三个电压有效值相等、频率相同、初相互差 120° 的正弦交流电源组成，工程上称 A、B、C 三相，一般由三相发电机产生。

### 5.1.1 对称三相电压

三相发电机有三个绕组，它们构成对称三相电源，其中每一个电源称为一相，图 5-2 所示 $u_A$、$u_B$、$u_C$ 是三个正弦电压源，A、B、C 三相电压的瞬时值表达式分别为

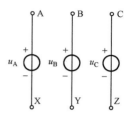

图 5-2 三相电源

$$
\left.
\begin{array}{l}
u_A = U_m \sin \omega t \\
u_B = U_m \sin(\omega t - 120°) \\
u_C = U_m \sin(\omega t + 120°)
\end{array}
\right\}
\tag{5-1}
$$

其中，$u_A$ 比 $u_B$ 超前 120°，$u_B$ 比 $u_C$ 超前 120°，$u_C$ 又比 $u_A$ 超前 120°。对称三相电源的波形图与相量图分别如图 5-3（a）和 5-3（b）所示。

从波形图和相量图可以看出，对称三相电源的必要条件是

$$
\dot{U}_A + \dot{U}_B + \dot{U}_C = 0
\tag{5-2}
$$

三相电源每相电压依次到达最大值的先后次序称为三相电源的相序。式（5-1）及图 5-3 所示三相电源的相序为 A—B—C，即 A 相超前 B 相，B 相又超前 C 相，称为正序。反之，任意颠倒两相，如 A—C—B 的相序则为负序。三相电动机就是通过调整相序来改变其旋转方向的。

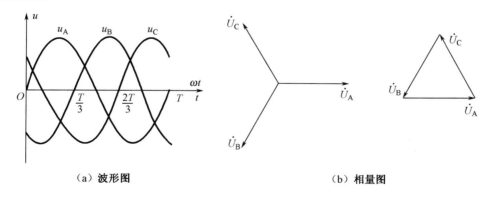

（a）波形图　　　　　　　　　　　（b）相量图

图 5-3 对称三相电源的波形图与相量图

相序是相对确定量，但 A 相一经确定，滞后 A 相 120° 的便为 B 相，超前 A 相 120° 的就是 C 相。工程中为了便于区分，以黄、绿、红三色表示 A、B、C 三相。

### 5.1.2 三相电源的连接方式

三相电源有两种特定的连接方式，即星形连接和三角形连接。这样的连接便于电源向负载供电。下面分别介绍三相电源星形连接与三角形连接的特点。

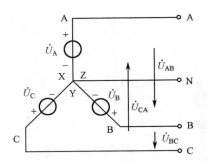

图 5-4 星形连接电源示意图

#### 1．星形连接

三相电源的星形连接，也称为Y连接，是将三个电源的负极连接为一个节点 N，如图 5-4 所示。节点 N 称为电源的中性点，简称中点。三个电源的正极 A、B、C 向外引出的三根输电线称为线路（也称相线）。

线路与中点之间的电压，即每一相电源的电压称为相电压，分别记为 $\dot{U}_{AN}$、$\dot{U}_{BN}$、$\dot{U}_{CN}$。线路 A、B、C 之间的电压称为线电压，用 $\dot{U}_{AB}$、$\dot{U}_{BC}$、$\dot{U}_{CA}$ 表示。由 KVL 可知，线电压为对应的相电压之差，如果三相电源对称，则由相量图 5-5（a）得到线电压与相电压有效值关系为

$$\left.\begin{array}{l} \dot{U}_{AB} = 2\dot{U}_{AN}\cos 30° = \sqrt{3}\dot{U}_{AN} \\ \dot{U}_{BC} = 2\dot{U}_{BN}\cos 30° = \sqrt{3}\dot{U}_{BN} \\ \dot{U}_{CA} = 2\dot{U}_{CN}\cos 30° = \sqrt{3}\dot{U}_{CN} \end{array}\right\} \tag{5-3}$$

对称星形连接的电源，线电压是相电压的 $\sqrt{3}$ 倍，即 $U_L = \sqrt{3}\,U_P$，式中 $U_L$ 表示线电压，$U_P$ 表示相电压。由相量图可看出，三个线电压之间的相位差仍为 120°，它们比三个相电压各超前 30°。相电压对称，线电压也一定对称，线电压的相量图构成等边三角形，如图 5-5（b）所示。

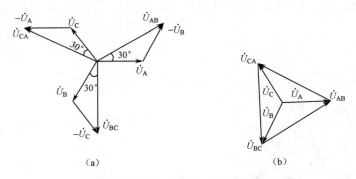

（a）　　　　　　　　　　　　　　（b）

图 5-5　线电压与相电压相量图

#### 2．三角形连接

如果把三相电源的首尾相连接成一个回路，然后从三个连接点 A、B、C 依次引出线路，如图 5-6（a）所示，则成为三角形连接的三相电源。三角形连接也称为△连接。若三相电源对称而且连接正确，则 $\dot{U}_A + \dot{U}_B + \dot{U}_C = 0$，在电源开路时，三角形回路中不会产生环流。由图 5-6（b）可见，三角形连接的三相电源，线电压与相电压相等，即

$$\dot{U}_{AB} = \dot{U}_A \qquad\qquad \dot{U}_{BC} = \dot{U}_B \qquad\qquad \dot{U}_{CA} = \dot{U}_C$$

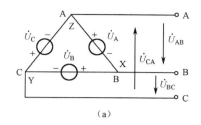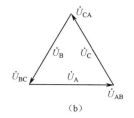

（a）　　　　　　　　　　　　　　（b）

图 5-6　三角形连接三相电源及电压相量图

由于实际的三相电源不可能做到绝对的对称，所以一般三相发电机都不接成三角形，而变压器常根据需要接成星形或三角形。

---

**思考与练习题**

5-1-1　对称三相电路有何特点？

5-1-2　什么是相电压和线电压？星形连接和三角形连接的三相电源，其线电压与相电压之间有什么关系？

5-1-3　什么叫相序？

---

## 5.2　三相四线制供电系统

三相电路中的负载也有星形连接和三角形连接两种接法，当 A、B、C 三相的负载阻抗相等时称为对称三相负载。由对称三相电源和对称三相负载构成对称三相供电电路。根据电源与负载是星形或三角形连接的组合，三相供电电路有多种结构。工业和民用供电一般采用三相四线制供电系统。

### 5.2.1　星形连接的三相电路

电源与负载都接成星形，由三条线路将其连接，即构成Y－Y连接，如图 5-7 所示。由于电源与负载之间经三条输电线相连，故称三相三线制。如果用一条中线把电源的中性点 N 与负载的中性点 N′ 相连，则构成三相四线制，即Y$_0$－Y$_0$ 连接，如图 5-8 所示。一般，高压输电线路采用三相三线制，而低压供电线路采用三相四线制。

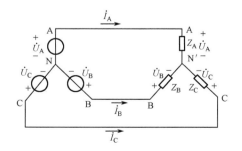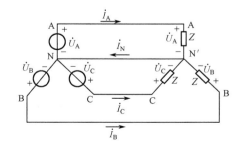

图 5-7　Y－Y连接三相电路图　　　　　　图 5-8　Y$_0$－Y$_0$连接三相电路图

三相负载星形连接时，各相负载的电压称为相电压，流经各相负载的电流称为相电流，分别用 $\dot{I}_{AN'}$、$\dot{I}_{BN'}$、$\dot{I}_{CN'}$ 表示；流过线路的电流 $\dot{I}_A$、$\dot{I}_B$、$\dot{I}_C$ 称为线电流；显然，星形

连接时，线电流等于相电流。当电路接有中线时，由 KCL 可知中线电流为

$$\dot{I}_N = \dot{I}_A + \dot{I}_B + \dot{I}_C \tag{5-4}$$

若三相电流对称，则中线电流为零，因此可以将中线去掉，变为三相三线制，而且对电路并无影响。

$Y_0-Y_0$ 连接的三相电路有两种电压，线路之间的电压为线电压，线路对中线的电压为相电压。工业与民用的三相四线制供电线路，其线电压为 380V，相电压为 220V。

### 5.2.2 负载星形连接

三相电路是多电源的正弦交流电路，仍然可以用正弦交流电路的分析方法对其进行计算。在对称三相电路中，各相的电压、电流之间都存在固定的关系，只要求得一相，由对称关系即可得到其他两相。对称三相电路的条件是三相电源对称和三相负载对称，三相负载对称的条件是 $R_A=R_B=R_C=R$，$X_A=X_B=X_C=X$。

当负载与电源都为 Y 连接时，如图 5-9 所示，在电路中有两个中性点，如果三相电路对称，则两个中性点之间的电压等于零，即 $\dot{U}_{N'N}=0$，所以可将负载中性点 N′ 与电源中性点 N 用短路线短接，相当于没有中线阻抗的三相四线制电路，此时各相的工作保持相对独立，线与相的电压、电流分别组成对称系统，因此可按单相电路计算。首先作出一相计算电路图，如图 5-10 所示。由一相计算电路图可得 A 相线电流有效值为

$$\dot{I}_A = \frac{\dot{U}_A}{Z}$$

而相电流与相电压的相位差为

$$\varphi_A = \arctan\frac{X}{R}$$

由对称关系得到

$$\dot{I}_B = \dot{I}_C = \dot{I}_A$$
$$\varphi_B = \varphi_C = \varphi_A$$

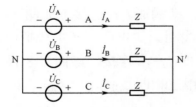

图 5-9　负载与电源 Y 连接的三相电路图

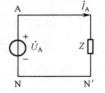

图 5-10　一相计算电路图

在三相四线制电路中，如果中线有阻抗 $Z_N$，则在三相对称的情况下，由于中线的电流等于零，因此作一相计算电路图时，要将 $Z_N$ 去掉，与对称无中线三相电路相同。

若电源接成三角形，星形负载接在线电压上，则可先求出相电压，然后再求负载的电流。

### 5.2.3 负载三角形连接

当负载接成三角形时，每相负载的相电压等于线电压；而流过负载的电流为相电流，分别用 $\dot{I}_{AB}$、$\dot{I}_{BC}$、$\dot{I}_{CA}$ 表示。在图 5-11 所示电流的参考方向下，由 KCL 可知各相的线电

流为对应的相电流之差，在三相电路对称的情况下，由图 5-12（a）所示相量图的分析可得线电流与相电流有效值关系为

$$\left.\begin{array}{l} \dot{I}_{A} = 2\dot{I}_{AB}\cos 30° = \sqrt{3}\dot{I}_{AB} \\ \dot{I}_{B} = 2\dot{I}_{BC}\cos 30° = \sqrt{3}\dot{I}_{BC} \\ \dot{I}_{C} = 2\dot{I}_{CA}\cos 30° = \sqrt{3}\dot{I}_{CA} \end{array}\right\} \quad (5\text{-}5)$$

在三相电路对称的情况下，当三角形连接时，线电流是相电流的 $\sqrt{3}$ 倍，即 $I_L = \sqrt{3}\,I_P$，式中 $I_L$ 表示线电流，$I_P$ 表示相电流。由相量图可看出，三个线电流之间的相位差仍为 120°，它们比三个相电流各滞后 30°。若相电流对称，则线电流也一定对称，线电流的相量图构成等边三角形，如图 5-12（b）所示。

当负载是三角形连接时，见图 5-11。此时不论电源如何连接，都可以先求出负载端某一相的线电压，如 $\dot{U}_{AB}$，然后计算 A 相的相电流有效值：

$$\dot{I}_{AB} = \frac{\dot{U}_{AB}}{Z}$$

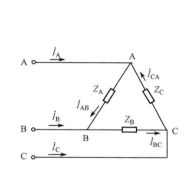

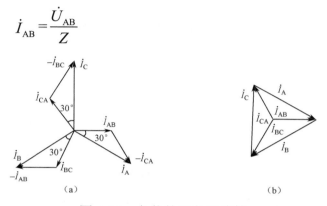

图 5-11　负载的三角形连接图

图 5-12　负载的三角形连接

相电流与相电压的相位差为

$$\varphi_A = \arctan\frac{X}{R}$$

由对称关系可得

$$\dot{I}_{BC} = \dot{I}_{CA} = \dot{I}_{AB}$$
$$\varphi_B = \varphi_C = \varphi_A$$

而各相的线电流的有效值为

$$\dot{I}_A = \dot{I}_B = \dot{I}_C = \sqrt{3}\dot{I}_{AB}$$

线电流的相位滞后相电流 30°。

**【例 5-1】**　如图 5-13（a）所示的对称星形电路，已知线电压为 380V，负载的电阻 $R=8\Omega$，电抗 $X=6\Omega$，求负载的相电压和线电流的有效值。

**解**　设电源为星形连接，与星形负载构成 Y−Y 连接的对称三相电路，可画出一相计算电路图，如图 5-13（b）所示。则 A 相的相电压为

$$\dot{U}_A = \frac{\dot{U}_{AB}}{\sqrt{3}} = \frac{380}{\sqrt{3}} = 220 \text{ (V)}$$

每相的阻抗为

$$Z = \sqrt{R_2 + X^2} = \sqrt{8^2 + 6^2} = 10 \text{ (}\Omega\text{)}$$

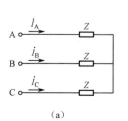
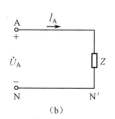

图 5-13　例 5-1 图

由一相计算电路图可以求得

$$\dot{I}_A = \frac{\dot{U}_A}{Z} = \frac{220}{10} = 22 \,(\text{A})$$

由对称关系可知

$$\dot{I}_B = \dot{I}_C = \dot{I}_A = 22 \,(\text{A})$$

**【例 5-2】**　如图 5-11 所示三角形连接的对称三相电路，已知线电压有效值为 380V，各相负载阻抗 $Z=45\Omega$，求各相的相电流与线电流的有效值。

**解**　对称三相电路可以先求出一相，然后根据对称关系求得其他两相。三角形电路的相电压等于线电压，由此可得到 A 相相电流的有效值为

$$\dot{I}_{AB} = \frac{\dot{U}_{AB}}{Z} = \frac{380}{45} = 8.44 \,(\text{A})$$

而

$$\dot{I}_{BC} = \dot{I}_{CA} = \dot{I}_{AB} = 8.44 \,(\text{A})$$

由线电流与相电流的关系可知 A 相线电流的有效值为

$$\dot{I}_A = \sqrt{3}\dot{I}_{AB} = 14.6 \,(\text{A})$$

而

$$\dot{I}_B = \dot{I}_C = \dot{I}_A = 14.6 \,(\text{A})$$

### 思考与练习题

5-2-1　举例说明什么是三相三线制和三相四线制供电电路。

5-2-2　星形连接时，中线是否可有可无？说明中线的作用。

5-2-3　什么叫相电流和线电流？星形和三角形连接的负载，相电流与线电流之间有什么关系？

5-2-4　三相电路对称的条件是什么？

## *5.3　技能训练 6　三相负载电路的连接与测量

### 5.3.1　技能训练目的

（1）掌握三相电路星形负载和三角形负载的连接方法。

（2）掌握对称三相电路线电压与相电压、线电流与相电流的测量方法。

（3）加深对三相四线制供电线路中中线作用的理解。

### 5.3.2　预习要求

（1）明确三相电路中的线电压与相电压、线电流与相电流间的关系。

（2）掌握三相电路负载作星形连接时中线的作用。

（3）自行画出三相电路负载星形连接和三角形连接的技能训练电路图。

### 5.3.3　仪器和设备

测量仪器和设备见表 5-1。

表 5-1 测量仪器和设备

| 名　　称 | 型号及使用参数 | 数　　量 |
|---|---|---|
| 三相灯组 | 220V、15W 白炽灯 | 9 盏 |
| 交流电压表 | 0~450V | 1 块 |
| 交流电流表 | 0~0.5A | 1 块 |
| 三相刀开关 | 5A | 1 个 |
| 熔断器 | 1A | 3 个 |
| 单孔电流插座 | DICE—DG | 3 个 |
| 万用表 | MF10 | 1 块 |

### 5.3.4 技能训练内容和步骤

#### 1．测量三相四线制电源的相电压、线电压

用交流电压表测出实验箱上三个相线接线插口与中线接线插口之间相电压的数值，以及三个相线接线插口之间线电压的数值，将测量数据记入表 5-2 中。

表 5-2 测量结果记录表

| 测量项目 | $\dot{U}_{AB}$（V） | $\dot{U}_{BC}$（V） | $\dot{U}_{CA}$（V） | $\dot{U}_{AN}$（V） | $\dot{U}_{BN}$（V） | $\dot{U}_{CN}$（V） |
|---|---|---|---|---|---|---|
| 测量数据 | | | | | | |

#### 2．星形连接负载的测量

（1）按图 5-14 所示接线，将三相灯组接成星形连接的负载，经指导教师检查无误后接通电源。

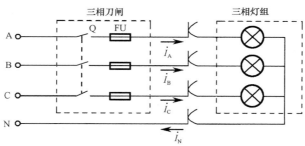

图 5-14 三相负载星形连接电路图

（2）测量负载对称时，有中线和无中线时的各电压、电流值。

将对称的每相三盏灯都接入电源，测量有中线时负载端的线电压、相电压及电流值，记入表 5-3 中，然后去掉中线，重新测量负载端的线电压、相电压及电流值，将测量结果再记入表 5-3 中，注意观察各相灯的亮度有无明显变化，并解释观察到的现象，说明中线的作用。

表 5-3 测量结果记录表

| 数据＼项目 | | $\dot{U}_{AB}$（V） | $\dot{U}_{CA}$（V） | $\dot{U}_{BN}$（V） | $\dot{U}_{BC}$（V） | $\dot{U}_{AN}$（V） | $\dot{U}_{CN}$（V） | $\dot{U}_{NN}$（V） | $\dot{I}_{A}$（mA） | $\dot{I}_{B}$（mA） | $\dot{I}_{C}$（mA） | $\dot{I}_{N}$（mA） | 灯的亮度 |
|---|---|---|---|---|---|---|---|---|---|---|---|---|---|
| 负载对称 | 有中线 | | | | | | | | | | | | |
| | 无中线 | | | | | | | | | | | | |

### 3．三角形连接负载的测量

（1）按图 5-15 所示接线，将三相灯组接成三角形连接的负载，经指导教师检查无误后接通电源。

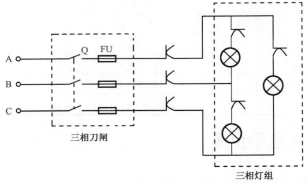

图 5-15　三相负载三角形连接电路

（2）测量负载对称时的各电量。每相三盏灯均接入电源，测量负载端各相电流和各线电流，并参照表 5-3 将测量数据记入自拟的表格中。

## 5.3.5　注意事项

（1）严禁带电接线、拆线，每次换接电路时应先断开电源后再进行。

（2）带负载时，线电压和相电压的测量应在负载（灯）端进行。

（3）为防止误将电流表当成电压表使用，训练前必须将电流插头牢固地接在电流表上，训练结束后，再拆掉。

---

> **思考与练习题**
>
> 5-3-1　为什么中线不允许安装熔断器、开关等装置？
>
> 5-3-2　三相对称负载，在星形连接和三角形连接两种情况下，若有一相电源线断开，则会有什么情况发生？为什么？
>
> 5-3-3　本次训练中为什么要将 380V 的工频交流电的线电压降为 220V 的线电压使用？

## 本章小结

（1）三相电源对称的条件是三相电压的频率相同、有效值相等、相位互差 120°。三相负载的对称条件是各相负载的电阻和电抗分别相等。

（2）三相电源和三相负载都可以接成星形或三角形，星形连接时，线电流等于相电流，线电压为相电压的 $\sqrt{3}$ 倍，相位超前 30°；三角形连接时，线电压与相电压相等，线电流为相电流的 $\sqrt{3}$ 倍，相位滞后 30°。

（3）三相电路的供电方式一般为三相三线制或三相四线制，三相三线制给负载提供的是线电压，而三相四线制给负载提供了两种电压。

（4）对称三相电路的计算可先计算一相的电压和电流，其他两相的电压和电流可由对称关系得到。

## 习题 5

5-1　一个对称三相电源，其相电压为 220V，若有一个对称三相负载的线电压为 380V，则电源与负载应如何连接？

5-2　有三根额定电压为 220V 的相同电热丝，接到线电压为 380V 的对称三相电源上，应采用何种接法？如果电热丝的额定电压是 380V，则又如何连接？

5-3　一个星形连接的对称三相电路，已知电源的相电压为 220V，各相负载电阻 $R = 12\Omega$、电抗 $X = 16\Omega$，求各相负载的电流。

5-4　一个对称三相星形连接的负载，其每相电阻 $R = 8\Omega$、电抗 $X = 6\Omega$，接在线电压为 380V 的对称三相电源上，求负载的相电压和相电流。

5-5　有一个三角形连接的负载，接在线电压为 380V 的对称三相电源上，每相负载的电阻 $R = 6\Omega$、电抗 $X = 8\Omega$，求负载的相电流与线电流。

5-6　一台三相电动机的每相绕组的额定电压为 220V，电阻 $R = 31.2\Omega$、电抗 $X = 18\Omega$，若将其接到线电压为 220V 的对称三相电源上，则此电动机应如何连接？并求电动机的相电流与线电流。

**教学微视频**

# ·第 **2** 篇·

# 电 工 技 术

电工技术包括电磁能量和信息在生产、传输、控制、应用这一全过程中所涉及的各种手段和活动，是一门现代应用技术。从 19 世纪电能的应用进入人类社会的生产活动以来，电工技术的内涵和外延随着电能应用领域的扩大不断拓展。电工技术发展的早期，其主要应用于人们的生活领域，如电报和电弧灯等。随后，电力系统的出现，使发电、输电、配电、用电一体化。电能的应用遍及人类生产和生活的各个方面，电工技术除涉及电力生产和电工制造两大工业生产体系所需的技术外，还与电子技术、自动控制技术、系统工程等相关技术互相渗透与交融。

## 第6章 | 供电与用电技术

供电与用电技术是供电技术和用电技术的合称。供电技术包括输电变电线路及设备安装调试；高、低压输电线路维护，变电站、变电所的电力运行监控，用电设备的使用维修等相关技术，其范围几乎涵盖了全部强电的技术内容。用电技术是指工矿企业及城市、农村的安全用电技术，包括电气照明及节能技术，触电及其防护、接地、接零与安全用电措施，防火、防爆、静电及电磁辐射的防护、防雷保护，触电急救技术和电气火灾事故处理等。本章主要介绍电力供电与配电基本知识，节约用电的意义和方法，触电事故与触电保护，电器的防火与防爆知识。

### 学习目标

1. 能了解电力供电与配电的基本知识。
2. 能认识到节约用电的意义，并掌握节约用电的方法。
3. 能具有用电保护的意识，并掌握触电防护的方法。
4. 能具有电器防火与防爆的意识。

### 课程思政目标

1. 引入第七届全国道德模范、国网天津滨海供电公司配电抢修班班长张黎明的故事，引导学生向模范学习，培养学生开拓进取和敬业奉献的工作作风。
2. 引入阶梯电价的分析方法，让学生了解阶梯电价是为了提高用电效率，促使学生节约用电，引导学生勤俭节约、科学用电。

## 6.1　电力供电与节约用电

### 6.1.1　供电与配电

电力是以电能作为动力的能源，发明于 19 世纪 70 年代。电力的发明和应用掀起了第二次工业化浪潮，成为人类历史自 18 世纪以来，世界发生的三次科技革命之一，从此科技改变了人们的生活。20 世纪出现的大规模电力系统是人类工程科学史上最重要的成就之一，它是由发电、输电、变电、配电和用电等环节组成的电力生产与消费系统。电力系统将自然界的一次能源通过发电动力装置转化成电能，再经输电、变电和配电将电能供应到各个用户。图 6-1 是某火力发电厂的外景图。

图 6-1　某火力发电厂外景

电能的传输由变电、配电和用电构成的电力系统完成。通过输电，把相距甚远，可达数千千米的发电厂和负荷中心联系起来，使电能的开发和利用超越地域的限制。和其他能源的传输，如输煤、输油等相比，输电的损耗小、效益高、灵活方便、易于调控、环境污染少。同时，输电还可以将不同地点的发电厂连接起来，实行峰谷调节。输电是电能利用优越性的重要体现，在现代化社会中，它是重要的能源动脉。

在远距离输电过程中，当传输一定功率的电能时，随着输电线路电压的升高，输电电流将减小，因此输电线路的电能损耗也会明显降低。如果保持线路的损耗不变，则可以减小导线的截面，这样可以节省大量的有色和黑色金属，从而降低架设线路成本。因此，电力系统在远距离输电中都采用超高压输电线路。当前，我国的输电电压有 110kV、220kV、330kV、500kV、750kV、1000kV 等多种等级。2005 年 9 月 26 日，我国第一次设计、建设的 750kV 输变电工程投入运行，这项工程在我国电网史上有里程碑的意义。2006 年 8 月 19 日，我国首条特高压输电线路，晋东南—南阳—荆门特高压交流试验示范工程在山西长治举行奠基仪式，标志着我国百万伏级电压等级的交流特高压工程进入启动建设阶段。

根据规划，晋东南—南阳—荆门特高压交流试验示范工程向西北可以延伸至山西、陕西、内蒙古西部等煤电基地，向东南可以延伸至武汉，向东北可以延伸至北京。系统额定电压 1000kV，最高运行电压 1100kV，输送自然功率 500 万千瓦。能够充分发挥特高压电网大容量、长距离、低损耗输电和节约土地资源的优势，实现能源资源在更大范围内的优化配置，满足未来不断增长的电力需求，

2009 年 1 月 6 日晋东南—南阳—荆门特高压交流试验示范工程投入商业运行。来自山西的火电首次通过这条 1000kV 特高压输电线路进入湖北，华北、华中两大电网首次实现了联网运行。

这条特高压输电线路是我国首条特高压输电线路，全长 654km，静态投资约 57 亿元，历经 28 个月建设完工。特高压工程满负荷运行后，可为湖北省新增北方火电约 300 万千瓦，每年可为湖北节约电煤 700 余万吨。

这条特高压输电线路将成为世界上第一条投入商业化运行的 1000kV 输电线路，可实现华北电网和华中电网的水火调剂、优势互补。与 500kV 超高压电网相比，特高压电网可以解决我国现有电网输送能力不足的问题，有助于提高输电效率，降低线路损耗，减少投资成本，节约土地资源。这标志着我国电网发展取得辉煌的成就。如图 6-2 所示为我国首条 1000kV 特高压输电线路。

受绝缘材料的限制和其他因素的影响，发电厂交流发电机的输出电压尚无法达到输电电压的等级。一般发电机的额定电压有 10.5kV、13.8kV、15.7kV、18kV 等几种，因此，在输送电能以前，要用升压变压器将输出电压升高到输电电压。如图 6-3 所示为某变电站外景。

图 6-2　我国首条 1000kV 特高压输电线路

图 6-3　某变电站外景

从发电厂输送到用户的电能需要通过变压器进行多次变压才能使用。由于数百千伏的高电压无法直接使用，所以电能通过高压输电线路输送到城市和农村附近后，需要使用降压变压器将电压降低为 10kV 或 6kV 的高压配电电压。

不同的用电设备所需额定电压不同，大多数为 220V 或 380V，少数大容量用电设备的额定电压甚至达到 3kV 或 6kV。因此，还需要将高压配电电压降低至 380/220V 的用户电压，也需要使用降压变压器。

发电厂、各级变电站和输配电线路连为一体就是电力系统，也称电力网。

### 6.1.2 节约用电

电能是宝贵的能源，在工作和生活中要注意节约用电。1kW·h 电能（1 度电）可以使家用电冰箱运行 24h，普通电风扇连续运行 15h，电视机运行 10h，能将 8kg 的水烧开，能用吸尘器把房间打扫 5 遍，能使电动自行车行驶 50km 左右。

节电对节约资源、保护环境非常重要。每节约 1 度电，就相应节约了 0.4kg 标准煤、4L 净水；同时减少 0.272kg 碳粉尘、0.997kg 二氧化碳、0.03kg 二氧化硫、0.015kg 氮氧化物等污染物。

若要解决能源问题，就必须长期坚持贯彻开发与节约并重的方针，并把节约能源放在重要位置。电能是极宝贵的二次能源，节约用电是节约能源的重要内容，因此需要不断提高电能利用技术水平，不浪费电能，让每一度电能都发挥出最大的作用。

#### 1. 节约用电的意义

（1）节约用电，就是节约发电所需的一次能源，从而使全国的能源得到节约，并可以减轻能源和交通运输的紧张程度。

（2）节约用电，就可以相应地节省国家对发电、供电、用电设备需要投入的基建投资。

（3）节约用电，必须依靠科学与技术的进步，不断采用新技术、新材料、新工艺、新设备，节约用电必定会促进工农业生产水平的发展与提高。

（4）节约用电，需要企事业单位不断提高管理水平。节约用电需要企事业单位加强科学管理，并改善经营管理工作，提高管理水平。

（5）节约用电，不仅能够减少不必要的电能损失，还可以为企事业单位减少电费支出，降低成本，提高经济效益，并使有限的电能发挥出更大的社会经济效益。

各企事业单位应引导电力用户改变用电方式，提高终端用电效率，优化资源配置，节约能源，缓解电力供需矛盾，改善和保护环境。电力用户应加强用电管理，采取技术上可行、经济上合理的节电措施，以减少电能的直接和间接损耗，提高能源使用效率。

#### 2. 节约用电的方式

节约用电有管理节电、结构节电和技术节电三种方式。管理节电是指通过改善和加强用电管理和考核工作，挖掘潜力、减少损耗的节约用电方式；结构节电是指通过调整产业结构、工业结构和产品结构来达到节约用电的方式；技术节电是指通过设备更新、工艺改革、采取先进技术来达到节约用电的方式。

### 3. 节约用电的主要途径

（1）改造或更新用电设备，推广节能新产品，提高设备运行效率。正在运行的设备（包括电气设备，如电动机、变压器）和生产机械（如风机、水泵）是电能的直接消耗者，它们运行性能的优劣，直接影响电能的消耗。加快低效风机、水泵、电动机、变压器的更新和改造，提高系统运行效率，是开展节约用电工作的重要方法。

（2）采用高效率低消耗的生产新工艺替代低效率高消耗的旧工艺，降低产品电耗，大力推广应用节电新技术。推行热处理、电镀、铸锻、制氧等工艺的专业化生产新技术和新工艺的应用，从而促进劳动生产率和产品质量的提高，并降低电能的消耗。

（3）提高电气设备经济运行水平。设备实行经济运行的目的是降低电能消耗，使运行成本减少到最低限度。在多数情况下，设备在运行时会出现匹配不合理的情况，因此设备只能在低效状态下工作，无形之中降低了电能的利用效率。经济运行问题的提出，就是为避免设备长期在低效状态下工作而造成电能浪费。经济运行实际上是将负载变化信息反馈给调节系统来调节设备的运行工况，使设备保持在高效区工作。

（4）加强设备电耗定额的管理和考核；加强照明管理，推广绿色照明技术，节约非生产用电；积极开展企业电能平衡工作。

（5）应用余热、余压和新能源发电，支持清洁、高效的热电联产、热电冷联产和综合利用电厂，提高余热发电机组的运行效率。加强电网的经济调度，努力减少工业用电和电网线损；整顿和改造电网。

（6）提倡家庭科学用电、节约用电。采用效率高、寿命长、安全性强和性能稳定的照明电器产品，以及低耗能的电冰箱、空调器、洗衣机等家用电器，掌握正确的节能方法。通过科学节约用电，改善和提高人们工作、学习、生活的条件与质量。

（7）实行峰谷电价。在电力行业中，发供电设备的建设规模决定了电力系统的最大电力负荷（即峰荷的数值），峰荷越大，所需的发供电设备容量（包括备用容量）就越大，因而所需的建设投资就越多。特别是在电力供应紧缺、资金不足的条件下，减少峰荷具有显著的经济效益。实行峰谷电价，鼓励谷期用电，有利于削减电网的高峰运行负荷，平滑负荷曲线，节约电力资源。从实际情况来看，目前电力需求迅速增长，但电源和电网建设无法跟上电力需求的增长速度，导致供电形势日益严峻，出现了高峰时期的电力短缺问题。此外，目前电网负荷曲线呈现明显的峰谷差异，峰值负荷与谷底负荷相差近一倍。这种差异导致在满足高峰负荷需求时，投入的发电设备过剩，在低谷期会有大量电力设备闲置，造成电力资源的严重浪费。为了解决这个问题，引入峰谷电价政策可以引导电力需求在不同时间段分布更合理，从而减轻电网在高峰时期的供电压力，缓解电力供应紧张局面，并促进电网的安全运行。同时，通过合理安排生产用电，电力用户也能降低用电成本，提高企业产品的竞争能力。

## ▓▓ 思考与练习题

6-1-1　我国的输电电压有几个等级？试举例说明。

6-1-2　目前我国最高输电电压是多少？

6-1-3　举例说明在日常生活和工作中节约用电的方法。

## 6.2  用电保护

### 6.2.1  触电事故与触电保护

电能在工农业生产和人们生活中得到广泛应用，但同时也造成了触电事故的发生，对人体造成了一定的伤害。在实际工作中要掌握安全用电的知识，避免触电事故的发生。

#### 1. 触电事故

触电是指人体接触带电体或接近带电体时承受较高电压，因电流通过人体而对人体造成的伤害。触电分为直接触电和间接触电两类。造成触电事故的原因很多，主要原因包括操作人员麻痹大意，违反安全操作规程；电气设备绝缘损坏、接地不良；人进入高压线路的非安全区域等。

直接触电事故是指人体直接接触正常运行的电气设备的带电部分引起的触电事故。例如，在 380/220V 低压供电系统中，当人站在地面或其他接地体上，人体触及任意一根裸露的相线而触电，称为单相触电，如图 6-4 所示。单相触电是最常见的触电方式，因为三相四线制供电线路的中性点一般都接地，所以单相触电时，人体承受的电压是相电压。当人体同时接触两根裸露的相线时，则称为两相触电，如图 6-5 所示。两相触电时人体承受的电压是线电压，通过人体的电流比单相触电时大得多，因此两相触电更危险。

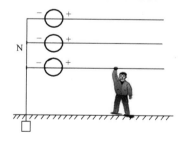

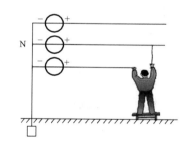

图 6-4  单相触电示意图　　　　　　　　　图 6-5  两相触电示意图

间接触电事故是指人体接触在正常情况下不带电，仅在事故情况下才带电的部分而发生的触电事故。例如，电气设备的外露金属部分在正常情况下是不带电的，但是当设备内部绝缘体老化、破损时，内部带电部分会向外部不带电的金属部分漏电，在这种情况下，人体接触设备的外露金属部分就会触电。近年来，间接触电事故随着家用电器的使用增多而日趋上升，因此应予以重视。

按人体所受伤害方式的不同，触电又可以分为电击和电伤两种。电击是指电流通过人体内部，影响呼吸系统、心脏和神经系统，造成人体组织的损害，乃至危及生命。电伤是指电流的热效应、化学效应和机械效应等对人体表面的灼伤、烙伤或皮肤金属化的伤害。电击和电伤也可能同时发生，但有关调查表明，绝大部分触电事故都是电击造成的。

电击造成伤害的程度取决于通过人体的电流大小、持续时间、途径、频率及人体的健康情况等。50～60Hz 的交流电流通过人体心脏和肺部时危险性最大。

### 2. 触电防护

1）安全电压

选用安全电压是防止直接触电和间接触电的主要安全措施。根据欧姆定律，通过人体的电流由人体的电阻和作用于人体的电压决定。人体的电阻值有较大的差别，通常范围为800～1 200Ω。一般通过人体的工频电流达到 30mA 以上时，将引起呼吸困难，如不及时摆脱电源，将有生命危险。所以 30mA 是人体允许通过电流的临界值。因此，人体的安全电压应为 24～36V。

安全电压是指人体不戴任何防护设备时，也不会受到电击或电伤的电压。我国规定工频有效值 42V、36V、24V、12V 和 6V 为安全电压的额定值。电气设备安全电压的选择应根据使用环境、使用方式和工作人员的状况等因素选用不同等级的安全电压。例如，手提照明灯和携带式电动工具一般采用 42V 或 36V 的额定工作电压；若在环境潮湿、狭窄的隧道或矿井内工作时，应采用额定电压为 24V 或 12V 的电气设备。

安全电压的供电电源除采用独立电源外，还要用隔离变压器将供电电源的输入电路与输出电路实行电隔离。工作在安全电压下的电路还必须与其他电路实行电气上的隔离。

2）保护接地和保护接零

在实际工作中，安全电压只是在特殊情况下采用的安全措施，人们所接触的大多数电气设备都采用 380/220V 的供电电源，其工作电压大大超过了安全电压。当电气设备因年久使用，绝缘体老化而出现漏电，或某一相与外壳相碰时都会使外壳带电，这时人体触及外壳便有触电的危险。例如，电动机的外壳，电风扇的底盘、风罩，电视机的天线，电冰箱和洗衣机的外壳等，都是随时与人体接触的，一旦出现漏电，当人体接触时就有可能触电。这种事故在工农业生产和日常生活中经常发生。为防止这类事故的发生，应按供电系统接地方式的不同，分别采用保护接地或接零。

（1）保护接地。在电源的中性点不接地的三相三线制供电系统中，将电气设备的外壳与大地称为良好的电气连接，这种保护措施称为保护接地。在保护接地中，通常把与土壤直接接触的金属称为接地体，接地体与电气设备外壳的连接线称为接地线，而接地体与接地线的组合称为接地装置。接地装置的电阻称为接地电阻，在 380V 的低压供电系统中，一般要求接地电阻不超过 4Ω。

保护接地这种保护措施是将正常运行的电气设备的金属外壳或框架，用足够粗的金属导线与接地体可靠连接，以保护人体的安全。如图 6-6 所示为保护接地。

这种保护措施适用于电源中性点不接地的供电系统，因为当连接在这种供电系统上的某个电气设备，如三相电动机的一相绕组因绝缘损坏而碰壳时，若人体触及电动机外壳，就会因人体的电阻远大于接地电阻，根据并联电阻的分流原理可知，此时流过人体的电流很小，避免了触电事故。

（2）保护接零。在电源的中性点接地的三相四线制系统中，将电气设备的金属外壳与地线可靠连接，这种保护措施称为保护接零，如图 6-7 所示。由于外壳与地线相连，如果出现漏电或一相碰壳时，该相与地线形成短路，使该相的短路保护装置或过电流保护装置动作，迅速切断电源，消除触电的危险。

应注意，对于中性点接地的三相四线制供电系统，一般不能采用保护接地；而对于中性点不接地的三相三线制供电系统一般不能采用保护接零。

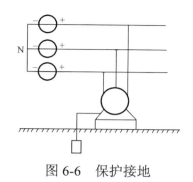

图 6-6　保护接地

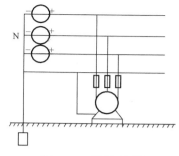

图 6-7　保护接零

3）漏电保护开关

漏电保护开关是低压供电中常用的漏电流保护装置，它是一种自动开关，如果通过漏电保护开关的电流超过预定值，则漏电保护开关便会自动切断供电电路。漏电保护开关主要用于防止直接和间接的单相触电事故，同时还能监测和消除一相接地的故障。有的漏电保护开关还兼有过载、过压或欠压及缺相等保护功能。

我国生产的漏电保护开关适用于频率为 50Hz、额定电压为 380/220V、额定电流为 6～250A 的低压供电系统和用电设备。选用漏电保护开关时，要根据被保护的电路和设备的额定电压和额定电流选择与其相适应的漏电保护开关。此外，漏电保护开关还有漏电动作电流和漏电动作时间两个主要参数。漏电动作电流是在规定条件下开关动作的故障电流值，该值越小，则漏电开关的灵敏度越高。漏电动作时间是故障电流达到漏电动作电流时从开关动作到切除故障电路所用的时间。按动作时间的不同，漏电保护开关分为快速型和延时型等。在工程中要根据实际情况选用漏电保护开关。通常，在用于人身保护时，应选用漏电动作电流在 30mA 以下（30mA、20mA、15mA、10mA），漏电动作时间在 0.1s 以下的漏电保护开关。

漏电保护开关分为二极型、三极型和四极型，如图 6-8 所示。单相电路和单相负载选用二极型漏电保护开关，三相三线制电路和三相负载选用三极型漏电保护开关，三相四线制电路应选用四极型漏电保护开关。

四极型　　　三极型　　　二极型

图 6-8　漏电保护开关

## 6.2.2　电器防火与防爆

在电气设备的使用过程中，引起火灾和爆炸有两个主要原因，一个原因是电器使用不当，如过载、通风冷却条件欠佳引起电器过热；导体之间接触不良、接触电阻过大造成局部高温；电热器等高温设备使用不当引燃了周围物质等。另一原因是电器发生故障，如绝缘损坏，引起短路造成高温；因断路引起火花或电弧等。电器防火和防爆的主要措施如下。

（1）合理选用电气设备。在实践中不仅要合理选择电气设备的容量和电压，而且要根据不同的工作环境，选用适合的结构类型，尤其是在易燃易爆场所，必须选用合理的防爆型电气设备。我国的防爆型电气设备分为两类，Ⅰ类是矿山井下使用的电气设备，Ⅱ类是工厂使用的电气设备，每一类又分为隔爆型（d）、增安型（e）、本质安全型（ja、jb）、正压型（p）、充油型（o）、充砂型（q）、无火花型（n）、特殊型（s），共 8 种类型。使用时应根据场所的危险等级、性质和使用条件选择防爆电气设备的种类。图 6-9 所示为工业用防爆型电气设备。

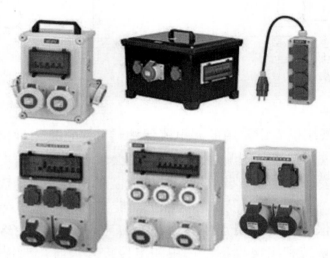

图 6-9　工业用防爆型电气设备

（2）保持电气设备的正常运行。

（3）保持必要的安全间距。

（4）保持良好的通风环境。

（5）装设可靠的接地装置。

（6）采取完善的组织措施。

### ■■ 思考与练习题

6-2-1　安全电压一般规定为多少伏？

6-2-2　为了安全，照明灯的开关应接在相线上还是接在地线上？为什么？

6-2-3　为了安全，有人将家用电器的接地线接到自来水管或暖气管上，这样能保证安全吗？为什么？

6-2-4　电器防火和防爆的主要措施有哪些？

## 本章小结

（1）由发电、输电、变电、配电和用电等环节组成电力系统，在远距离输电中，当传输一定功率的电能时，随着输电线路电压的升高，输电电流将减小，从而使输电线路的电能损耗也明显降低。节约用电有管理节电、结构节电和技术节电三种方式。

（2）保护接地、保护接零及漏电保护开关是防止触电的有效措施，保护接地用于三相三线制系统，保护接零用于三相四线制系统，漏电保护开关可用于电气设备和电路的控制。

## 习题 6

6-1　电力传输为什么要采用超高压和特高压输电?

6-2　单相触电与两相触电哪个更危险?为什么?

6-3　保护接地和保护接零各适用于什么类型的供电系统?

6-4　在同一配电系统中,能否一部分设备采用保护接地,而另一部分设备采用保护接零?

教学微视频

# 第 7 章　常 用 电 器

电器是现代人生活和工作中不可缺少的设备，低压电器能够依据操作信号或外界现场信号的要求，自动或手动改变电路的状态、参数，实现对电路的控制、保护、测量、指示、调节。本章主要介绍常用照明电光源及新型节能灯具，变压器的基本结构和工作原理及应用，三相异步电动机的基本结构、工作原理和机械特性，常用低压电器开关、熔断器、接触器和继电器的种类、工作原理和应用。

## 学习目标

1. 能了解常用照明电光源的优缺点。
2. 能了解变压器在电力系统中的工作原理。
3. 能掌握变压器的工作原理，并能求解变压器电路的参数。
4. 能掌握三相异步电动机的结构和工作过程。
5. 能识别常用低压电器的符号和作用。

## 课程思政目标

1. 引入中国电力的百年成长史，引导学生学习科学家面对一个又一个技术难关，不懈努力、披荆斩棘、不折不挠的奋斗精神。
2. 引入《中华人民共和国电力法》条款，通过指导学生学习相关法律条款，培养学生严谨的职业态度、责任意识和法律意识。

## 7.1　常用照明电光源及新型节能灯

光影响着人们的作息，自古以来，人类一直过着日出而作、日落而息的生活。在电灯问世以前，人们普遍使用的照明工具是煤油灯或煤气灯。这两种灯因燃烧煤油或煤气，有浓烈的黑烟和刺鼻的臭味，并且要经常添加燃料、擦洗灯罩，很不方便。更严重的是，这两种灯很容易引起火灾，酿成大祸。多少年来，很多科学家想尽办法，想发明一种既安全又方便的照明设备。直到 1879 年爱迪生发明了白炽灯，人们才开启了使用电灯的生活。早期的照明系统只讲究数量，而今天由于照明技术及照明器具的发展和广泛使用，使人们的生活水准普遍提高。随着人们对照明设备的需求日益激增，耗电量也随之增大，于是，人们开始重视开发高效率照明灯具，讲究节能效果。随着高品质的照明设备的发展，人们从 20 世纪 70 年代开始使用节能灯。新一代的新型照明光源是 LED 节能灯，即用高亮度发光二极管做的照明灯，它具有高效、节能、长寿命、环保等优点。

### 7.1.1 常用照明电光源

照明电光源一般分为白炽灯、气体放电灯和其他电光源三大类。在绿色照明工程中，人们可根据具体情况选择合适的光源。照明电光源的特点及应用如下。

#### 1. 白炽灯

（1）普通照明白炽灯通常就是指家庭常用的白炽灯，如图 7-1 所示，其特点是显色性好、开灯即亮、可连续调光、结构简单、价格低廉，但寿命短、光效低。普通照明白炽灯主要用于居室、客厅、大堂、客房、商店、餐厅、走道、会议室和庭院的照明。

（2）卤钨灯通常是指在灯泡中填充的气体内含有部分卤族元素或卤化物的充气白炽灯。卤钨灯具有普通照明白炽灯的全部特点，光效和寿命比普通照明白炽灯提高一倍以上，且体积小。卤钨灯主要用于会议室、展示厅、客厅、商业照明、影视舞台、仪器仪表、汽车、飞机及其他特殊情况或环境的照明。

图 7-1　普通照明白炽灯

#### 2. 低气压放电灯

（1）荧光灯。荧光灯俗称日光灯。其特点是光效高、寿命长、光色好。荧光灯有直管型、环形、紧凑型等，是应用范围十分广泛的节能照明电光源。用直管型荧光灯取代白炽灯，可节电 70%～90%，寿命可延长 5～10 倍；对直管型荧光灯进行升级换代，可节电 15%～50%；用紧凑型荧光灯取代白炽灯，可节电 70%～80%，寿命可延长 5～10 倍。

（2）低压钠灯。低压钠灯的特点是发光效率特高、寿命长、光通量维持率高、透雾性强，但显色性差。低压钠灯主要用于隧道、港口、码头和矿场等照明。

#### 3. 高强度气体放电灯

高强度气体放电灯有荧光高压汞灯、高压钠灯和金属卤化物灯等。

（1）荧光高压汞灯。荧光高压汞灯的特点是寿命长、成本相对较低，主要用于道路、室内外工业和商业照明。

（2）高压钠灯。高压钠灯的特点是寿命长、光效高、透雾性强，常用于道路、泛光、广场和工业照明等。

（3）金属卤化物灯。金属卤化物灯的特点是寿命长、光效高和显色性好，主要用于工业、城市亮化工程、商业、体育场馆及道路照明等。

### 7.1.2 新型节能灯

#### 1. 普通节能灯

节能灯又称紧凑型荧光灯、电子灯泡，节能灯是指将荧光灯与镇流器组合成一个整体的照明设备。节能灯的尺寸与白炽灯相近，与灯座的接口也和白炽灯相同，所以可以直接替换白炽灯。节能灯的光效比白炽灯高，同样照明条件下，消耗的电能要少很多，所以被称为节能灯。几种常见节能灯如图 7-2 所示。

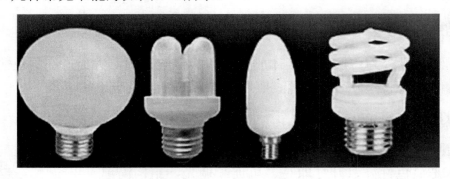

图 7-2 几种常见节能灯

节能灯的正式名称是稀土三基色紧凑型荧光灯，20 世纪 70 年代诞生于荷兰飞利浦公司。这种照明电光源在达到同样光能输出的前提下，只需耗费普通白炽灯用电量的 1/5～1/4，从而可以节约大量的照明电能。人们所讲的节能灯主要是针对白炽灯而言的，普通的白炽灯光效在每瓦 10 流明（lm）左右，寿命在 1000h 左右。白炽灯的工作原理是：当电灯接入电路中时，灯丝通过电流产生热效应，使白炽灯发出连续的可见光和红外线，此现象在灯丝温度升到 700K 即可觉察，白炽灯工作时的灯丝温度很高，可达 2200～2700K，大部分能量以红外辐射形式被浪费了。由于灯丝温度很高，蒸发很快，所以寿命也大大缩短，一般在 1000h 左右。节能灯主要通过镇流器对灯管灯丝加热，当温度达到 1160K 左右时，灯丝就开始发射电子，电子与灯管中的氩原子产生弹性碰撞，氩原子被撞后，获得能量又撞击管壁上的汞原子，汞原子在吸收能量后，跃迁产生电离，发出 253.7nm 的紫外线，紫外线激发荧光粉发光。由于荧光灯工作时灯丝的温度在 1160K 左右，比白炽灯工作的温度 2200～2700K 低，所以它的寿命也大大提高，通常在 8000h 以上。由于荧光灯不存在白炽灯那样的电流热效应，荧光粉的能量转换效率也很高，因此其光效能达到每瓦 60 流明（lm）。

节能灯的优点是结构紧凑、体积小巧、造型美观、使用简便、寿命长。节能灯发光效率高，省电 80%以上，节省能源，可直接取代白炽灯，如 11W 节能灯的光通量相当于 60W 普通白炽灯；寿命较长，是白炽灯的 5～10 倍，普通白炽灯泡的额定寿命为 1000h，节能灯的寿命一般为 5000h，原因是节能灯灯管内壁涂有保护膜和采用三重螺旋灯丝，可以大大延长其使用寿命。由于节能灯具有诸多优点，所以受到各国的重视和欢迎。

节能灯在使用中不要频繁开关，虽然"随手关灯"是节约用电的好习惯，但对于节能灯来说，频繁开关不仅不省电，而且还会减少节能灯的使用寿命。节能灯开灯时的耗电量是正常使用时的 3 倍，因此频繁开关节能灯反而会更费电。而且，节能灯开灯时的瞬时高电压是正常电压的 2 倍，开灯 5min 后才会发光稳定。频繁开关极易损坏节能灯，开关一次节能灯相当于持续点 10h 的节能灯。在厨房、走廊、卫生间等开关灯频繁的地方，不适宜使用节能灯。此外，应在离开房间 10min 以上时随手关灯，而不能像白炽灯一样频繁开关。

### 2. 发光二极管——LED 节能灯

LED 节能灯是利用电发光的固体半导体光源，是新型节能灯。其特点是高亮度点光源，可辐射各种色光和白光，寿命长，耐冲击和防震动，无紫外线和红外线辐射，在低电压下工作（安全）。如图 7-3 所示为小功率 LED 节能灯，如图 7-4 所示为大功率 LED 节能灯。

图 7-3　小功率 LED 节能灯　　　　　　　图 7-4　大功率 LED 节能灯

与普通节能灯相比，LED 节能灯在交流电驱动下会有频闪现象，频闪会使眼睛容易疲劳；每个 LED 灯泡的光线过亮，会强烈刺激眼睛，不可直视；照射角度有限制，一般只能照射 120°，而普通节能灯几乎可照射 360°。同时，LED 节能灯的照射亮度并不比普通节能灯出色，因为 LED 节能灯只在直视的狭小角度内有高亮度，而偏离该角度后亮度迅速减弱。

因此，LED 节能灯作为室内照明灯具的优势未必比普通节能灯明显，但作为电筒、台灯、射灯等只需照射狭小角度的灯具使用时还是非常优秀的。LED 节能灯的主要用途包括交通信号灯、高速道路分界照明、道路护栏照明、汽车尾灯、出口和入口指示灯、桥体或建筑物轮廓照明及装饰照明等。

### 思考与练习题

7-1-1　说出几种常见照明灯具。

7-1-2　比较节能灯与白炽灯的优缺点。

7-1-3　说明 LED 节能灯的优缺点与用途。

## 7.2　变压器

变压器是电工技术中不可缺少的电气设备，在电子技术中也有广泛的应用。本节主要介绍变压器的基本结构和工作原理，以及变压器的外特性及效率。

### 7.2.1　变压器的用途

变压器是利用电磁感应原理制成的一种变换电压、电流和阻抗的电气设备，主要用于升高或降低交流电压，改变电流或变换电路阻抗。

目前，在工农业生产和日常生活中用到的电能，大都由发电厂供给。发电厂一般建设在水利、煤炭等资源丰富的地方，而用户则分散在城市和农村。这样就存在电能的输送和分配问题，变压器在传输电能中起了重要的作用。

电力系统在远距离输电中都采用超高压输电线路。当前，我国的输电电压等级有 35kV、110kV、220kV、330kV、500kV、750kV 和 1000kV 等几种。在国际上，输电线路的最高电压是 1000kV。

在用户方面，数百千伏的高电压不能直接使用，所以电能经高压输电线路输送到城市和农村附近时，需要用降压变压器将电压降低为 10kV 或 6kV 的高压配电电压。

用户的各种电器，其额定电压也是不一样的，但绝大多数是 220V 或 380V，少数大容量用电设备的额定电压也有 3kV 或 6kV 的。因此，还需要将高压配电电压再用降压变压器降为 380/220V 用户电压。

总之，凡是需要使电压升高或降低的地方，都要用到变压器。在电子电路中，常需要多种电源电压，如收音机电路、电视机电路等电路中的多种电压，都需要变压器进行变压。

此外，变压器在改变电压的同时也改变了电流和阻抗。例如，在测量技术中利用变压器改变电流的原理，用较小的电流表测量较大的电流；在无线电技术中利用变压器变换阻抗的原理，变换电路的阻抗以达到阻抗匹配的目的。

### 7.2.2 变压器的基本结构

变压器是一种常用电器，按用途不同，变压器可以分为电力变压器、整流变压器、自耦变压器、测量变压器、电焊变压器，以及电子技术中应用的输入变压器、输出变压器、振荡变压器、高频变压器、中频变压器、脉冲变压器等。

不同的变压器，其容量相差悬殊，功能各不相同，设计制造工艺也有较大的差异，但它们的工作原理相同，基本结构相似。现以常用的单相双绕组变压器为例介绍变压器的基本结构。

变压器的基本部件是线圈和铁芯或磁芯，线圈也称绕组。单相双绕组变压器有一个高压绕组和一个低压绕组，它们都绕在铁芯上，为了减少损耗，铁芯一般用彼此绝缘的硅钢片叠成。变压器由铁芯和绕组组成，有时还要添加屏蔽。铁芯是变压器磁路的主体，它的结构形式有心式及壳式两类。心式变压器的优点是散热面积大，硅钢片用量较少，多用于电压较高、容量较大的变压器，如图 7-5 所示。壳式变压器的优点是结构简单，用铜量较少，机械强度较高，但体积较大，一般用于小功率电源变压器，如图 7-6 所示。环形变压器（属于心式变压器）和盒形变压器（属于壳式变压器）的磁路无空气隙，所以漏磁小，受外界干扰也小，更适用于较高频率。环形变压器如图 7-7 所示，盒形变压器如图 7-8 所示。

图 7-5　心式变压器

图 7-6　壳式变压器

图 7-7　环形变压器

图 7-8　盒形变压器

电力系统中使用的是三相电力变压器，三相变压器的一次侧、二次侧各有三个线圈，分别套在三个铁芯柱上。一次绕组、二次绕组各接成星形或三角形。三相变压器的原理结构如图 7-9 所示。由图中可看出每一相都相当于一个单相变压器。

变压器在工作时，绕组和铁芯都会产生损耗而发热。如果这些热量在变压器内积聚起来，就会使铁芯和绕组的温度逐渐升高，因此在使用变压器的时候要考虑变压器的冷却问题。小容量的变压器由于产生的热量较少，可采用空气自冷却法为其降温，这种冷却法完全依靠空气的自然流动，将铁芯和绕组中产生的热量带出变压器，保证变压器的正常运行。在中、大容量的变压器中，铁芯和绕组产生的热量较多，而且较快，只依靠空气自冷却法是不够的，还需要采用专门的冷却法为其降温。例如，将铁芯和绕组浸泡在装满变压器油的油箱中，依靠油的对流作用将热量传给油箱，再通过油箱将热量散发到周围空气中。为了增加散热面积，油箱外壁装有油管或散热片，这种冷却法称为油浸自冷式，如图 7-10 所示为常见的油浸自冷式三相变压器。发电厂和变电站中的大型电力变压器采用更为有效的冷却方式，如强迫油循环风冷或强迫油循环水冷等方法。

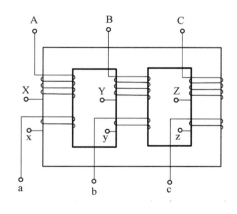

图 7-9　三相变压器原理结构

图 7-10　油浸自冷式三相变压器

### 7.2.3　变压器的工作原理

图 7-11 所示为用结构原理图表示的单相变压器电路，一般将连接电源的线圈称为一次绕组或初级绕组；连接负载的线圈称为二次绕组或次级绕组。如果变压器一次绕组的电压大于二次绕组的电压则称为降压变压器；反之，称为升压变压器。图 7-12 所示为变压器的简化等效电路。

如果将变压器的一次绕组连接到正弦交流电源上，就有正弦交流电流通过绕组。在电流的作用下，铁芯中将产生正弦交变的磁通。由于一次绕组和二次绕组都绕在同一铁芯上，所以铁芯中的磁通也要穿过二次绕组。由电磁感应定律可知，交变的磁通穿过绕组时将在绕组中产生感应电动势。在二次绕组中产生的感应电动势是由于交变电流通过一次绕组产生的，因此称为互感电动势。这种因为一个绕组中磁通发生变化而导致另一个绕组中产生感应电动势的现象称为互感现象。变压器就是利用互感原理制成的。

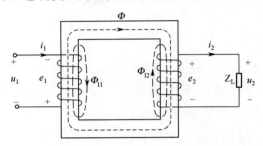

图7-11 用结构原理图表示的单相变压器电路

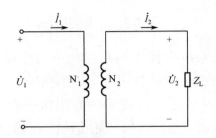

图7-12 变压器的简化等效电路

在变压器中，由于铁芯用硅钢片叠成，所以具有良好的导磁性能，绝大部分磁通既穿过一次绕组，也穿过二次绕组，这部分磁通称为主磁通，用 $\Phi$ 表示，在铁芯中的路径如图7-11所示。另外，还有少量的磁通只穿过一次绕组或二次绕组，称为漏磁通，用 $\Phi_{11}$ 和 $\Phi_{12}$ 表示，其路径如图7-11所示。由于漏磁通与主磁通相比很小，为了分析问题简便可将其忽略。

### 1. 电压变换

由图7-11可见，穿过一次绕组、二次绕组每匝线圈的主磁通都相同，因此，在每匝线圈内产生的感应电动势都相等。所以线圈的总电动势与线圈匝数成正比。设一次绕组有 $N_1$ 匝线圈，二次绕组有 $N_2$ 匝线圈，则一次绕组中感应电动势的有效值 $E_1$ 与二次绕组中感应电动势的有效值 $E_2$ 的比值，应等于一次绕组与二次绕组的线圈匝数之比。即

$$\frac{E_1}{E_2} = \frac{N_1}{N_2} \tag{7-1}$$

在忽略变压器各种损耗的情况下，由于一次绕组与电源相接，感应电动势 $E_1$ 应等于电源电压 $U_1$；二次绕组与负载相连，则负载的端电压 $U_2$ 就等于 $E_2$。所以

$$\frac{U_1}{U_2} = \frac{N_1}{N_2} = k \tag{7-2}$$

由式（7-2）可见，变压器的一次绕组与二次绕组的电压之比等于一次绕组与二次绕组的线圈匝数之比。如果一次绕组的线圈匝数比二次绕组的线圈匝数多，即 $N_1 > N_2$，则 $U_1 > U_2$，这就是降压变压器。反之，$N_1 < N_2$，则 $U_1 < U_2$，这种变压器为升压变压器。通常将变压器一次绕组与二次绕组的线圈匝数比称为变压比，简称变比，用 $k$ 表示。

### 2. 电流变换

变压器是一种传递电能的设备，它可以改变交流电的电压，但不会产生电能。由能量守恒定律可知，若忽略变压器内部的损耗，则二次输出的功率必然等于一次输入的功率。根据功率与电压、电流的关系可知，若变压器传输的功率一定，则电压与电流成反比，变

压器在改变电压的同时也改变了电流。即

$$\frac{I_1}{I_2} = \frac{U_2}{U_1} = \frac{N_2}{N_1} = \frac{1}{k} \qquad (7\text{-}3)$$

说明变压器一次绕组与二次绕组线圈中的电流之比等于线圈匝数的反比。根据这个原理制成的电流互感器可以测量大电流。三相变压器一次绕组与二次绕组的相电压、相电流与线圈匝数之间的关系与单相变压器相同。

### 3．阻抗变换

变压器除可以变换电压和变换电流外，还可以改变阻抗。在图 7-12 所示变压器简化等效电路中，二次绕组接有负载阻抗 $Z_L$，其在一次绕组端的等效输入阻抗

$$Z_i = \frac{U_1}{I_1} = \frac{kU_2}{\frac{1}{k}I_2} = k^2 Z_L \qquad (7\text{-}4)$$

可见，将负载 $Z_L$ 通过变压器接电源时，相当于将阻抗 $Z_L$ 增加到 $k^2$ 倍。在电子技术中，经常利用变压器进行阻抗变换，实现阻抗匹配。

**【例 7-1】** 某台三相变压器，其一次绕组的电压为 6kV，二次绕组的电压为 230V。求该变压器的变比。若一次绕组的线圈为 1500 匝，求二次绕组的线圈匝数。

**解** 三相变压器的每一相都相当于单相变压器，其变比为各相一次绕组与二次绕组的相电压之比，即

$$k = \frac{U_{P1}}{U_{P2}} = \frac{6000}{230} \approx 26$$

二次绕组的线圈匝数

$$N_2 = \frac{N_1}{k} = \frac{1500}{26} \approx 58 \text{（匝）}$$

**【例 7-2】** 一个电阻为 8Ω 的扬声器，若将其提高到 800Ω 才能够与放大器的输出端匹配，求要用变比为多大的变压器才能实现。

**解** 由阻抗变换的关系式（7-4）可得

$$k = \sqrt{\frac{R_i}{R_L}} = \sqrt{\frac{800}{8}} = 10$$

所以，在放大器与扬声器之间接入一台变比为 10 的变压器即可实现匹配。

### 7.2.4 变压器的外特性及效率

#### 1．外特性

变压器外特性反映输出电压 $U_2$ 相对空载电压 $U_{20}$ 的变化程度。通常希望 $U_2$ 的变动越小越好，一般变压器的电压变化率约为 5%，变压器外特性曲线如图 7-13 所示。也可用式（7-5）计算输出电压的变化率。

$$\Delta U = \frac{U_{20} - U_2}{U_{20}} \times 100\% \qquad (7\text{-}5)$$

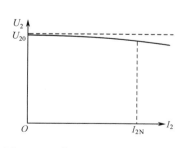

图 7-13　变压器外特性曲线图

### 2．损耗与效率

变压器损耗包括铜损和铁损，铜损 $\Delta P_{Cu}$ 包括一次绕组和二次绕组的电阻损耗，即

$$\Delta P_{Cu}=I_1{}^2R_1+I_{21}{}^2R_{21}$$

铁损 $\Delta P_{Fe}$ 包括磁滞损耗和涡流损耗。变压器的损耗为

$$\Delta P=\Delta P_{Cu}+\Delta P_{Fe}$$

变压器的效率为变压器的输出功率与输入功率之比，即

$$\eta = \frac{P_2}{P_1} = \frac{P_2}{P_2 + \Delta P} \tag{7-6}$$

在接近满载时效率最高。小型变压器的效率为 80%～90%，大型变压器的效率可达98%左右。

### 3．额定值

（1）额定电压 $U_N$：变压器二次绕组空载时各绕组的电压。在三相变压器中，额定电压就是指线电压。

（2）额定电流 $I_N$：允许绕组长时间连续工作的线电流。

（3）额定容量 $S_N$：在额定工作条件下变压器的视在功率。

---

#### ▦▦ 思考与练习题

7-2-1　变压器在电力系统中起什么作用？举例说明。

7-2-2　变压器可以改变电压、电流，是否可以改变功率？

7-2-3　什么叫心式变压器？什么叫壳式变压器？

7-2-4　为什么变压器的低压线圈的导线要比高压线圈的导线粗？

7-2-5　变压器根据什么原理制成？变压器是否可以改变直流电压？

7-2-6　什么叫变压器的变比？变比由什么决定？

7-2-7　变压器变换电流和阻抗的原理是什么？

7-2-8　变压器的损耗包括哪些？

---

# ▉ 7.3　三相异步电动机

电动机是实现能量转换和信号转换的电磁装置，用于能量转换的电动机称为动力电机，用作信号转换的电动机称为控制电机。本节主要介绍三相异步电动机的基本结构、工作原理和机械特性。

## 7.3.1　三相异步电动机的基本结构与铭牌参数

异步电动机又称感应式电动机，它是实际应用中最常见的一种交流电动机。由于异步电动机具有结构简单、价格低廉、运行可靠、维修方便等优点，所以在工农业生产和人们生活中得到了广泛的应用。如图 7-14 所示为三相异步电动机。

三相异步电动机主要由定子（固定部分）和转子（转动部分）两个基本部分组成。定子和转子彼此由空气隙隔开，为了增强磁场，需要尽可能地减小空气隙，一般空气隙为 0.3～1.5mm。电动机的容量越大，就需要空气隙越大。

图 7-14  三相异步电动机

### 1. 定子结构

图 7-15 所示为三相异步电动机结构图。三相异步电动机的定子主要由机座、装在机座内的圆筒形铁芯及铁芯上的定子绕组构成。机座一般由铸铁或铸钢制成，在机座内装有定子铁芯。铁芯由互相绝缘的硅钢片叠成。铁芯的内圆周表面冲有均匀的平行槽，在槽中放置了对称三相绕组：图 7-16（a）、图 7-16（b）、图 7-16（c）所示分别为未安装绕组和已安装有绕组的三相异步电动机的定子及定子硅钢片的形状。

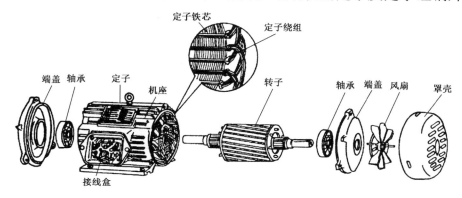

图 7-15  三相异步电动机结构图

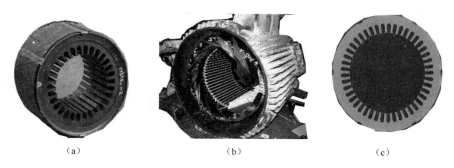

（a）　　　　　　　　　（b）　　　　　　　　　（c）

图 7-16  三相异步电动机的定子及定子硅钢片的形状

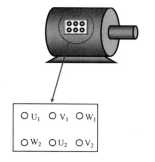

图 7-17  定子绕组始末端在机座接线盒内的排列顺序示意图

三相异步电动机的定子绕组共有 6 个引线端，分别固定在接线盒内的接线柱上，各相绕组的始端分别用 $U_1$、$V_1$、$W_1$ 表示；末端用 $U_2$、$V_2$、$W_2$ 表示。定子绕组的始末端在机座接线盒内的排列顺序如图 7-17 所示。

定子绕组有星形和三角形两种接法。若将 $U_2$、$V_2$、$W_2$ 连接在一起，$U_1$、$V_1$、$W_1$ 分别连接在 A、B、C 三相电源上，则称电动机为星形接法。电动机星形接法的实际接线图与原理接线图如图 7-18 所示。如果 $U_1$ 连接 $W_2$、$V_1$ 连接 $U_2$、$W_1$ 连接 $V_2$，然后分别将其连接到三相电源上，则称电动机为三角形接法，如图 7-19 所示。

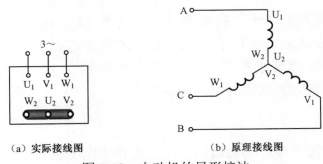

（a）实际接线图　　　　　（b）原理接线图

图 7-18　电动机的星形接法

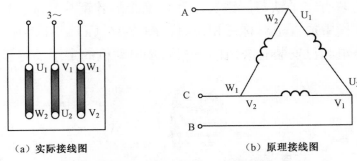

（a）实际接线图　　　　　（b）原理接线图

图 7-19　电动机的三角形接法

## 2. 转子结构

三相异步电动机的转子根据构造上的不同，分为鼠笼式和绕线式两种。转子铁芯由互相绝缘的硅钢片叠成圆柱形，其表面冲有均匀分布的平行槽，用来嵌放转子绕组。转子硅钢片的形状如图 7-20 所示。

鼠笼式转子的铁芯槽内放置有粗铜条，铜条的两端用短路环焊接起来，形状像一个圆筒形捕鼠的笼子，因此称为鼠笼式转子如图 7-21 所示。

图 7-20　转子硅钢片的形状示意图　　　　图 7-21　鼠笼式转子示意图

目前，100kW 以下的鼠笼式电动机通常采用铝铸式，即把铝熔化后浇注到转子铁芯槽内，同时将转子端部的短路环和冷却电动机的风扇也一起用铝铸成，如图 7-22 所示，这种方法既简单又节省铜材。

绕线式转子绕组和定子绕组相似，也为三相对称绕组。转子的三相绕组通常连接成星形，三相绕组的始端分别连接到固定在轴上的三个铜制滑环，环与环、环与轴都彼此绝缘。在各环上用弹簧压着碳制电刷，通过电刷使转子绕组与变阻器接通。绕线式转子的结构如图 7-23 所示。绕线式转子的特点是：转子绕组通过滑环和电刷与变阻器接通，可以改变异步电动机的起动性能或调节电动机的转速。在正常工作情况下，转子绕组是短路的，不接入变阻器。绕线式与鼠笼式电动机在结构上有所不同，但工作原理是相同的。

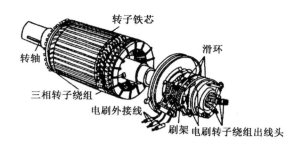

图 7-22　铝铸式转子示意图　　　　图 7-23　绕线式转子结构示意图

### 3．其他部件

电动机的其他部件有端盖、轴承盖、轴承、风扇、风扇罩、接线板和接线盒等。端盖用于支撑转子并遮盖电动机内部，一般由铸铁制成，固定在机座上。端盖中间是轴承，每一个轴承的内外侧都有轴承盖，以防止润滑油外流和灰尘进入轴承。风扇用于冷却电动机，一般装在转子的轴后端。风扇外罩风扇罩，风扇罩用螺钉固定在机座上。接线板安装在接线盒内，定子绕组的引出线固定在接线板的接线柱上。

为了适应各种工作环境的需要，异步电动机的外壳可以制成开启式、防护式、封闭式、防爆式等不同形式。防护式电动机的外壳有遮盖装置，可以防水滴、铁屑或其他杂物落入电动机内部。防护式电动机常用在水泵和鼓风机上。封闭式电动机完全封闭，内部与外部隔离，能防止灰尘、铁屑、水滴或其他飞扬物侵入电动机内部。它除与防护式电动机有相同的用途外，还适用于灰尘多和水土飞溅的地方，如磨床、铣床、刨床和球磨机等。为了改善散热条件，电动机的外壳上制有散热片。防爆式电动机有严密的封闭结构，外壳具有较强的机械强度。一旦有爆炸性气体侵入电动机内部而发生爆炸时，防爆式电动机外壳能承受爆炸时的压力，火花不会蹿出外面而引起外界气体爆炸。如图 7-24 所示为防爆式电动机。

图 7-24　防爆式电动机

### 4．三相异步电动机的铭牌

每台电动机的机壳上都装有一块铭牌，上面标有这台电动机的各种额定值和性能，对正确使用、检查和修理电动机有很大的帮助。如表 7-1 所示为部分常见国产异步电动机的相关信息，更多信息可查阅有关电动机产品目录或电工手册。

表 7-1 部分常见国产异步电动机的相关信息

| 产品名称 | 新代号 | 老代号 | 汉字意义 |
|---|---|---|---|
| 异步电动机 | Y | J、JO | 异步 |
| 绕线式异步电动机 | YR | JR、JRO | 异步绕线 |
| 防爆式异步电动机 | YB | JB、JBS | 异步防爆 |
| 多速异步电动机 | YD | JD、JDO | 异步多速 |

现以 Y 系列电动机为例说明铭牌中主要项目的意义。Y 系列电动机是我国自行设计的三相异步电动机，是 JO 等老系列电动机的更新换代产品，它不仅符合国家标准，也符合国际电工委员会标准，功率范围 0.55～160kW。以下为某台 Y 系列电动机的铭牌。

| 三相异步电动机 | | | |
|---|---|---|---|
| 型号 Y—112—M—4 | | | 编号 |
| 4.0kW | | 8.8A | |
| 380V | 1440r/min | LW82dB | |
| 接法△ | 防护等级 IP44 | 50Hz | 45kg |
| 标准编号 | 工作方式 S$_1$ | B 级绝缘 | 年 月 |
| ××电机厂 | | | |

（1）型号：Y—112—M—4。

Y——Y 系列三相异步电动机；

112——机座中心高度（单位 mm）；

M——机座长度代号（S—短机座；M—中机座；L—长机座）；

4——磁极数。

（2）4.0kW——额定功率 $P_N$。该值是指电动机在额定状态运行时，电动机轴上输出的机械功率，单位是 kW。

（3）380V——额定电压 $U_N$。该值是指电动机在额定状态下运行时，定子三相绕组应加的线电压值。通常，在铭牌上标有两种电压值，如 380/220V 表示定子绕组采用星形或三角形连接时的线电压值。

（4）8.8A——额定电流 $I_N$。该值是指电动机在额定状态下运行时，定子三相绕组的线电流值。对于定子绕组的不同接法，通常在铭牌上标有两种额定电流值。

（5）50Hz——额定频率 $f_N$。该值是指电动机在正常运行时，定子绕组所加交流电压的频率。

（6）1440r/min——额定转速 $n_N$。该值是指电动机在额定频率和额定负载下运行时，每分钟的转数。

（7）额定功率因数 $\cos\varphi_N$（本例铭牌中无）。$\varphi_N$ 为电动机在额定状态运行时，定子相电流与相电压之间的相位差。

（8）接法△。接法△是指三相异步电动机定子绕组是三角形接法。在实际工作场景中，究竟采取哪一种接法取决于电源电压。

（9）温升（本例铭牌中无）。温升是指电动机绕组温度比规定环境温度（一般为 35℃）所高出的度数。例如，铭牌上的温升是 60℃，表明电动机定子绕组的温度不能超过 60℃+35℃=95℃。

（10）B 级绝缘——绝缘等级。绝缘等级是指电动机中所用绝缘材料的耐热等级，它决定了电动机允许的最高温度。目前，一般电动机采用 E 级绝缘，允许的最高温度为 120℃；Y 系列电动机采用 B 级绝缘，允许的最高温度为 130℃。

（11）工作方式。电动机的工作方式有连续、短时和断续三种。连续（$S_1$）：表示电动机在额定状态下可以长时间连续使用，绕组不会过热。短时（$S_2$）：表示电动机不能连续使用，只能按照制造厂规定的时间短时使用。断续（$S_3$）：这种电动机的工作是短时的，但是可以多次断续重复使用。

此外，通常情况下，铭牌还会注明有电动机重量、制造厂名、出厂编号和出厂年月等。

### 7.3.2　三相异步电动机转子旋转原理

#### 1. 转子中的感应电动势

电流可以产生磁场是电磁现象的客观规律，三相异步电动机在工作时，定子绕组接成星形或三角形，连接至对称三相电源，三相电流通过三相绕组将产生一个在空间旋转的磁场。在磁场的作用下，转子产生电磁转矩，使转子旋转。三相异步电动机就是利用旋转磁场和电磁感应原理工作的。假设某一瞬间二相交流电在定子绕组中合成的旋转磁场如图 7-25 所示，此时旋转磁场以同步转速 $n_0$ 顺时针旋转，转子与旋转磁场产生相对运动，转子绕组切割磁场，在转子绕组中产生感应电动势。感应电动势的方向由右手定则确定，可假定转子绕组向逆时针方向运动切割磁场。伸出右手，掌心迎向旋转磁场的 N 极，拇指与四指垂直，拇指指向转子切割磁场的方向，四指所指的方向即为感应电动势的方向。由图 7-25 可知，在中性线 $OO'$ 以上的转子绕组中，感应电动势方向是垂直纸面向外的，在 $OO'$ 以下的转子绕组中，感应电动势的方向是垂直纸面向里的。

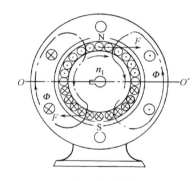

图 7-25　转子旋转原理示意图

#### 2. 转子转动

由于异步电动机工作时转子绕组被短路，所以在感应电动势的作用下产生了感应电流，且感应电流与感应电动势的方向一致。感应电流的大小与转子切割磁场的速度有关，当转子静止时，旋转磁场与转子相对切割的速率最大，感应电流也最大。

转子绕组中有感应电流，因此会受到旋转磁场电磁力的作用，方向由左手定则判定。由图 7-25 中可以看出，电磁力 $F$ 的方向与旋转磁场方向一致，也为顺时针方向。电磁力在转子上形成转矩，于是转子在电磁转矩的作用下沿着旋转磁场的方向旋转。

转子的转速必须小于旋转磁场的同步转速，如果转子的转速与旋转磁场的同步转速相等，则转子与旋转磁场之间就没有相对运动，因此转子不再切割磁场，不能产生感应电动势和电流，转子在磁场中也就不会受到电磁力的作用，没有产生电磁转矩，转子不能转动。因此，转子的转速一定要小于旋转磁场的同步转速，两个转速不能同步。通常，将这种电动机称为异步电动机。由于异步电动机的工作原理是建立在电磁感应基础上的，所以也称感应式电动机。

若用 $n$ 表示电动机的转速，则同步转速 $n_0$ 与转子转速 $n$ 之差称为转差，转差与同步转速的比值称为转差率，用 $s$ 表示，即

$$s = \frac{n_0 - n}{n_0} \tag{7-7}$$

因此转子转速

$$n = (1-s)n_0 \tag{7-8}$$

转差率表示转子与旋转磁场之间相对运动速度的大小，它是分析异步电动机工作情况的重要参数。当电动机接通电源，在启动瞬间，$n = 0$，$s = 1$；当电动机转速接近同步转速时，$n \approx n_0$，$s \approx 0$。显然，转差率越小，转子转得越快；反之，转差率越大，转子转得越慢。电动机在正常运行时，$n_0 > n > 0$，$0 < s < 1$。

### 7.3.3 三相异步电动机的机械特性

异步电动机工作时，转速将随着负载转矩的增大而下降，这是因为转子转速下降后，导致转差率增大，在转子中产生较大的感应电流及相应的电磁转矩，以与外负载转矩的增大相平衡。当电动机定子电压和频率保持不变时，三相异步电动机的转速 $n$ 与电磁转矩 $T$ 之间的关系称为机械特性。通过实验可以得到如图 7-26 所示三相异步电动机的机械特性曲线。机械特性曲线上的 $N$、$M$、$S$ 三个特殊的工作点代表了三相异步电动机的三个重要工作状态。

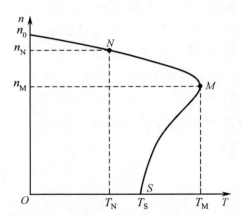

图 7-26　异步电动机的机械特性曲线图

#### 1．额定状态

额定状态是电动机的电压、电流、功率和转速都等于额定值时的状态，电动机工作在特性曲线的 $N$ 点，约在 $n_0$—$M$ 段的中间附近。这时的转差率 $s_N$、转速 $n_N$ 和转矩 $T_N$ 分别称为额定转差率、额定转速和额定转矩。

额定状态说明了电动机的长期运行能力。因为，若 $T > T_N$，则电流和功率都会超过额

定值，电动机处于过载状态。长期过载运行电动机的温度会超过允许值，将会降低电动机的使用寿命，甚至会烧毁电动机，所以电动机不允许长期过载运行。因此，长期运行时电动机的工作范围应在机械特性的 $n_0$—$N$ 段。

### 2．临界状态

临界状态是电动机的电磁转矩等于最大时的状态，工作点在特性曲线上的 $M$ 点。这时的电磁转矩 $T_M$ 称为最大转矩，转差率 $s_M$ 和转速 $n_M$ 分别称为临界转差率和临界转速。

临界状态说明电动机的短时过载能力。电动机虽然不允许长期过载运行，但是只要过载时间很短，电动机温度没有超过允许值，短时间过载是允许的。在过载运行时，负载转矩必须小于最大转矩，否则电动机带不动负载，转速会越来越低，直到停转，出现堵转现象。堵转时，$s=1$，转子与旋转磁场的相对运动速度最大，电流比额定电流大得多，时间一长，电动机会严重过热，甚至会被烧坏。因此，通常用最大转矩 $T_M$ 和额定转矩 $T_N$ 的比值来说明异步电动机的短时过载能力，该值称为过载系数，用 $K_M$ 表示，即

$$K_M = \frac{T_M}{T_N} \tag{7-9}$$

通常，Y 系列三相异步电动机的 $K_M$ 范围为 2～2.2。

### 3．起动状态

起动状态是电动机刚接通电源，转子尚未转动时的工作状态，工作点在特性曲线的 $S$ 点。这时的转差率 $s=1$，转速 $n=0$，对应的电磁转矩 $T_S$ 称为起动转矩。

起动状态说明了电动机的直接起动的能力。因为只有在 $T_S>T_N$ 时，电动机才能起动。$T_S$ 大，电动机才能满载起动；$T_S$ 小，电动机只能轻载或空载起动。通常用起动转矩 $T_S$ 和额定转矩 $T_N$ 的比值说明异步电动机的直接起动能力，称为起动系数，用 $K_S$ 表示，即

$$K_S = \frac{T_S}{T_N} \tag{7-10}$$

Y 系列三相异步电动机的 $K_S$ 范围为 1.6～2.2。

---

#### ◢◤ 思考与练习题

7-3-1　异步电动机由几部分组成？各起什么作用？

7-3-2　电动机铭牌上有哪些主要数据？各代表什么意义？

7-3-3　电动机运行中允许的最高温度由什么决定？

7-3-4　为什么当前使用最广泛的电动机是异步电动机？

7-3-5　机械特性表示出异步电动机的哪几种工作状态？

7-3-6　三相异步电动机在空载和满载起动时，起动转矩是否相同？

7-3-7　电动机在短时过载运行时，负载越重，允许过载的时间越短，为什么？

---

## ▊ 7.4　常用低压电器 /\/

电器是根据外界的电信号或非电信号，通过自动或手动的方式对电路实现接通、断开

控制，连续地或断续地改变电路参数，以实现对电路或非电对象的切换、控制、保护、检测、变换、调节用的电气设备。根据工作电压，电器分为低压电器和高压电器。低压电器一般指交流电压 1000V 以下，直流电压 1200V 以下的电器。

### 7.4.1 常用低压电器的分类与符号

电器是接通和断开电路或调节、控制和保护电路及电气设备用的电工器材。由控制电器组成的自动控制系统称为继电器—接触器控制系统，简称电器控制系统。电器的用途广泛，功能多样，种类繁多，结构各异。

**1. 常用低压电器的分类**

（1）常用低压电器按动作原理分为手动电器和自动电器。手动电器是用手或依靠机械力直接控制电路状态的电器，如手动开关、控制按钮、行程开关等。自动电器是指借助电磁力或某个物理量的变化自动地改变、控制电路状态的电器，如接触器、各种类型的继电器、电磁阀等。

（2）常用低压电器按用途分为控制电器、主令电器、保护电器、执行电器和配电电器。控制电器主要用在电力拖动控制系统中，用以实现拖动设备的自动控制，如接触器、继电器等。主令电器是指用于自动控制系统中发送动作指令的电器，如按钮、行程开关、万能转换开关等。保护电器是指用于保护电路及用电设备的电器，如熔断器、热继电器、各种保护继电器、避雷器等。执行电器是指用于完成某种动作或传动功能的电器，如电磁铁、电磁离合器等。配电电器主要用于低压供电、配电系统中，用以实现对供电系统和配电系统电路的接通、断开、保护、检测等，如刀开关、转换开关、熔断器、断路器、互感器及各种保护用的继电器等。

（3）常用低压电器按工作原理分为电磁式电器和非电量控制电器。电磁式电器是指依据电磁感应原理工作的电器，如接触器、各种类型的电磁式继电器等。非电量控制电器依靠外力或某种非电物理量的变化而动作的电器，如刀开关、行程开关、按钮、速度继电器、温度继电器等。

低压电器还可根据工作条件、环境分为一般工业电器、牵引电器、船舶电器、矿山电器、航空电器等。

**2. 常用低压电器的组成**

低压电器的结构主要包括感受部分和执行部分。

（1）感受部分：主要用来感受外界信号，通过将信号转换、放大、判别后做出有规律的反应，使电器执行部分动作。在自动控制系统中，感受部分是电磁机构；在手动控制系统中，感受部分是操作手柄、按钮等。

（2）执行部分：主要是触点（包括灭弧装置），用来完成电路的接通和断开任务。

低压电器的结构除感受部分和执行部分外，还有中间部分，通过中间部分把感受部分和执行部分连接起来，二者协调一致，使电器可以按照一定规律进行动作。

**3. 常用低压电器的作用**

低压电器能够依据操作信号或外界现场信号的要求，自动或手动地改变电路的状态、参数，实现对电路或被控对象的控制、保护、测量、调节、指示和转换。低压电器的作用如下。

（1）控制作用：如控制电梯的上下移动、快慢速自动切换与自动停层等。

（2）保护作用：能根据设备的特点，对设备、环境，以及人身实行自动保护，如电动机的过热保护、电网的短路保护、漏电保护等。

（3）测量作用：配合仪表及与之相适应的电器，对设备、电网或其他非电参数进行测量，如电流、电压、功率、转速、温度、湿度等。

（4）调节作用：低压电器可对一些电量和非电量进行调整，以满足用户的要求，如柴油机油门的调整、房间温度和湿度的调节、照度的自动调节等。

（5）指示作用：利用低压电器的控制、保护等功能，检测并提示设备运行状况与电气电路工作情况，如绝缘监测、保护掉牌指示等。

（6）转换作用：在用电设备之间转换或对低压电器、控制电路分时投入运行，以实现功能切换，如励磁装置手动与自动的转换，供电的市电与自备电的切换等。

当然，低压电器的作用远不止这些，随着科学技术的发展，新功能、新设备会不断出现。

### 4．常用低压电器的电路符号

常用低压电器新旧标准图形符号对照表如表 7-2 所示。

**表 7-2　常用低压电器新旧标准图形符号对照表**

| 名　称 | | 新标准 | | 旧标准 | | 名　称 | | 新标准 | | 旧标准 | |
|---|---|---|---|---|---|---|---|---|---|---|---|
| | | 图形符号 | 文字符号 | 图形符号 | 文字符号 | | | 图形符号 | 文字符号 | 图形符号 | 文字符号 |
| 一般三极电源开关 | | | QK | | K | 接触器 | 主触点 | | KM | | C |
| 低压断路器 | | | QF | | UZ | | 常开辅助触点 | | | | |
| 位置开关 | 常开触点 | | SQ | | XK | | 常闭辅助触点 | | | | |
| | 常闭触点 | | | | | 速度继电器 | 常开触点 | | KS | | SDJ |
| | 复合触点 | | | | | | 常闭触点 | | | | |
| 熔断器 | | | FU | | RD | 时间继电器 | 常开延时闭合触点 | | KT | | SJ |
| | | | | | | | 常闭延时打开触点 | | | | |

| 名　称 | | 新标准 | | 旧标准 | | 名　称 | | 新标准 | | 旧标准 | |
|---|---|---|---|---|---|---|---|---|---|---|---|
| | | 图形符号 | 文字符号 | 图形符号 | 文字符号 | | | 图形符号 | 文字符号 | 图形符号 | 文字符号 |
| 按钮 | 启动 | | SB | | QA | | 常闭延时闭合触点 | | | | |
| | 停止 | | | | TA | | | | | | |
| | 复合 | | | | AN | | 常开延时打开触点 | | | | |
| 线圈 | | | KM | | C | 热继电器 | 热元件 | | FR | | RJ |

## 7.4.2　常用低压电器的结构、工作原理及应用

常用低压电器包括开关电器、接触器、继电器、熔断器和主令电器等，本小节分别介绍这些常用低压电器的基本结构、工作原理及应用。

### 1. 开关电器

开关电器是指用来接通和断开电路的电气元件，开关电器广泛应用于各种电子设备、家用电器中。

#### 1）刀开关

刀开关又称闸刀开关或隔离开关，它是手控电器中最简单而使用又较广泛的一种低压电器，其典型结构主要由静插座、触刀、操作手柄、绝缘底板组成。刀开关分为不带熔断器式刀开关、带熔断器式刀开关和负荷开关。如图 7-27 所示是几种常用刀开关。刀开关在电路中的作用是隔离电源，以确保电路和设备维修的安全；分断负载，如不频繁地接通和分断容量不大的低压电路或直接启动小容量电动机。刀开关是带有动触点——闸刀，并通过它与底座上的静触点——刀夹座相契合（或分离），以接通（或分断）电路的一种开关。其中，以熔断体作为动触点的刀开关，称为熔断器式刀开关，简称刀熔开关。

图 7-27　常用刀开关

常用刀开关有 HD 型单掷刀开关、HS 型双掷刀开关（刀形转换开关）、HK 型闸刀开关、HR 型熔断器式刀开关等。

2）组合开关

组合开关又称转换开关，如图 7-28 所示。常用的组合开关有 HZ10 系列，其结构如图 7-29 所示。

图 7-28　组合开关

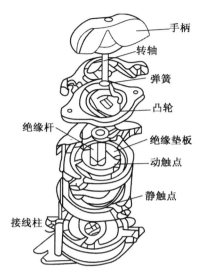

手柄
转轴
弹簧
凸轮
绝缘杆
绝缘垫板
动触点
静触点
接线柱

图 7-29　组合开关结构示意图

组合开关在电气控制线路中，常被作为电源引入的开关，可以用它来直接启动或停止小功率电动机，或者操纵电动机正转或反转。局部照明电路也常用它来控制。组合开关有单极、双极、三极、四极等类型，额定持续电流有 10A、25A、60A、100A 等多种。

3）低压断路器

低压断路器分为万能式断路器和塑料外壳式断路器两大类。目前，我国生产的万能式断路器主要有 DW15、DW16、DW17（ME）、DW45 等系列，如图 7-30 所示；我国生产的塑料外壳式断路器主要有 DZ20、CM1、TM30 等系列，如图 7-31 所示。

 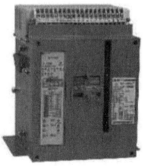  

图 7-30　万能式断路器　　　　　　　图 7-31　塑料外壳式断路器

低压断路器主要用于在正常工作条件下对电路进行不频繁地接通和分断，并在电路发生过载、短路及失压时自动分断电路。

DZ20 系列断路器由触点系统、灭弧室、传动机构和脱扣机构几部分组成。基本结构如图 7-32 所示。

断路器都是由本体和附件组成的。本体不带任何附件，但能确保顺利合、分电路，并且当电路或设备发生过载、短路等事故时，具备自动切断故障的功能。而附件作为断路器功能的派生补充，为断路器增加了控制手段和扩大保护功能，使断路器的使用范围更广、保护功能更齐全、操作和安装方式更多。

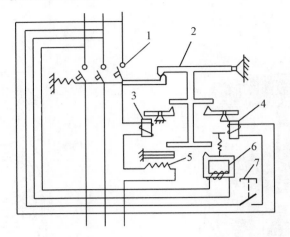

1—主触点；2—自由脱扣器；3—过电流脱扣器；4—分励脱扣器；

5—热脱扣器；6—失电压脱扣器；7—按钮

图 7-32　DZ20 系列断路器结构图

### 2. 接触器

1）交流接触器

交流接触器是一种自动开关，交流接触器广泛用于电路的开断和控制。交流接触器利用主触点来开断电路，用辅助触点来执行控制指令。主触点一般只有常开触点，而辅助触点常有两对具有常开和常闭功能的触点，小型的接触器也经常作为中间继电器配合主电路使用。交流接触器的触点由银钨合金制成，具有良好的导电性、耐高温性和抗烧蚀性。

交流接触器动作的动力来源于交流电磁铁，交流电磁铁由两个"山"字形的硅钢片叠成，其中一个固定，在上面套有线圈，有多种工作电压可供选择。为了使磁力稳定，铁芯的吸合面上加有短路环。交流接触器在失电后，依靠弹簧复位。另一半是活动铁芯，构造和固定铁芯一样，用以带动主触点和辅助触点的开断。20A 以上的接触器加有灭弧罩，利用断开电路时产生的电磁力，快速拉断电弧，以保护接点。交流接触器制作为一个整体，外形和性能也在不断改进，但是功能始终不变。常用的交流接触器如图 7-33 所示。

图 7-33　常用的交流接触器

交流接触器主要由三部分组成，其基本结构示意图如图 7-34 所示。

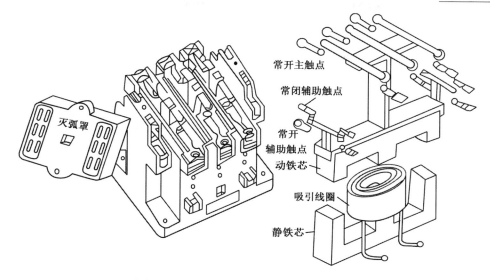

图 7-34　交流接触器基本结构示意图

（1）触点系统：采用双断点桥式触点结构，一般有三对常开主触点。

（2）电磁系统：包括动铁芯、静铁芯、吸引线圈和反作用弹簧。

（3）灭弧系统：大容量的接触器（20A 以上）采用缝隙灭弧罩及灭弧栅片灭弧，小容量接触器采用双断口触点灭弧、电动力灭弧、相间弧板隔弧及陶土灭弧罩灭弧。

交流接触器的工作原理：当吸引线圈两端加上额定电压时，动铁芯、静铁芯间产生大于反作用弹簧弹力的电磁吸力，动铁芯和静铁芯吸合，带动铁芯上的触点动作，即常闭触点断开，常开触点闭合；当吸引线圈两端电压消失后，电磁吸力消失，触点在反弹力作用下恢复常态。

2）直流接触器

直流接触器主要用于远距离接通和分断直流电路，还用于直流电动机的频繁启动、停止、反转和反接制动。

3）接触器的选择

接触器的选择原则有以下几条。

（1）根据电路中负载电流的种类选择接触器的类型，一般直流电路用直流接触器控制，当直流电动机和直流负载容量较小时，也可用交流接触器控制，但触点的额定电流应适当选择大一些。

（2）接触器的额定电压应大于或等于负载回路的额定电压。

（3）吸引线圈的额定电压应与所接控制电路的额定电压等级一致。

（4）额定电流应大于或等于被控主回路的额定电流。因此，应根据负载额定电流、接触器安装条件及电流流经触点的持续情况来选定接触器的额定电流。

**3．继电器**

继电器是一种控制器件，通常应用于自动控制电路中，它实际上是用较小的电流去控制较大电流的一种"自动开关"。因此，继电器在电路中起着自动调节、安全保护、转换电路等作用。常用继电器外形如图 7-35 所示。

1）电磁式继电器

电磁式继电器（见图 7-36）有直流继电器和交流继电器；也可分为电流继电器、电压继电器、时间继电器、中间继电器。电磁式继电器在电路中起控制、放大、联锁保护和调节作用。

图 7-35　常用继电器外形

图 7-36　电磁式继电器

（1）电流继电器：电流继电器的线圈串接于电路中，根据线圈中电流的大小而动作。这种继电器的线圈导线粗、匝数少、线圈阻抗小。

（2）电压继电器：电压继电器线圈匝数多、导线细，工作时并联在回路中，根据线圈两端电压的大小接通或断开电路。

（3）中间继电器：中间继电器的线圈所用电源有直流和交流两种。常用的中间继电器有 JZ7 和 JZ8 两个系列。

伴随着电子工业的发展，特别是 20 世纪 70 年代初期光耦合技术的突破，固态继电器（SSR，也称电子继电器）异军突起。同传统继电器相比，固态继电器具有寿命长、结构简单、重量轻、性能可靠等优点。固态继电器没有机械开关，而且具有诸如与微处理器高度兼容、速度快、抗冲击、耐振、低漏电等重要特性。同时，由于固态继电器没有机械触点，不产生电磁噪声，从而不需要附加诸如电阻和电容等元件来保持静音。

2）热继电器

热继电器的工作原理：由流入热元件的电流产生热量，使有不同膨胀系数的双金属片发生形变，当形变达到一定程度时，就推动连杆动作，使控制电路断开，从而使接触器失电，主电路断开，实现电动机的过载保护。热继电器作为电动机的过载保护元件，以其体积小、结构简单、成本低等优点在生产中得到了广泛应用。热继电器外形如图 7-37 所示。

图 7-37　热继电器外形

热继电器有多种形式，其中常用的有以下几种。

（1）双金属片式：利用双金属片受热弯曲去推动杠杆使触点动作。

（2）热敏电阻式：利用电阻值随温度变化而变化的特性制成的热继电器。

（3）易熔合金式：利用过载电流发热使易熔合金达到某一温度值时熔化而使继电器动作。

热继电器是利用电流的热效应来切断电路的保护电器，其主要由发热元件、双金属片和触点及动作机构等部分组成。

选择热继电器时应满足：$I_{eR} \geqslant I_{ed}$。

其中，$I_{eR}$ 为热继电器热元件的额定电流；$I_{ed}$ 为被保护电器的额定电流。

热继电器主要用于保护电动机的过载，因此选用时必须了解电动机的情况，如工作环境、起动电流、负载性质和允许过载能力等。

在选择热继电器时，原则上应确保其热特性尽可能接近或重合于电动机的过载特性，或者在电动机的过载特性下，在电动机短时过载和启动瞬间，热继电器不应受到影响而保持不动作。

当热继电器用于保护长期工作制或间断长期工作制的电动机时，其选型通常基于电动机的额定电流进行选择。例如，热继电器的整定电流可等于 0.95～1.05 倍的电动机的额定电流，或者取热继电器整定电流的中值等于电动机的额定电流，然后再进行调整。

当热继电器用于保护反复短时工作的电动机时，热继电器仅有一定范围的适应性。如果短时间内操作次数很多，就要选用带速饱和电流互感器的热继电器。

对于正/反转和通/断频繁的特殊工作制电动机，不宜采用热继电器作为过载保护装置，而应使用接入电动机绕组的温度继电器或热敏电阻器。

3）时间继电器

时间继电器用来按照所需时间间隔，接通或断开被控制的电路，以协调和控制生产机械的各种动作，因此是按整定时间长短进行动作的控制电器。时间继电器的外形如图 7-38 所示。

时间继电器种类很多，按构成原理分为电磁式、电动式、空气阻尼式、晶体管式和数字式等；按延时方式分为通电延时型、断电延时型。

4）速度继电器

速度继电器主要用于电动机速度的自动控制系统，该系统根据电动机转速的高低来接通和分断控制电路。例如，三相异步电动机的反接制动控制电路，当电动机的转速降低到接近零时立即发出信号切断电源，以防止电动机反向启动。

速度继电器一般分为感应式速度继电器和电子式速度继电器，感应式速度继电器的结构主要由转子、定子及触点三部分组成，其外形如图 7-39 所示。感应式速度继电器的转子是一个永久磁铁，与电动机或机械轴连接，随着电动机旋转而旋转。感应式速度继电器的定子内装有短路条，感应式继电器的定子能围绕着转轴转动。感应式速度继电器的定子转动时带动杠杆，杠杆推动触点，使之闭合与分断。当电动机旋转方向改变时，速度继电器的转子与定子的转向也会发生改变，这时感应式速度继电器的定子就可以触动另外一组触点，使之分断与闭合。当电动机停止时，速度继电器的触点即恢复原来的静止状态。

图 7-38　时间继电器外形

图 7-39　感应式速度继电器外形

常用的感应式速度继电器有 JY1 和 JFZ0 系列。JY1 系列能在 3000r/min 的转速下可靠工作；JFZ0 系列触点动作速度不受定子柄偏转快慢的影响，触点改用微动开关。JFZ0 系列的 JFZ0-1 型适用于 300～1000r/min；JFZ0-2 型适用于 1000～3000r/min。速度继电器有两对常开触点、常闭触点，分别对应被控电动机的正、反转运行。一般情况下，速度继电器的触点在转速达 120r/min 时能动作，100r/min 左右时能恢复正常位置。

**4．熔断器**

熔断器是一种简单而有效的保护电器，在电路中主要起短路保护作用。熔断器主要由熔体和安装熔体的绝缘管（绝缘座）组成。在使用熔断器时，将熔体串接到被保护的电路中。在正常情况下，当电流通过熔体时，熔体不应该熔断。熔体的热量与通过它的电流的平方和持续通电时间成正比。当电路发生短路时，电流会急剧增大，导致熔体迅速升温并立即熔断。而当电路中的电流值等于熔体的额定电流时，熔体不会熔断。因此，熔断器可用于进行短路保护。由于熔体在用电设备过载时所通过的过载电流能积累热量，当用电设备连续过载一定时间后熔体积累的热量也能使熔体熔断，所以熔断器也可用作过载保护。常用熔断器外形如图 7-40 所示。

1）熔断器类型

常用熔断器有插入式熔断器、螺旋式熔断器、封闭式熔断器等几种类型。

（1）插入式熔断器：RC1A 系列熔断器如图 7-40（a）所示，它结构简单，由熔断器瓷底座和瓷盖两部分组成。RC1A 系列熔断器的熔体用螺钉固定在瓷盖内的铜闸片上，使用时将瓷盖插入瓷底座，拔下瓷盖便可更换熔体。由于该熔断器使用方便、价格低廉，因此应用广泛。RC1A 系列熔断器广泛应用于交流电压 380V 及以下的电路末端，用于线路和电气设备的短路保护。此外，在照明线路中，RC1A 系列熔断器还可用作过载保护装置。RC1A 系列熔断器额定电流为 5～200A，但极限分断能力较差，由于该熔断器为半封闭结构，熔体熔断时有声光现象，禁止在易燃易爆的工作场合中使用。

（2）螺旋式熔断器：螺旋式熔断器如图 7-40（b）所示，螺旋式熔断器熔体的上端盖有一个熔断指示器，一旦熔体熔断，指示器马上弹出，可透过瓷帽上的玻璃孔观察到。螺旋式熔断器常用于机床电气控制设备中。螺旋式熔断器分断电流较大，可用于电压等级500V 及以下、电流等级 200A 及以下的电路中，对电路进行短路保护。

（3）封闭式熔断器：封闭式熔断器分为无填料密封管式熔断器和有填料密封管式熔断器两种。无填料密封管式熔断器 RM10 系列由熔断管、熔体及插座组成，如图 7-40（c）

所示。熔断管由钢纸制成，两端为黄铜制成的可拆式管帽，管内熔体为变截面的熔片，更换熔体较方便。RM10 系列的极限分断能力比 RC1A 熔断器有所提高，适用于小容量配电设备。

有填料密封管式熔断器 RT0 系列由熔断管、熔体及插座组成，如图 7-40（d）所示，其熔断管为白瓷质，与 RM10 系列熔断器类似，但管内充填石英砂，石英砂在熔体熔断时起灭弧作用，在熔断管的一端还设有熔断指示器。该系列熔断器的分断能力比同容量的 RM10 系列熔断器大 2.5～4 倍。RT0 系列熔断器适用于交流电压 380V 及以下、短路电流大的配电设备中，作为电路及电气设备的短路保护及过载保护。

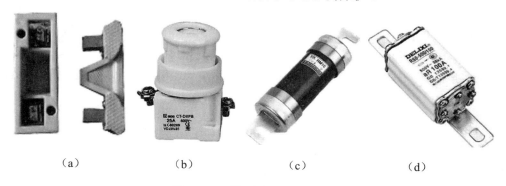

（a）　　　　　（b）　　　　　（c）　　　　　（d）

图 7-40　常用熔断器外形

无填料密封管式熔断器将熔体装入密封式圆筒中，分断能力稍弱，用于电压等级 500V 及以下、电流等级 600A 及以下电力网或配电设备中。有填料密封管式熔断器一般用方形瓷管，内装石英砂及熔体，分断能力强，用于电压等级 500V 及以下、电流等级 1kA 及以下的电路中。

2）熔断器的性能指标及选择

熔断器的性能指标包括额定电压、额定电流和极限分断能力，可根据这三个性能指标来选择熔断器。

对熔断器的要求是：在电气设备正常运行时，熔断器不应熔断；在出现短路时，熔断器应立即熔断；在电流发生正常变动时，熔断器不应熔断；在电气设备持续过载时，熔断器应延时熔断。对熔断器的选用主要包括类型选择和熔体额定电流的确定。

选择熔断器的类型时，主要依据负载的保护特性和短路电流的大小。例如，选择用于保护照明线路和电动机等的熔断器，应考虑对这些线路和设备进行过载保护，因此熔断器的熔化系数应适当小一些。所以容量较小的照明线路和电动机宜采用熔体为铅锌合金的 RC1A 系列熔断器，而大容量的照明线路和电动机，除考虑过载保护外，还应考虑短路时分断短路电流的能力。若短路电流较小，则可采用熔体为锡质的 RC1A 系列熔断器或熔体为锌质的 RM10 系列熔断器。用于车间低压供电线路的保护熔断器，一般是考虑短路时的分断能力。当短路电流较大时，宜采用具有高分断能力的 RL1 系列熔断器；当短路电流相当大时，宜采用有限流作用的 RT0 系列熔断器。

熔断器的额定电压要大于或等于电路的额定电压；熔断器的额定电流要依据负载情况选择。

（1）电阻性负载或照明线路，这类负载的启动过程很短，运行电流较平稳，一般按负载额定电流的 1～1.1 倍选用熔体的额定电流，进而选定熔断器的额定电流。

（2）电动机等感性负载，这类负载的启动电流为额定电流的 4～7 倍，一般选择熔体的额定电流为电动机额定电流的 1.5～2.5 倍。一般来说，熔断器难以起到过载保护作用，而只能作为短路保护，应选用热继电器作为过载保护。

（3）为防止发生越级熔断，上、下级（供电干线、支线）熔断器间应有良好的协调配合，为此，应使上一级（供电干线）熔断器的熔体额定电流比下一级（供电支线）熔断器的熔体额定电流大 1～2 个级差。

### 5．主令电器

主令电器用于闭合、断开和转换控制电路，是发布命令的一类电器，又称主令开关，也可用于对生产过程实行程序控制。主令电器主要由触点系统、操作机构和定位机构组成。由于主令电器所转换的电路是控制电路，所以其触点工作电流很小。常用主令电器有控制按钮、微动开关、行程开关、接近开关和转换开关等。其中，微动开关和行程开关在结构上很相似。

1）控制按钮

控制按钮是一种简单电器，不直接控制主电路，而是在控制电路中发出手动控制信号来实现对其他电气设备的控制。控制按钮由按钮帽、复位弹簧、桥式触头和外壳组成，常用控制按钮如图 7-41 所示。

图 7-41　常用控制按钮

控制按钮的结构形式包括开启式（K）、保护式（H）、防水式（S）、防腐式（F）、紧急式（J）、钥匙式（Y）、旋钮式（X）和带指示灯式（D）等多种类型。在选择控制按钮时，需要考虑以下几个方面。

选择规格：主要包括额定电压、额定电流和安装尺寸。一般情况下，额定交流电压应不超过 660V，直流电压不超过 440V；额定电流应不超过 10A；而安装尺寸通常为圆形头或方形头，尺寸范围为 $\phi12 \sim \phi30$。

选择结构形式：可根据需要选择普通式、紧急式（J）、钥匙式（Y）、旋钮式（X）、带指示灯式（D）、组合式等不同的结构形式。

选择动作方式：根据具体需求，可以选择自动复位或非自动复位的按钮。

总之，选择适合的控制按钮应综合考虑应用场所，并根据控制按钮的规格、结构形式和动作方式进行选择，以确保控制按钮的功能和性能符合要求。

2）位置开关

位置开关的作用是将机械位移转变为电信号，使电动机运行状态发生改变，即按一定行程自动停车、反转、变速或循环，从而控制机械运动或实现安全保护。位置开关包括行程开关、限位开关、微动开关及由机械部件或机械操作的其他控制开关。

位置开关分为两种类型：直动式和转动式。其中，转动式又可分为单轮、双轮和万向式。这些位置开关的结构基本相似，都是由操作头、传动系统、触点系统和外壳组成的，它们的主要区别在于传动系统。

在选择位置开关时，应根据工作场所的需求选择适当的开关操作头结构，包括直动式或转动式、自动复位或非自动复位、长挡铁与短挡铁，以及所需的触点数量。

3）接近开关

接近开关又称无触点行程开关，它除可以完成行程控制和限位保护外，还是一种非接触型的检测装置。接近开关的特点是工作可靠、寿命长、功耗低、复定位精度高、操作频率高及适应恶劣的工作环境等。

当某种物体与接近开关的距离达到一定数值时，接近开关就会发出"动作"信号，而无须施以机械力。此外，接近开关还可以用于高速计数、测速、液面控制、检测金属体的存在、检测零件尺寸、无触点按钮，以及用作计算机或可编程控制器的传感器等。

接近开关按工作原理分为高频振荡型（检测各种金属）、永磁型及磁敏元件型、电磁感应型、电容型、光电型和超声波型等几种。常用的高频振荡型接近开关由振荡、检测、晶闸管等部分组成。

接近开关的种类繁多，常用的接近开关型号有 LJ 系列、SQ 系列、CWY 系列和 3SG 系列。3SG 系列为德国西门子公司生产的新型产品。如图 7-42 所示为几种常见的接近开关。

图 7-42　几种常见的接近开关

4）转换开关

转换开关可同时控制许多条（最多可达 32 条）通/断要求不同的电路，而且具有多个挡位，广泛应用于交直流控制电路、信号电路和测量电路，也可用于小容量电动机的启动、反向和调速。由于转换开关换接的电路多、用途广，故有"万能"之称，也称为万能转换开关。万能转换开关以手柄旋转的方式进行操作，操作位置有 2～12 个，分定位式和自动复位式两种。如图 7-43 所示为几种常见的万能转换开关。

图 7-43　几种常见的万能转换开关

## ■■ 思考与练习题 ●

7-4-1　常见低压电器有哪几种类型？列出几种常见的低压电器。

7-4-2　低压电器在电路中的作用是什么？

7-4-3　常见的低压开关电器有哪几种？

7-4-4　交流接触器的作用是什么？如何选用。

7-4-5　常见的继电器有哪几种类型？在电路中继电器的作用是什么？

7-4-6　常用熔断器有哪几种类型？在电路中熔断器的作用是什么？如何选用熔断器？

7-4-7　常用主令电器有哪几种类型？

# 本章小结 ●

（1）照明电光源一般分为白炽灯、气体放电灯和其他电光源三大类，在绿色照明工程中，常选用节能灯作为光源，节能灯的光效比白炽灯高，同样照明条件下，消耗的电能要少很多。

（2）变压器是利用电磁感应原理制成的一种变换电压、电流和阻抗的电气设备，主要用于升高或降低交流电压，改变电流或变换电路阻抗。变压器的一次侧、二次侧的电压之比等于一次绕组、二次绕组的线圈匝数之比，称为变比，变比也等于变压器二次侧电流与一次侧电流之比，即

$$k = \frac{N_1}{N_2} = \frac{U_1}{U_2} = \frac{I_2}{I_1}$$

利用变压器可以将负载的阻抗变为 $k^2$ 倍，达到阻抗匹配，即

$$Z_1' = k^2 Z_1$$

（3）三相异步电动机主要由定子和转子构成，电动机的转速由电源频率和磁极数决定。三相异步电动机工作时，定子绕组接成星形或三角形，三相电流通过三相绕组将产生一个在空间旋转的磁场，在磁场的作用下，转子产生电磁转矩，使转子旋转。额定状态是电动机的电压、电流、功率和转速都等于额定值时的状态。临界状态是电动机的电磁转矩等于最大值时的状态，临界状态说明电动机的短时过载能力。起动状态是电动机刚接通电源，转子尚未转动时的工作状态，起动状态说明了电动机的直接起动的能力。

（4）电动机的旋转方向由三相电源的相序决定。若要改变电动机的旋转方向只需改变相序，即任意调换三根电源线中两根接线的位置。

（5）常用低压电器一般指交流电压 1200V 及以下，直流电压 1500V 以下的控制电器、主令电器、保护电器、执行电器和配电电器。低压电器的作用是根据操作信号或外界现场信号的要求，自动或手动改变电路的状态、参数，实现对电路或被控对象的控制、保护、测量、指示和调节。低压电器的选用应根据使用场合和具体用途确定其类型和参数。

## 习题 7

**7-1** 11W 节能灯的光通量相当于＿＿＿W 普通白炽灯；寿命较长，是白炽灯的＿＿＿＿倍，普通白炽灯泡的额定寿命为＿＿＿＿h，紧凑型荧光灯的寿命一般为＿＿＿＿h。

**7-2** 一台单相变压器的一次侧电压 $U_1 = 3000V$，变比 $k = 15$，求二次侧电压 $U_2$。当变压器二次侧电流 $I_2 = 60A$ 时，求变压器的一次侧电流 $I_1$。

**7-3** 一台单相降压变压器，电压为 220V/36V，二次侧接一盏 36V、40W 的灯泡，（1）若变压器的一次绕组的线圈匝数 $N_1 = 1000$，求二次绕组的线圈匝数 $N_2$；（2）当电灯点亮后，变压器一次侧、二次侧的电流各为多大？

**7-4** 一台容量为 2kV·A 的单相变压器，一次侧额定电压为 220V，二次侧额定电压为 24V，求一次侧电流、二次侧电流的额定值。

**7-5** 将电阻为 8Ω 的扬声器接在变压器的二次侧，如果变压器一次绕组的线圈匝数 $N_1 = 3000$，二次绕组的线圈匝数 $N_2 = 500$，求变压器的一次侧输入阻抗。

**7-6** 一台单相电源变压器，一次绕组的线圈匝数为 1200，接到电压为 220V 交流电源后，用万用表测得二次绕组的三个线圈的电压分别为 6V、12V 和 24V，求三个二次绕组的线圈匝数。

**7-7** 已知一台三相异步电动机的磁极对数 $P = 1$，额定转速 $n_N = 2940r/min$，电源频率 $f = 50Hz$。求电动机的额定转差率 $s_N$。

**7-8** 一台三相异步电动机，额定转速为 1470 r/min，电源频率是 50Hz。求电动机的同步转速，磁极对数和转差率。

**7-9** 额定电压为 380V/220 V，Y/△连接的三相异步电动机，当电源线电压分别为 380V 和 220V 时各应采用什么连接方法？它们的额定电流是否相等？

**7-10** 某三相异步电动机，定子电压频率为 50 Hz，磁极对数为 1，转差率为 0.015，求同步转速和转子转速。

**教学微视频**

# 第8章 三相异步电动机的基本控制

电动机是实现能量转换和信号转换的电磁装置，用于能量转换的电动机称为动力电机，用于信号转换的电动机称为控制电机。三相异步电动机为动力电机。本章主要介绍三相异步电动机的直接启动和降压启动方法，三相异步电动机正转和反转的基本控制电路，以及三相异步电动机的运行与维护。

## 学习目标

1. 能了解三相异步电动机启动过程的特点。
2. 能知道三相异步电动机的不同启动方法及特点。
3. 能实现三相异步电动机的正转和反转控制。
4. 能了解三相异步电动机在运行时的注意事项。
5. 能掌握三相异步电动机直接启动，以及正转和反转控制电路的接线方法。

## 课程思政目标

1. 引入大国工匠刘云清的故事，学习榜样立足岗位无私奉献、刻苦钻研的感人事迹。引导学生树立"凡事多往前一步"的工匠精神。

2. 三相异步电动机降压启动是以牺牲功率为代价，引导学生辩证思维，意识到事物具有两面性。

3. 技能训练"三相异步电动机的直接启动与正、反转控制电路的接线"，引导学生学习正确的操作流程，树立安全第一、质量第一的职业意识。

## ■■ 8.1 三相异步电动机的启动控制

电动机接通电源后开始转动，转速将逐渐增高，直到达到正常转速为止，这段过程称为启动过程。启动过程的时间一般为几秒。下面介绍三相异步电动机在启动时的特点和常用的几种启动方法。

### 8.1.1 三相异步电动机的启动电流

鼠笼式三相异步电动机在启动时有两个特点：一是启动电流很大；二是启动转矩较小。这是因为电动机在接通电源的瞬间，转子转速 $n=0$，转差率 $s=1$，旋转磁场与尚未转动的转子之间有最大的相对运动速度，因此会在转子笼条中产生最大的感应电动势。由于转子笼条是短路的，所以要产生很大的转子电流。一般启动时的转子电流为额定负载时的 5～8 倍。三相异步电动机转子电流由定子电流通过感应电动势供给，所以当转子电流很大时，定子电流也很大。鼠笼式三相异步电动机的启动电流一般为额定电流的 4～7 倍。三相异步电动机在启动后，转子转速逐渐增加，笼条切割旋转磁场的速度越来越小，因此定子电流也逐渐减小。对于容量不大的三相异步电动机，经过 5～10s 的启动时间，转速就可以达到稳定的数值。

在三相异步电动机的启动过程中，由于启动电流较大，会导致线路电压下降，进而引起电网电压的波动，从而影响电网上其他电气设备的运行。此外，由于启动时定子电流和转子电流均较大，会导致定子和转子过度发热。随着启动时间的延长，发热问题会更加严重，加速绝缘体老化，从而缩短三相异步电动机的使用寿命。此外，在过大电流的冲击下，定子绕组和转子笼条还会受到巨大的电磁力作用，进而引起变形。因此，为了确保三相异步电动机的安全可靠运行，必须采取措施降低启动电流。

## 8.1.2　三相异步电动机的启动方法

三相异步电动机有全压启动和降压启动两种启动方式。全压启动也称直接启动，这种启动方式所用设备简单、投资小、启动时间短、启动方式可靠，功率较小的三相异步电动机常采用此方式。但当三相异步电动机的功率较大或电源变压器的容量和线路压降规定不允许直接启动时，就必须采用降压启动。降压启动的目的是减小启动电流，由于三相异步电动机的转矩与电源电压的平方成正比，电压降低后，启动转矩也会降低，因此，降压启动方法常用于轻载启动的三相异步电动机或功率较大的三相异步电动机。

### 1. 全压启动

全压启动就是将三相异步电动机直接加额定电压启动。三相异步电动机能否采用直接启动，要由电源变压器容量、启动次数及三相异步电动机类型等因素决定。直接启动常用的控制设备有三相胶盖瓷底闸刀开关、铁壳开关、交流接触器及自动空气开关等。

图 8-1 所示为开关控制三相异步电动机直接启动的原理电路，启动时闭合开关 Q，则三相交流电压通过熔断器 FU、开关 Q 直接加到三相异步电动机 M 上。

图 8-2 所示为交流接触器控制的三相异步电动机的启动电路，下面说明此启动电路的原理。三相电源通过开关 Q 和熔断器 FU 经接触器的主触点 $KM_1$ 与三相异步电动机相接，这条电路称为主电路。由启动按钮 $SB_1$、停止按钮 $SB_2$ 和带有活动铁芯的线圈 KM 组成的串联电路对接触器进行控制，这条电路称为控制电路。启动按钮 $SB_1$ 是常开按钮，即 $KM_2$ 平常处于断开状态，只有当手动按下启动按钮 $SB_1$ 时才接通电源，当松开按钮后，$SB_1$ 又重新断开。停止按钮 $SB_2$ 是常闭按钮，平常 $SB_2$ 处于接通状态，当手动按下停止按钮 $SB_2$ 时，电路断开；手松开后，电路又重新接通。

交流接触器的动作原理是：启动三相异步电动机时，首先将开关 Q 闭合，然后按下启动按钮 $SB_1$，接通控制电路，KM 线圈通电，电磁铁吸引住衔铁，主电路中 KM 的三个触点 $KM_1$ 和控制电路中的一个联锁触点 $KM_2$ 闭合，使启动按钮两端接通，起自锁作用，这时松开启动按钮 $SB_1$，三相异步电动机照常运行。停机时，按下停止按钮 $SB_2$，使控制电路断开，KM 线圈断电，主触点 $KM_1$ 和联锁触点 $KM_2$ 都自动断开，三相异步电动机停止运行。

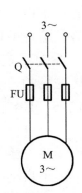
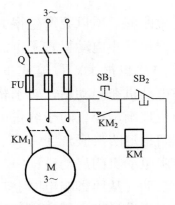

图 8-1　三相异步电动机的直接启动电路图　　图 8-2　交流接触器控制的三相异步电动机的启动电路图

### 2. 降压启动

首先利用启动设备将电压适当降低，然后加在三相异步电动机的定子上启动，以限制启动电流，等到电动机转速上升到正常转速时，再将三相异步电动机的电压恢复到额定值——这种启动方法称为降压启动，常用于在轻载或空载情况下启动较大容量的三相异步电动机。常用的降压启动方法有以下几种。

（1）定子绕组串联电阻或电抗降压启动。如图 8-3 所示为三相异步电动机定子绕组串联电阻启动电路。启动时，首先打开开关 $Q_2$，再闭合开关 $Q_1$，此时三相交流电源电压通过电阻器 R 加在三相异步电动机的定子绕组上，其中电源电压的一部分由电阻器 R 分得，从而使加在三相异步电动机定子绕组上的电压降低，达到降压启动的目的。在三相异步电动机转速上升到正常转速后，再闭合开关 $Q_2$，利用 $Q_2$ 将电阻器 R 短路，则三相异步电动机就在额定电压下运行。

同理，可以将电阻器换为电抗线圈进行降压启动，电抗降压启动比电阻降压启动消耗的电能少，但设备成本较高。

（2）星形—三角形启动。对于正常运行时用定子绕组作为三角形连接的三相异步电动机，可以利用星形与三角形变换的接法进行降压启动。如图 8-4 所示为采用三相双投开关进行星形与三角形变换的启动电路。三相异步电动机启动时，先将开关 $Q_2$ 投向位置"1"，使定子绕组接成星形，然后闭合开关 $Q_1$ 启动三相异步电动机，当转速升高后，再将 $Q_2$ 投向位置"2"，三相异步电动机便接成三角形正常运行。

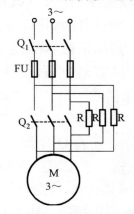
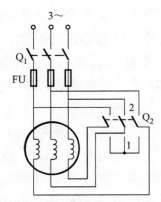

图 8-3　三相异步电动机定子绕组
串联电阻启动电路图

图 8-4　三相异步电动机星形与
三角形变换的启动电路图

由三相电路可知，星形接法的启动电流是三角形接法时的 1/3。因此，用这种方法降低启动电流很有效，但是启动转矩下降较多，所以一般只用于轻载或空载启动。由于这种启动方法简单、设备费用低，常为三角形接法的三相异步电动机所采用。

（3）自耦变压器降压启动。自耦变压器降压启动的启动方法是利用自耦变压器将三相异步电动机在启动过程中的端电压降低，以达到降压启动的目的。如图 8-5 所示为三相异步电动机的自耦变压器降压启动电路图。

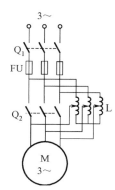

启动时，首先打开开关 $Q_2$，然后闭合开关 $Q_1$，三相异步电动机的定子绕组便接在自耦变压器 L 的二次侧，降低了启动电压，从而减小了启动电流。待三相异步电动机转速上升至额定值后，再闭合 $Q_2$，于是三相异步电动机就在额定电压下正常运行了。

自耦变压器降压启动的设备通常可分为手动和自动控制两类。用这种方法启动的特点是，三相异步电动机启动转矩较大，但设备较复杂，通常用于高电压或大功率三相异步电动机的启动。

图 8-5　三相异步电动机的自耦
变压器降压启动电路图

---

**思考与练习题**

8-1-1　一般容量较大的鼠笼式三相异步电动机为什么要采用降压启动？

8-1-2　常用的降压启动方法有哪几种？比较其特点。

8-1-3　线电压 380V、星形连接的电动机，能否采用星形—三角形启动？

8-1-4　比较星形—三角形启动和自耦变压器降压启动的特点。

---

# 8.2　三相异步电动机的正转、反转控制

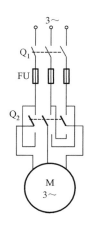

图 8-6　三相异步电动机正转、反转
控制电路图

在实践中，经常需要改变三相异步电动机的旋转方向。三相异步电动机的转向与旋转磁场方向一致，旋转磁场的方向由三相电流的相序决定，所以三相异步电动机的转向取决于三相异步电动机电压的相序。若要使三相异步电动机转向，则需改变通入三相异步电动机的三相电流的相序。实际操作时，只要将三相异步电动机连接在电源上的三根导线的任意两根对调位置，就可以实现三相异步电动机的反转。

图 8-6 所示为三相异步电动机正转、反转控制电路，它利用转换开关 $Q_2$ 改变三相异步电动机电压的相序，从而使三相异步电动机正转或反转。

■■ **思考与练习题**

如何实现三相异步电动机正转、反转控制？

## 8.3 三相异步电动机的运行与维护

### 8.3.1 启动前的检查

三相异步电动机在启动前应做如下检查，以保证三相异步电动机的安全运行。

（1）新装和停机三个月以上的三相异步电动机，启动前应测量绝缘电阻，检查其是否符合绝缘标准；一般对于低压三相异步电动机可以用摇表进行测量，高压三相异步电动机要进行耐压试验。

（2）检查三相异步电动机端盖、轴承压盖及机座等处螺钉有无松动现象。

（3）用手拨动转子，检查转动是否灵活，有无摩擦杂音，并检查轴承润滑等情况。

（4）检查导线、熔断器与开关接触是否紧密，有无松动、断股等现象。

（5）检查接地线接触是否可靠。

（6）检查传动装置是否良好。

（7）检查三相电源电压是否对称。

（8）通知有关人员，三相异步电动机即将启动。

### 8.3.2 启动时应注意的事项

（1）闭合开关后，如果三相异步电动机转子不转动，则应立即断开开关，查明原因，排除故障后才允许重新闭合开关。

（2）闭合开关后，如果三相异步电动机发出异常响声，则应立即断开开关，检查三相异步电动机、传动装置和熔断器等。

（3）闭合开关后，应注意观察三相异步电动机带动的机械及电流表、电压表的情况，如果有异常，则应立即断开开关。

（4）启动时如发现三相异步电动机冒火或振动过大，应立即停机检查。

（5）一般三相异步电动机空载启动不能连续超过 3～5 次，在运行中停机不久再次连续启动不能超过 2～3 次。

（6）若三相异步电动机运转方向反了，则应立即断开开关，调换电源任意两相的接线，即改变三相电源的相序，从而改变旋转磁场的旋转方向，以通过这种方式改变电动机的转动方向。

### 8.3.3 运行中应注意的事项

一般大型三相异步电动机都装有继电保护装置，当三相异步电动机发生事故时，启动保护装置可以使三相异步电动机脱离电源。对于用熔断器保护的三相异步电动机，应注意监视其运行情况。例如，闭合开关三相异步电动机运转后，三相异步电动机处于无人监视下运行，当发生故障时（尤其是一相熔体熔断，三相异步电动机缺相运行的情况），若不及时处理，就会烧毁三相异步电动机，因此要对三相异步电动机进行运行监视。

（1）通过电压表监视电源电压的变化。要求电压的变化与三相异步电动机额定电压的偏差在±5%范围内，同时要求三相电压基本对称。

（2）通过电流表监视三相异步电动机的三相电流。要求电流不能超过三相异步电动机铭牌上规定的额定电流值。没有安装电流表的三相异步电动机，可以利用钳形电流表定时检查三相电流是否平衡或过载。

（3）监视三相异步电动机的温升。三相异步电动机在运行中都不能超过制造厂所规定的温升限度。可以用温度计监视大型电动机的温度，没有温度计的三相异步电动机一般可以用手摸其外壳来判断，当手感觉非常烫以致难以忍受时，说明三相异步电动机温度已超过 90℃。此外，还要注意轴承温度是否正常。

（4）在运行中要经常检查三相异步电动机有无不正常的振动和响声。正常运行的三相异步电动机会产生一种均匀的响声，没有杂音和怪叫声。若运行中三相异步电动机发出特别大的嗡嗡声，则表示电流过大，这是由过载或三相电流显著不平衡引起的；若发出时高时低的嗡嗡声，且机身振动，则表示转子出现断条；若发出咝咝声，则表示轴承润滑油不足；若发出咕噜咕噜声，则表示轴承中钢珠损坏；若从定子外壳上听到咝咝声，则表示定子硅钢片松弛；若有不均匀的嚓嚓声，则表示定子与转子有相互摩擦现象。若发现三相异步电动机有不正常的响声，则应立即停机，对三相异步电动机进行检查、修理、校正安装。

（5）三相异步电动机在运行中如闻到有绝缘漆的焦味，则应立即切断电源，停机检查。除此以外，还应注意轴承、通风等情况是否良好。

---

### 思考与练习题

8-3-1 三相异步电动机启动前应检查哪些方面？

8-3-2 三相异步电动机在启动时要注意什么？

8-3-3 三相异步电动机在运行时应注意什么问题？

---

## 8.4 技能训练 7 三相异步电动机的直接启动与正转、反转控制电路的接线

### 8.4.1 技能训练目的

1. 认识鼠笼式三相异步电动机、交流接触器、热继电器、按钮等几种常用控制电器。
2. 加深对三相异步电动机进行直接启动和正转、反转控制过程的理解。
3. 掌握三相异步电动机直接启动和正转、反转控制电路的接线方法。
4. 学习用万用表检查控制电路的方法，培养分析及排除电路故障的能力。

### 8.4.2 预习要求

1．了解三相异步电动机铭牌数据的含义。

2．复习交流接触器、热继电器、按钮等控制电器的工作原理及用途。

3．复习三相异步电动机直接启动和正转、反转控制电路及工作原理，并理解自锁和互锁的作用。

### 8.4.3 仪器和设备

技能训练仪器和设备见表 8-1。

**表 8-1　技能训练仪器和设备**

| 名　称 | 型号及使用参数 | 数　量 |
|---|---|---|
| 三相异步电动机 | Y80M-6 型 | 1 台 |
| 交流接触器 | CJ10-10　380V | 2 个 |
| 热继电器 | JR10-10 | 1 个 |
| 按钮 | 380V/1A | 3 组 |
| 三相开关 | 500V/10A | 1 个 |
| 熔断器 | 5A | 3 个 |
| 万用表 | MF10 | 1 块 |

### 8.4.4 技能训练内容和步骤

接线前要识别并熟悉实验板上的交流接触器的线圈端子及触点、热继电器的热元件端子及触点、三相异步电动机的铭牌数据。

#### 1．三相异步电动机点动与直接启动控制

（1）三相异步电动机点动控制。在断开连接电源的三相闸刀开关的情况下，根据图 8-7 所示电路连接线路。先接主电路，后接控制电路（可不接热继电器）。接完线路后，经指导教师检查无误再接通电源。按下按钮 SB，观察三相异步电动机的点动工作情况。

（2）三相异步电动机直接启动控制。断开电源，将点动控制的控制电路改接为图 8-8 所示的直接启动控制电路（主电路不变）。接完线路后，经指导教师检查无误，再接通电源。通过按下启动按钮 $SB_2$ 观察三相异步电动机的连续运转情况。若要使三相异步电动机停止运转，可按下停止按钮 $SB_1$。比较三相异步电动机点动控制与直接启动控制电路上的区别。

#### 2．三相异步电动机正转、反转控制

断开电源，按先接主电路后接控制电路的顺序，以及按照"先接串联电路，后接并联电路"的方法，根据图 8-9 所示电路连接线路，要求任一接线端子上连接的导线不得超过两根，以保证接线的牢靠、安全。接完线路后，经指导教师检查无误再接通电源，按下正转启动按钮 $SB_F$，观察三相异步电动机的转向；按下停止按钮 $SB_1$ 停车后，再按下反转启动按钮 $SB_R$，观察三相异步电动机的转向是否改变。整个训练过程中，若遇线路故障，应能够排除。训练结束后，要先断开电源，再拆除线路。

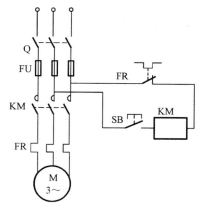
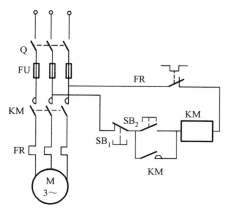

图 8-7　三相异步电动机的点动控制电路图　　图 8-8　三相异步电动机的直接启动控制电路图

### 8.4.5　注意事项

（1）三相异步电动机的转速很高，切勿触碰其转动部分，以免发生人身或设备事故。

（2）训练过程中，合上电闸，按下按钮，线路有故障时，应立刻拉掉电闸，再用万用表检查线路。

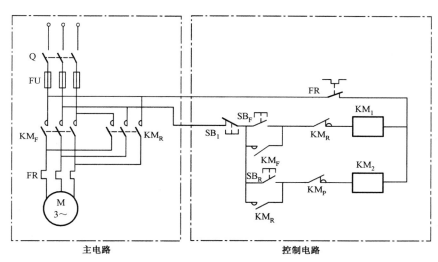

图 8-9　三相异步电动机的正转、反转控制电路图

**■■ 思考与练习题**

8-4-1　在实际的三相异步电动机控制电路中，都必须接热继电器，为什么？在本技能训练中可以不接，试总结在什么情况下可不接。

8-4-2　训练中，发现按下按钮后，接触器已可靠动作，但三相异步电动机不转，请判断故障在何处？

8-4-3　对三相异步电动机的正转、反转控制，为什么必须保证两个接触器不能同时工作？我们采取了什么措施来解决这一问题？

8-4-4　在图 8-9 所示的控制电路中，$KM_R$ 与 $KM_F$ 互换位置，按下 $SB_F$ 按钮，电路会发生什么现象？为什么？

## 本章小结

1. 三相异步电动机是一种将电能转换为机械能的传动设备，是动力电机。

2. 三相异步电动机的旋转方向由三相电源的相序决定，要改变三相异步电动机的旋转方向只需改变三相异步电动机电源相序，任意调换三根电源线中两根接线的位置即可。小功率的三相异步电动机可以直接启动，功率较大的三相异步电动机应采用降压启动。

3. 三相异步电动机在使用前要注意阅读其铭牌，了解使用条件和接法，做启动前的检查。启动时和运行中要注意监视三相异步电动机电压、电流、温升、响声及外观等。

4. 三相异步电动机的直接启动与正转、反转控制电路的接线是工作中常遇到的，要掌握接线方法和基本控制原理。

## 习题 8

8-1　鼠笼式三相异步电动机的启动电流一般为额定电流的_____倍。对于功率不大的三相异步电动机在启动后，大约经过_____s 的启动时间，转速可以达到稳定的数值。

8-2　三相异步电动机能否采用直接启动，要由电源_____、_____及三相异步电动机_____等因素决定。

8-3　三相异步电动机常用的降压启动方法有_____、_____和_____。

8-4　利用转换开关画出三相异步电动机正转、反转控制电路。

8-5　画出利用按钮和接触器控制三相异步电动机正转、反转的控制电路，并说明控制原理。

教学微视频

# 第3篇

# 模拟电子技术

模拟电子技术是一种处理随时间连续变化信号的电子技术，它是构建各种工程技术应用的基础。模拟电路包括但不限于基本放大电路、功率放大电路、反馈放大电路、信号运算与处理电路、信号产生电路以及电源稳压电路等，其中，半导体二极管和三极管是模拟电路的核心器件，发挥着至关重要的作用。模拟电子技术的应用范围极其广泛，涵盖了通信、广播、电视、计算机、工业自动化等多个领域，是现代电子科技发展的重要支柱之一。

## 第9章 常用半导体器件

本章主要介绍常用半导体器件二极管和三极管，主要内容包括二极管、三极管、常用电子仪器仪表的使用方法，以及如何用万用表测量二极管、三极管的极性及质量。

### 学习目标

1. 能了解二极管的伏安特性。
2. 能了解二极管的主要参数。
3. 能掌握二极管的种类。
4. 能掌握稳压二极管的特性。
5. 能掌握三极管的结构及种类。
6. 能测量三极管类型及质量。

### 课程思政目标

1. 讲解 PN 结的单向导电性时，融入事物是普遍联系的观点，培养辩证思维能力。
2. 引入二极管、三极管发明的故事，培养学生的创新精神。

# 9.1 二极管

## 9.1.1 二极管的特性及选用

### 1. 二极管的伏安特性

把一个 PN 结的两端接上电极引线，外面用金属（或玻璃、塑料等）管壳封闭起来，便构成了二极管，其实物图和电路符号如图 9-1 所示。

二极管的导电特性实际上就是 PN 结的单向导电性，加在二极管两端的电压和流过二极管的电流之间的关系称为二极管的伏安特性。它可通过如图 9-2 所示电路测试出来，即分别在二极管两端加上正向电压和反向电压，改变电压数值的大小，同时再分别测量流过二极管的电流值，就可得到二极管的伏安特性曲线。如图 9-3 所示为硅二极管和锗二极管的伏安特性曲线。

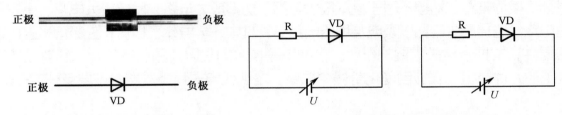

图 9-1 二极管的实物图和电路符号　　　图 9-2 二极管伏安特性测试电路

由图 9-3 可见，二极管两端的电压和流过二极管的电流成非线性关系，所以二极管的伏安特性曲线是一条非线性曲线。以锗二极管为例，如图 9-3（b）所示，曲线可分为以下三部分。

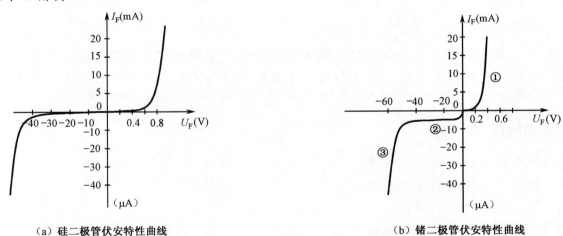

（a）硅二极管伏安特性曲线　　　　　　　（b）锗二极管伏安特性曲线

图 9-3 二极管伏安特性曲线

（1）正向特性。对应于图 9-3（b）的第①段为正向特性，当二极管两端加正向电压且小于某一数值时，二极管的正向电流几乎为零，当正向电压达到某一程度时，正向电流迅速增大，而且电压只要少许增大，正向电流就增加许多，表现为一较小的电阻。使二极管刚刚出现正向电流时所对应的正向电压称为死区电压或开启电压，用 $U_{th}$ 表示，其大小和二极管材料有关。硅二极管的 $U_{th}$ 约为 0.5V，锗二极管的 $U_{th}$ 约为 0.1V。

二极管导通后，其管压降基本不变，二极管的正向电流发生很大变化时，正向压降只有微小变化。硅二极管的正向压降为 0.7V 左右，锗二极管的正向压降为 0.3V 左右。但当温度升高时，其管压降会略有下降。

（2）反向截止特性。对应于图 9-3（b）的第②段为反向截止特性，当二极管两端加反向电压，并且反向电压小于一定数值时，反向电流很小，表现为一个很大的电阻。反向电流有以下特点。

第一，反向电压在一定范围内变化时，反向电流基本不变，呈饱和性，所以称之为反向饱和电流。一般硅管的反向饱和电流比锗管的反向饱和电流小很多。第二，反向电流受温度影响很大，当温度升高时，其值随温度的升高而增大，而反向饱和电流增大，将影响二极管的单向导电性。

（3）反向击穿特性。对应于图 9-3（b）的第③段为反向击穿特性，当反向电压增加到某一数值时，二极管反向电流迅速增大，此时的二极管处于反向击穿状态。使二极管反向击穿时所对应的反向电压称为反向击穿电压，用 $U_{BR}$ 表示。处于反向击穿状态下的二极管将失去单向导电性。

二极管的击穿同 PN 结的击穿一样有两种，电击穿和热击穿。电击穿不是永久性击穿，当反向电压去掉后，二极管能恢复正常特性。而热击穿则为永久性击穿，当去掉反向电压后二极管也不能恢复正常特性，在实际应用中应尽量避免这种情况的发生。

### 2．二极管的温度特性

温度升高对二极管特性的影响是不容忽视的，如图 9-4 所示为温度对二极管特性的影响。

由图 9-4 中可以看出：正向特性随温度升高而左移，反向饱和电流随温度升高而剧增。

当温度升高，二极管正向电压一定时，正向电流随温度的升高而加大。所以二极管特性曲线将左移。这是造成以 PN 结为基础的半导体器件温度稳定性不好的原因之一。但利用这一特性，在电路中可以将其作为温度补偿元件。

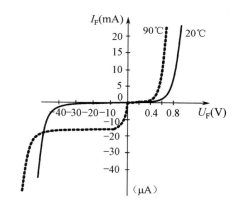

图 9-4　温度对二极管伏安特性的影响

二极管的反向饱和电流与温度密切相关，通常温度每升高 1℃，反向饱和电流约增加一倍。

二极管温度的稳定性不好，所以在使用时要注意温度的影响。

### 3．二极管的主要参数

器件参数是对器件性能的定量描述，是选择器件的依据。二极管的主要参数有以下几个。

（1）最大整流电流 $I_{FM}$：$I_{FM}$ 是二极管长期工作允许通过的最大正向平均电流。其大小取决于 PN 结的面积、材料和散热条件。一般二极管的 $I_{FM}$ 值可达几毫安，大功率二极管的 $I_{FM}$ 值可达几安。工作电流不要超过 $I_{FM}$ 值，否则二极管将因热击穿而烧毁。

（2）最高反向工作电压 $U_{RM}$：$U_{RM}$ 是保证二极管不被反向击穿而规定的最大反向电

压。一般手册中给出的最高反向工作电压约为击穿电压的一半，以确保二极管安全运行。例如，2AP1 最高反向工作电压规定为 20V，而反向击穿电压实际上大于 40V。

### 4．二极管的种类及选用

二极管按照制造材料可分为硅二极管、锗二极管；按用途可分为整流二极管、稳压二极管、开关二极管、检波二极管等。根据构造上的特点和加工工艺的不同，二极管又可分为点接触型二极管、面接触型二极管和平面型二极管。

（1）点接触型二极管。如图 9-5（a）所示为点接触型二极管的结构。它是由一根金属细丝热压在 N 型锗片上，经工艺处理而成的。金属细丝接出的引线为二极管正极，支架上接出的引线为二极管负极。

这种二极管由于金属细丝与半导体接触面积小，所以不能通过较大的电流。但其等效结电容小，适于在高频下工作（几百兆赫）。常用于高频检波、变频，有时也用于小电流整流。常用的点接触型二极管有 2AP1～2AP9。

（2）面接触型二极管。如图 9-5（b）所示为面接触型二极管的结构。采用合金法制成的面接触型二极管，由于两种半导体接触面积大，等效结电容较大，只能在低频下工作，但其允许通过较大的电流。常用的面接触型二极管有 2CP33。

（3）平面型二极管。如图 9-5（c）所示为平面型二极管的结构。它采用光刻、杂质扩散工艺制成。结面积较大的，可通过较大的电流，适用于大功率整流；结面积较小的，在脉冲数字电路中用作开关管。常用的平面型二极管有 2CK9。

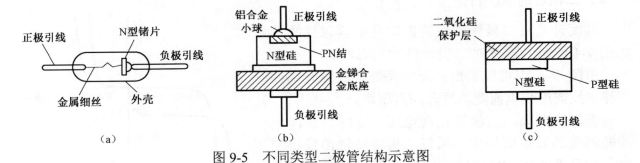

图 9-5　不同类型二极管结构示意图

二极管在使用时应遵循以下几项基本原则。

（1）要求导通电压低时，选择锗二极管；要求反向电流小时，选择硅二极管。

（2）要求导通电流大时，选择平面型二极管；要求工作频率高时，可以选择点接触型二极管。

（3）要求反向击穿电压高时，选择硅二极管。

（4）要求耐高温时，选择硅二极管。

## 9.1.2　特殊二极管的特性及选用

### 1．稳压二极管的特性及选用

1）稳压二极管及其特性

稳压二极管简称稳压管，是一种用特殊工艺制造的面接触型硅二极管，其实物如图 9-6（a）所示，电路符号如图 9-6（b）所示。当稳压二极管反向电压增加到某一定值时，反向电流激增，产生反向击穿。其伏安特性曲线如图 9-6（c）所示。由稳压管的特性曲线可以看出，其正向特性与普通二极管基本相同，但反向击穿时，特性曲线较陡。图中的 $U_Z$ 表示反向击穿电压，即稳压管的稳定电压。稳压管的稳压作用在于，电流增量 $\Delta I_Z$ 很大，只引起很小的电压变化 $\Delta U_Z$。在正常反向击穿区内，曲线越陡，交流电阻 $r_Z=\Delta U_Z/\Delta I_Z$ 越小，稳压管的稳压性能越好。

2）稳压二极管的主要参数

（1）稳定电压 $U_Z$：稳定电压指流过规定电流时稳压管两端的反向电压值，其值取决于稳压管的反向击穿电压值。由于制造工艺的原因，同一型号管子的稳定电压有一定的分散性。例如，2CW55 型稳压管的 $U_Z$ 为 6.2～7.5V（测试电流为 10mA）。

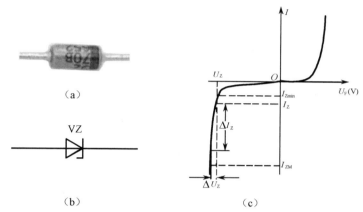

图 9-6　稳压二极管的实物、电路符号及伏安特性曲线

（2）稳定电流 $I_Z$：稳定电流 $I_Z$ 是指稳压管的工作电压等于稳定电压 $U_Z$ 时通过二极管的电流。它只是一个参考电流值，如果工作电流高于此值，但只要不超过最大工作电流，稳压管均可以正常工作，且电流越大，稳压效果越好；如果工作电流低于 $I_Z$，稳压效果将变差，当低于 $I_{Zmin}$ 时，稳压管将失去稳压作用。

（3）最大耗散功率 $P_{ZM}$ 和最大工作电流 $I_{ZM}$：最大耗散功率 $P_{ZM}$ 和最大工作电流 $I_{ZM}$ 是为了保证稳压二极管不被热击穿而规定的极限参数，其中 $P_{ZM}=I_{ZM}U_Z$。

3）稳压管的使用注意事项

稳压管必须工作在反向偏置状态，它工作时的电流应在稳定电流和允许的最大工作电流之间。为了不使工作电流过大，电路中必须串接限流电阻。多个稳压管串联后的稳压值为各稳压管稳压值之和。

### 2．发光二极管的特性及选用

发光二极管是一种能将电能转换成光能的特殊二极管，其实物如图 9-7（a）所示，电路符号如图 9-7（b）所示。发光二极管的基本结构是一个 PN 结，通常用砷化镓、磷化镓等制成。它的特性曲线和普通二极管相似，但正向导通电压一般为 1.5～2V。几种常见的发光二极管的主要参数见表 9-1。发光二极管常用作显示器件，除单个使用外，也常做成七段式或矩阵式，工作电流一般为几毫安至十几毫安。

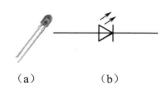

图 9-7　发光二极管的实物及电路符号

表 9-1　几种常见的发光二极管的主要参数

| 颜色 | 波长/nm | PN 结材料 | 正向电压/V（10mA 时） | 光强/mcd①（10mA 时，张角±45°） | 光功率/μW |
|---|---|---|---|---|---|
| 红外 | 900 | 砷化镓 | 1.3～1.5 | | 100～500 |
| 红 | 655 | 磷砷化镓 | 1.6～1.8 | 0.4～1 | 1～2 |
| 鲜红 | 635 | 磷砷化镓 | 2.0～2.2 | 2～4 | 5～10 |
| 黄 | 583 | 磷砷化镓 | 2.0～2.2 | 1～3 | 3～8 |
| 绿 | 565 | 磷化镓 | 2.2～2.4 | 0.5～3 | 1.5～8 |

① cd（坎德拉）为发光强度单位，mcd 为毫坎德拉。

**思考与练习题**

9-1-1　二极管的主要参数有哪几项？各表示什么含义？

9-1-2　普通二极管在使用时应遵循哪些原则？

# 9.2　三极管

## 9.2.1　三极管的放大特性及主要参数

**1. 三极管的结构与类型**

三极管由两个 PN 结构成，其实物如图 9-8（a）所示，根据 PN 结连接方法的不同，三极管分为 NPN 型和 PNP 型两种，图 9-8（b）所示为对应的电路符号。

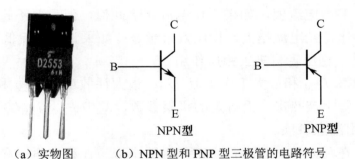

（a）实物图　　（b）NPN 型和 PNP 型三极管的电路符号

图 9-8　三极管实物及电路符号

三极管内部有发射区、基区和集电区三个区，由三个区引出的三个极分别称为发射极（E）、基极（B）和集电极（C）。两个 PN 结分别称为发射结和集电结。在三极管电路符号中发射极箭头的方向，表示发射结正偏时的发射极电流实际方向，NPN 型与 PNP 型发射极电流的方向刚好相反，两者可在应用上形成互补。三极管按制作材料的不同，又分为硅三极管和锗三极管两种。

**2. 三极管的电流放大特性**

三极管的特性不同于二极管，它在模拟电路中的基本功能是放大电流。要保证三极管工作在放大状态，必须外加正确的直流偏置，使发射结正向偏置、集电结反向偏置。如图 9-9 所示为 NPN 型三极管在放大状态下的偏置电路。其中 $R_B$ 和 $R_C$ 在偏置电路中对电流起限制作用。直流电源 $V_{BB}$ 使发射结正向偏置，$V_{CC}$ 使集电结反向偏置。由图 9-9 可知，$u_{CB}=u_{CE}-u_{BE}$，当 $u_{CE}>u_{BE}$ 时，就有 $u_{CB}>0$，保证集电结反向偏置。

三极管各电极的电流分配关系，如图 9-10 所示，发射极电流（$I_E$）、集电极电流（$I_C$）和基极电流（$I_B$）三者之间应满足

$$I_E = I_B + I_C \qquad (9\text{-}1)$$

当三极管工作在放大状态时，集电极电流是基极电流的 $\beta$ 倍，即

$$\beta = I_C / I_B \qquad (9\text{-}2)$$

$\beta$ 称为三极管的电流放大系数，一般近似为常数，且 $\beta \gg 1$。但不同型号三极管的 $\beta$ 值不同。

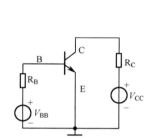
图 9-9　NPN 型三极管的偏置电路

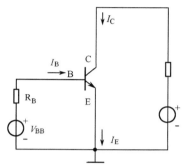
图 9-10　三极管的电流分配关系

### 3．三极管的主要参数

三极管的参数常用来描述其性能，同时也是合理选用三极管的依据。由于制造工艺的关系，即使为同一型号的三极管，其参数也具有较大的离散性。手册上仅给出典型值，使用时应以实测数据作为依据。三极管的参数很多，这里仅介绍几个主要参数。

1）共发射极电流放大系数 $\overline{\beta}$ 和 $\beta$

电流放大系数是表征三极管放大能力的重要参数，它分为直流放大系数和交流放大系数。共发射极直流放大系数用 $\overline{\beta}$ 表示，定义为 $\overline{\beta}=I_C / I_B$，其中 $I_C$、$I_B$ 为三极管集电极电流和基极电流。

交流放大系数用 $\beta$ 表示，定义为 $\beta=\Delta i_C / \Delta i_B$，其中 $\Delta i_C$、$\Delta i_B$ 为三极管集电极电流变化量、基极电流变化量。

$\beta$ 和 $\overline{\beta}$ 的定义不同，$\overline{\beta}$ 反映三极管直流工作状态下的电流放大能力；而 $\beta$ 反映交流工作状态下的电流放大能力。对于同一个三极管，其交、直流电流放大系数在数值上会有区别，但是，当三极管工作在放大区域时，两者基本相同，即 $\beta=\overline{\beta}$，并近似为常数，因此，以后不再区分两者，统称为"三极管的电流放大系数"，并用 $\beta$ 表示。

在实际应用中，一般选用 $\beta$ 值为 20～100 的三极管为宜。

2）集电极最大允许电流 $I_{CM}$

三极管在正常放大区工作时 $\beta$ 值基本不变。但是，当集电极电流 $I_C$ 增大到一定程度时，$\beta$ 值会下降，$I_{CM}$ 是指 $\beta$ 出现明显下降时的 $I_C$ 值。如果三极管在使用中出现集电极电流大于 $I_{CM}$，这时三极管不一定会损坏，但它的性能将明显下降。

3）集电极最大允许功耗 $P_{CM}$

三极管工作时，集-射极电压大部分降在集电结上，因此，集电极功率损耗（简称"功

耗"）近似等于集电结功耗，并用 $P_C$ 表示。若 $P_C$ 值太大将使集电结温度升高，严重时三极管将被烧坏，因此三极管都规定了集电极最大允许功耗 $P_{CM}$。在实际使用时，必须满足 $P_C <$ $P_{CM}$。

### 9.2.2 三极管类型及质量的判别

三极管内部由两个 PN 结构成，因此其引脚、类型及性能优劣都可通过指针式万用表的欧姆挡进行粗略的检测。

#### 1. 基极及管型的判断

首先假定三个电极中的某一电极为基极，用万用表的欧姆挡（R×100 或 R×1k），黑表笔接假设的基极，红表笔分别去搭测另外两个电极，若测出两次的阻值都很小（或很大）；反之，表笔位置交换，测出两次的阻值都很大（或很小），说明这个假定的基极是对的。前者是 NPN 型的，后者是 PNP 型的，如果不是这种对称的结果，必须重新假设基极。三个极都假设完毕，也得不到这种结果，说明这个三极管是坏的。如图 9-11 所示为基极测试示意图，图中黑表笔所接为基极，且三极管为 NPN 型。

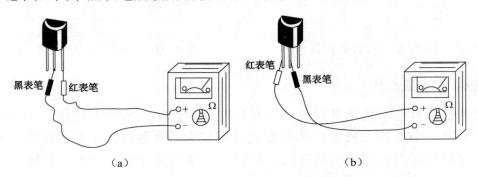

图 9-11　三极管基极测试示意图

#### 2. 集电极和发射极的判断

确定了管型（如 NPN 型）和基极之后，根据放大原理，再假定余下的两个电极中的一个为集电极，用黑表笔接假设的集电极，红表笔去碰另一个电极（假定的发射极）如图 9-12 所示。这就相当于在 c 与 e 之间加上反向偏置，再用手捏住 b 与 c，这就相当于在 c、b 之间加上一个偏置电阻，根据放大原理，在输出回路就有很大的电流通过，万用表指针偏转很大（阻值很小）。反之，再假设另外一个电极为集电极，重复上述过程，如果指针偏转很小，则说明前一次假定是正确的。

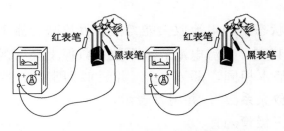

图 9-12　三极管集电极测试示意图

#### 3. 判断三极管的好坏

在已知三极管类型和引脚的基础上，若分别测量两个 PN 结正向电阻及反向电阻都很大或指针基本不动，则说明 PN 结开路；若两个 PN 结正向电阻及反向电阻都很小或趋于零，说明 PN 结短路，这两种情况都说明三极管已损坏。

■■ 思考与练习题

9-2-1　三极管工作在放大状态的条件是什么？

9-2-2　三极管三个电极的电流具有何种关系？

9-2-3　如何判断三极管的基极？

# 9.3　技能训练 8　常用电子仪器仪表的使用

## 9.3.1　技能训练目的

（1）会使用直流稳压电源输出直流电压。

（2）会使用函数信号发生器输出各种频率、幅度的正弦信号。

（3）会使用示波器测量函数信号发生器输出信号的波形。

（4）会使用毫伏表测量函数信号发生器输出信号的幅度。

## 9.3.2　预习要求

（1）预习稳压电源、函数信号发生器、示波器及毫伏表的使用方法。

（2）预习示波器与毫伏表和函数信号发生器的连接方法。

## 9.3.3　仪器和设备

测量仪器和设备见表 9-2。

表 9-2　测量仪器和设备

| 名　　称 | 型号及使用参数 | 数　　量 |
|---|---|---|
| 直流稳压电源 | DH1718E-4 | 1 台 |
| 函数信号发生器 | EE1642C | 1 台 |
| 双踪示波器 | YB4340G | 1 台 |
| 交流毫伏表 | DF2172C | 1 块 |
| 万用表 | MF10 | 1 块 |

## 9.3.4　技能训练内容和步骤

### 1. 使用直流稳压电源输出直流电压

电子系统中，直流稳压电源用来给电路提供所需的直流电压，本书以 DH1718E－4 型双路直流稳压电源为例，说明输出直流电压的方法。

1）面板功能介绍

DH1718E-4 型双路直流稳压电源的面板如图 9-13 所示。各部件的作用如下。

① 数字显示窗：显示左、右两路电源输出电压/电流的值。

② 电压跟踪按键：按下此键，左右两路电源的输出处于跟踪状态，此时两路的输出

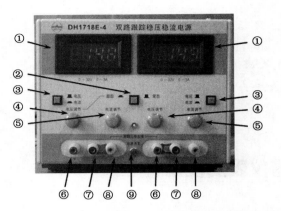

图9-13　DH1718E-4型双路直流稳压电源面板图

电压由左路的电压调节旋钮调节。此键弹出为非跟踪状态，左右两路电源的输出单独调节。

③ 数字显示切换按键：按下此键，数字显示窗显示输出电流值，此键弹出显示输出电压值。

④ 输出电压调节旋钮：调节左、右两路电源输出电压的大小。

⑤ 输出电流调节旋钮：调节电源进入稳流状态时的输出电流值，该值即为稳压工作模式的最大输出电流（达到该值电源自动进入稳流状态），所以在电源处于稳压状态时，输出电流不可调得过小，否则电源进入稳流状态，不能提供足够的电流。

⑥ 左、右两路电源输出的正极接线柱。

⑦ 左、右两路电源接地接线柱。此接线柱与电源的机壳相连，并未与电源的正极或负极连接。可通过接地短路片将其与电源的正极或负极相连接。

⑧ 左、右两路电源输出的负极接线柱。

⑨ 电源开关：交流输入电源开关。

2）输出直流电压

① 插上电源线，打开电源开关。

② 电压跟踪按键处于常态，即弹出的状态，调节左路的输出电压调节旋钮，观察左路显示窗的输出电压值。

③ 将 MF10 型万用表置于直流电压 50V 挡，万用表红表笔接电源输出正极接线柱，黑表笔接输出负极接线柱。读出电压值并与显示窗显示的值进行比较。

### 2. 使用函数信号发生器输出正弦信号

函数信号发生器是一种多波形信号发生器，目前作为通用仪器的函数信号发生器能产生正弦波、方波和三角波等。这里以 EE1642C 型函数信号发生器为例，说明输出正弦信号的方法。

1）面板功能说明

EE1642C 型函数信号发生器/计数器面板如图 9-14 所示，各部件的作用如下。

① 频率显示窗口。显示输出信号的频率或外测频信号的频率。

② 幅度显示窗口。显示函数输出信号的幅度。

③ 频率微调旋钮。调节此旋钮可改变输出频率的 1 个频程。

④ 函数信号输出幅度调节旋钮。

⑤ 函数输出端。输出多种波形受控的函数信号，输出幅度 $20V_{P-P}$（空载），$10V_{P-P}$（50Ω负载）。

⑥ 左、右频挡选择按钮。每按一次此按钮，输出频率向左或向右调整一个频挡。

⑦ 波形选择按钮。可选择正弦波、三角波、脉冲波输出。

⑧ 衰减选择按钮。可对输出信号的衰减量按照 0dB、20dB、40dB、60dB 进行设置。

⑨ 幅值选择按钮。可选择切换显示正弦波幅度的峰-峰值与有效值。

⑩ 整机电源开关。按下按钮时，机内电源接通，整机工作；释放按钮时，关掉整机电源。

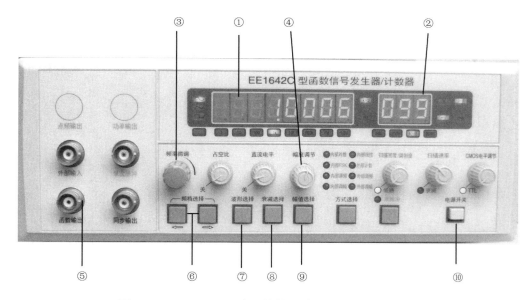

图 9-14  EE1642C 型函数信号发生器/计数器面板

2）输出正弦信号

① 在终端连接 50Ω 匹配器的测试电缆，由函数输出端输出信号。

② 按动左、右频挡选择按钮，选定输出函数信号的频挡，然后通过频率微调旋钮调整输出信号频率，直到所需的工作频率值，如 1kHz。

③ 按动波形选择按钮，选定输出函数的波形为正弦波。

④ 调整信号幅度调节旋钮和衰减选择按钮使输出信号的幅度为 100mV。

⑤ 调整相关按钮使函数信号发生器输出频率分别为 1kHz、2kHz、10kHz，幅度分别为 10mV、100mV、1V 的正弦信号。

**3．使用示波器测量函数信号发生器输出信号的波形**

示波器是一种能把输出信号随时间变化的过程用图像显示出来的电子仪器。可用示波器观察电压的波形，并测量电压的幅度、频率和相位等。因此，示波器应用十分广泛。本书以 YB4340G 型示波器为例介绍它的使用方法。

1）面板功能介绍

YB4340G 型示波器面板如图 9-15 所示。各部件的作用如下。

① CAL($2V_{P-P}$)：此端子提供幅度为 $2V_{P-P}$，频率为 1kHz 的方波信号，用于校正 10:1 探极的补偿电容器和检测示波器垂直与水平偏转因数。

② 辉度：轨迹及光点亮度调整旋钮。

③ 聚焦：轨迹聚焦调整旋钮。

④ POWER：电源主开关，压下此按钮可接通电源，电源指示灯会发亮；再按一次，开关凸起时，则切断电源。

⑤ CH1 输入（X）：CH1 的垂直输入端，在 $X$-$Y$ 模式下，为 $X$ 轴的信号输入端。

⑥、⑧微调：CH1 或 CH2 幅度校准微调旋钮。

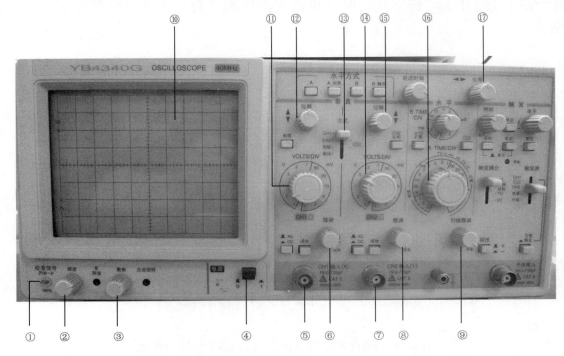

图 9-15　YB4340G 型示波器面板

⑦ CH2（Y）输入：CH2 的垂直输入端，在 $X$-$Y$ 模式下，为 $Y$ 轴的信号输入端。

⑨ 扫描微调：CH1 或 CH2 频率校准微调旋钮。

⑩ 波形显示窗口。

⑪ 、⑭ VOLTS/DIV：垂直衰减选择旋钮，以此旋钮选择 CH1 或 CH2 的输入信号衰减幅度，范围为 5mV/DIV～5V/DIV，共 10 挡。

⑫ 、⑮ 位移：CH1 或 CH2 输入信号的轨迹及光点的垂直位置调整旋钮。

⑬ 方式：此开关用于显示方式的切换。当处于 "CH1" 时，显示 CH1 的输入信号波形；当处于 "CH2" 时，显示 CH2 的输入信号波形；当处于 "双踪" 时，同时显示 CH1、CH2 的输入信号波形；当处于 "叠加" 时，显示 CH1、CH2 的输入信号相加后的波形。

⑯ TIME/DIV：扫描时间选择旋钮。

⑰ 位移：CH1 或 CH2 输入信号的轨迹及光点的水平位置调整旋钮。

2）使用示波器测量函数信号发生器输出波形

① 将相关旋钮按表 9-3 置位。

表 9-3　示波器上相关旋钮置位

| 控制件名称 | 作用位置 | 控制件名称 | 作用位置 |
| --- | --- | --- | --- |
| 辉　　度 | 居中 | 幅度衰减 | 0.5V/DIV |
| 聚　　焦 | 居中 | 微　　调 | 校正位置 |
| 位　　移 | 居中 | 扫描时间 | 0.5ms/DIV |
| 垂直方式 | CH1 | | |

② 接通电源，电源指示灯亮，稍预热后，屏幕上出现扫描光迹，分别调节亮度、聚焦、辅助聚焦、迹线旋转、垂直、水平移位等控制件，使光迹清晰并与水平刻度平行。

③ 用 10∶1 探头将校正信号输入至 CH1 输入插座，如图 9-16 所示。

④ 调节示波器有关控制件，使荧光屏上显示稳定且易观察方波波形。

⑤ 调整函数信号发生器使其输出 1kHz，100mV 的正弦信号。

⑥ 将函数信号发生器输出的探头与示波器的探头相接，如图 9-17 所示。

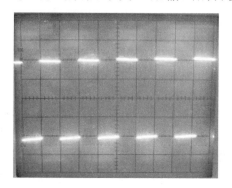

图 9-16　示波器校准时的波形

图 9-17　函数信号发生器与示波器连接

⑦ 调整示波器的 CH1 的幅度衰减旋钮到 20mV/DIV，扫描时间旋钮调到 0.5ms/DIV。观察波形，显示波形如图 9-18 所示。

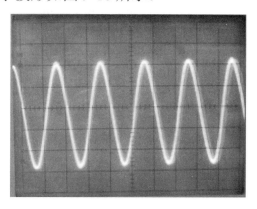

图 9-18　示波器测量函数信号发生器输出信号的波形

⑧ 调整函数信号发生器，使其分别输出 100Hz、1kHz、10kHz、100kHz，幅度有效值分别为 1V、100mV、10mV、1mV 的正弦信号，用示波器进行测量。

**4. 使用交流毫伏表测量函数信号发生器输出信号的幅度**

毫伏表是测量正弦交流电压有效值的电子仪器。与交流电压表相比，毫伏表的量程多，频率范围宽，灵敏度高，适用范围广，在电子电路的测量中得到广泛应用。这里以 DF2172C 型交流毫伏表为例进行说明。

1）面板功能说明

DF2172C 型交流毫伏表具有双路输入，可选择通道测量交流信号的有效值。测量电压灵敏度高，测频范围宽。面板排列如图 9-19 所示。

① CH1 量程指示。

② CH2 量程指示。

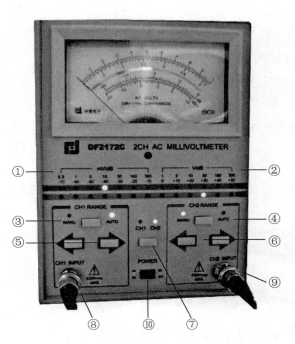

图 9-19 DF2172C 型毫伏表面板图

③ CH1 手/自动方式选择。

④ CH2 手/自动方式选择。

⑤ CH1 手动方式下量程选择。

⑥ CH2 手动方式下量程选择。

⑦ CH1/CH2 通道选择。

⑧ CH1 输入。

⑨ CH2 输入。

⑩ 电源开关。

2）测量

① 接通电源，按下电源开关。

② 按面板上的 CH1/CH2 通道选择键，选择 CH1 或 CH2 通道工作。CH1 灯亮为选通 CH1 通道，测量时表头指示为 CH1 通道信号的交流电压有效值；CH2 灯亮为选通 CH2 通道，测量时表头指示为 CH2 通道信号的交流电压有效值。

③ 选中通道后，可以选择该通道的手/自动方式。按手/自动方式（Manu/Auto）选择键，Auto 灯亮，表示处于自动量程模式，不需要手动选择量程。

④ 按照表 9-3 中的要求输出相应幅度、频率的正弦信号。

⑤ 将 CH1 通道的表笔并联到函数信号发生器的输出端。将测量的幅度值填入表 9-4 中。

表 9-4　毫伏表测量记录表

| 信号频率 | 信号发生器<br>输出幅度 | 信号电压<br>毫伏表读数/mV |
|---|---|---|
| 100Hz | 1V | |
| 1kHz | 100 mV | |
| 10kHz | 10mV | |
| 100kHz | 1mV | |

### 9.3.5　注意事项

（1）仪器在相互连接时，地线应统一连到一起，输入信号线与输出信号线连到一起。

（2）仪器旋钮在旋动时，用力要小，避免将其损坏。

#### 思考与练习题

功率放大器需要±15V 直流电压，双路直流稳压电源输出端如何与功率放大器相连？画出接线示意图。

## 9.4 技能训练9 万用表测量二极管、三极管的极性及质量

### 9.4.1 技能训练目的

（1）会根据二极管外观判断其正、负极。
（2）会用万用表测量二极管、三极管的极性及质量。

### 9.4.2 预习要求

（1）复习二极管的特性及三极管基础知识。
（2）复习万用表的使用方法。
（3）预习三极管的测量方法。

### 9.4.3 仪器和设备

测量仪器和设备见表9-5。

表9-5 测量仪器和设备

| 名　　称 | 型号及使用参数 | 数　　量 |
|---|---|---|
| 万用表 | MF10 | 1块 |
| 二极管 | 1N4007、1N4148、1N4735 | 各1个 |
| 三极管 | 9012、9013、9014、TIP41、TIP42 | 各1个 |

### 9.4.4 技能训练内容和步骤

#### 1. 万用表测量二极管的极性及质量

1）从外观标注判别极性

一般情况下二极管外壳上印有标志的一端为二极管的负极，另一端为正极。例如，二极管 1N4007，它的管体为黑色，在管体的一端印有一个白圈，此端即为负极，如图9-20所示。

2）用指针式万用表判别极性

用万用表的 $R\times100$ 挡或 $R\times1k$ 挡测量二极管的正、反向电阻。若两次阻值相差很大，说明该二极管性能良好；并根据测量阻值小的那次表笔的接法[如图 9-21（b）所示]，判断出与黑表笔连接的是二极管的正极，与红表笔连接的是二极管的负极。

图9-20 二极管的识别

3）用指针式万用表判别质量

用万用表测量二极管的正、反向电阻时，如果两次测量的阻值都很小，说明二极管已经击穿；如果两次测量的阻值都无穷大，说明二极管内部已经断路；两次测量的阻值相差不大，说明二极管性能欠佳。在这些情况下，二极管就不能使用了。

（a）用万用表测量二极管的反向电阻示意图及万用表显示情况

（b）用万用表测量二极管的正向电阻示意图及万用表显示情况

图 9-21　万用表测量二极管的极性

4）记录测量数据

按照上述方法检查二极管的极性及质量，填入表 9-6 中。

表 9-6　二极管的极性和质量测量记录表

| 被测器件 | 型　　号 | 万用表测量用挡位 | 外形和极性（画图表示） | 测量数据 | | 质量判别 |
|---|---|---|---|---|---|---|
| | | | | 正向电阻 | 反向电阻 | |
| 普通二极管 1 | | | | | | |
| 普通二极管 2 | | | | | | |
| 稳压二极管 | | | | | | |

### 2．万用表测量三极管的极性及质量

按照前面三极管极性及质量的鉴别方法测量三极管，并填入表 9-7 中。在选取待测三极管时，既有质量好的，也有损坏的三极管，既有 NPN 型，也有 PNP 型三极管。

表 9-7　三极管的极性和质量测量记录表

| 被测器件 | 型　　号 | 万用表测量用挡位 | 外形和极性（画图表示） | 三极管的管型 | 三极管的质量 |
|---|---|---|---|---|---|
| 普通三极管 1 | | | | | |
| 普通三极管 2 | | | | | |
| 普通三极管 3 | | | | | |
| 普通三极管 4 | | | | | |
| 普通三极管 5 | | | | | |

## 9.4.5　注意事项

（1）二极管测量时，应避免用手指同时碰触二极管的两个引脚，否则容易引起测量误差。

（2）三极管测量时，首先应该判断出基极和管型，然后再判断发射极和集电极。

---

**■■ 思考与练习题 ·**

　　如何用万用表测量三极管是 NPN 型的还是 PNP 型的，三极管的发射极、基极和集电极如何判定？

---

# ■ 9.5　技能训练 10　焊接技能训练 〝

## 9.5.1　技能训练目的

（1）了解电烙铁的基本组成。
（2）掌握手工焊接的操作方法。

## 9.5.2　预习要求

预习电烙铁的使用方法。

## 9.5.3　仪器和设备

技能训练仪器和设备见表 9-8。

**表 9-8　技能训练仪器和设备**

| 名　　称 | 型号及使用参数 | 数　　量 |
|---|---|---|
| 电烙铁 | 20W | 1 个 |
| 焊锡丝 | $\phi$ 0.8mm | 2 米 |
| 废电阻器 | 1/4W | 100 个 |
| 印制电路板 | | 1 块 |

## 9.5.4　技能训练内容和步骤

### 1．认识焊接工具及使用方法

　　电烙铁是最常用的手工焊接工具，主要用于电子产品的手工焊接、补焊、维修及更换元器件。常用的电烙铁有内热式和外热式两种，如图 9-22 所示，其结构包括烙铁头、加热元件（烙铁芯）、外壳、手柄及电源线。

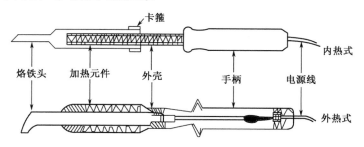

图 9-22　电烙铁结构示意图

电烙铁的烙铁头有纯铜头和合金头两种。纯铜头容易被氧化，使工作面变得凹凸不平，影响焊接质量，故需用锉刀锉平。新烙铁头的表面有一层氧化层，也必须用锉刀锉掉。合金头又称长寿头，其表面镀有特殊的抗氧化层，不能用锉刀去修理，否则烙铁头就会很快被氧化而报废。

电烙铁有 3 种握法：正握法、反握法、握笔法，如图 9-23 所示。在焊接电子元器件时，常采用握笔法。

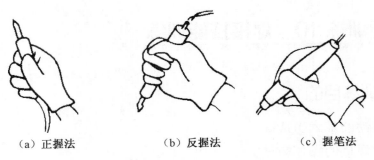

（a）正握法　　　　　　（b）反握法　　　　　　（c）握笔法

图 9-23　电烙铁的握法

### 2．焊料与助焊剂

焊接时所用焊锡称为共晶焊锡，共晶焊锡中，锡占 63%，铅占 37%，熔点为 183℃。

助焊剂在焊接过程中，用于去除被焊金属表面的氧化层，增强焊锡的流动性，使焊点美观。常用的助焊剂有松香和松香酒精助焊剂两种。

### 3．使用电烙铁进行手工焊接

正确的手工焊接操作过程可以分为五个步骤，如图 9-24 所示。

步骤一：准备施焊[图 9-24（a）]。左手拿焊锡丝，右手握电烙铁，进入备焊状态。要求烙铁头保持干净，无焊渣等氧化物，并在表面镀有一层焊锡。

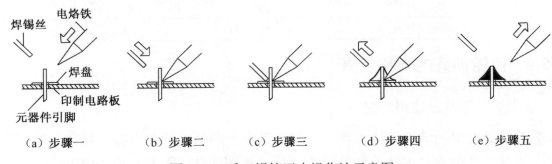

（a）步骤一　　　　（b）步骤二　　　　（c）步骤三　　　　（d）步骤四　　　　（e）步骤五

图 9-24　手工锡接五步操作法示意图

步骤二：加热焊件[图 9-24（b）]。烙铁头靠在两焊件的连接处，加热整个焊件，时间大约为 1～2s。对于在印制电路板上焊接元器件来说，要注意使烙铁头同时接触两个被焊接物。例如，图 9-24（b）中的元器件引线与焊盘要同时均匀受热。

步骤三：送入焊锡丝[图 9-24（c）]。焊件的焊接面被加热到一定温度时，焊锡丝从电烙铁对面接触焊件。注意，不要把焊锡丝送到烙铁头上。

步骤四：移开焊锡丝[图 9-24（d）]。当焊锡丝熔化一定量后，立即向左上 45°方向移开焊锡丝。

步骤五：移开电烙铁[图 9-24（e）]。焊锡浸润焊盘和焊件的施焊部位以后，向右上45°方向移开电烙铁，结束焊接。从步骤三开始到步骤五结束，时间大约也是 1～2s。

掌握好电烙铁的温度和焊接时间，选择恰当的烙铁头和焊点的接触位置，才可能得到良好的焊点。

准备电阻器 100 个，焊锡丝 2 米，印制电路板 1 块，按照上述焊接方法及要求，焊接电路板。

### 9.5.5　注意事项

（1）注意焊接时间。

（2）电烙铁使用时避免发生烫伤。

> ■■ 思考与练习题
>
> 9-5-1　手工焊接时，电烙铁采用哪种拿法？
>
> 9-5-2　在焊接过程中，如何将相互独立的焊点连到一起？

## 本章小结

1. 二极管由一个 PN 结组成，具有单向导电性。硅二极管导通电压为 0.7V，锗二极管导通电压为 0.3V。二极管在选用时应根据导通电压、最大工作电流、工作频率和反向击穿电压进行选择。

2. 稳压二极管工作在反向击穿区，稳压管的稳压作用在于当电流增量$\Delta I_z$很大时，只引起很小的电压变化$\Delta U_z$。

3. 稳压二极管在选用时其稳定电压值应与应用电路的基准电压值相同，最大稳定电流应高于应用电路的最大负载电流的 50%。

4. 三极管由两个 PN 结构成，分为 NPN 型和 PNP 型两种，基本功能是实现电流放大。要保证三极管工作在放大状态，必须外加正确的直流偏置，使发射结正向偏置、集电结反向偏置。

5. 用万用表可以判断三极管的三个电极及其好坏。判断的步骤是先判断基极和管型，然后判断发射极和集电极。

6. 直流稳压电源、示波器、交流毫伏表是常用的电子测量仪器。直流稳压电源用来给电路供电，示波器用于测量信号的波形、幅度、周期（或频率），交流毫伏表则用来测量低频交流信号电压的有效值。

## 习题 9

9-1　根据二极管的伏安特性曲线，说明二极管的单向导电性。

9-2　如图 9-25 所示电路，设二极管为理想的（导通电压为 0）器件，试判断在下列情况下，电路中二极管是导通的还是截止的，并求出 A、O 两端的电压 $U_{AO}$。（1）$U_{DD1} = 6V$，$U_{DD2} = 12V$；（2）$U_{DD1} = 6V$，$U_{DD2} = -12V$；（3）$U_{DD1} = -6V$，$U_{DD2} = -12V$。

9-3 如图 9-26 所示二极管电路，二极管的导通电压为 0.7V，试分别求出 R 的电阻为 $1k\Omega$ 和 $4k\Omega$ 时电路中电流 $I_1$、$I_2$、$I_0$ 和输出电压 $U_0$。

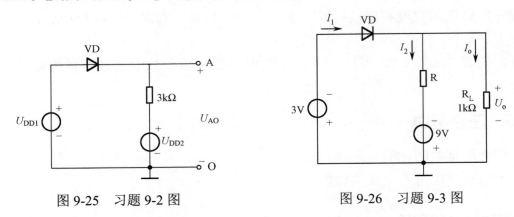

图 9-25  习题 9-2 图                图 9-26  习题 9-3 图

9-4 为什么稳压二极管的反向特性曲线越陡，它的稳压效果就越好？

9-5 试用万用表判断稳压二极管的正、负极。

9-6 若测得放大电路中两个三极管的三个电极对地电压 $U_1$、$U_2$、$U_3$ 分别为下述数值，试判别它们是硅管还是锗管，是 NPN 型三极管还是 PNP 型三极管？并确定 E、B、C 极。（1）$U_1 = 5.8V$，$U_2 = 6V$，$U_3 = 2V$；（2）$U_1 = 1.5V$，$U_2 = -4V$，$U_3 = -4.7V$。

9-7 测得某三极管各极电流如图 9-27 所示，试判断①、②、③中哪个是基极、发射极和集电极，说明三极管是 NPN 型还是 PNP 型？并计算 $\beta$ 的值。

9-8 判别如图 9-28 所示电路中哪个三极管工作在放大状态。

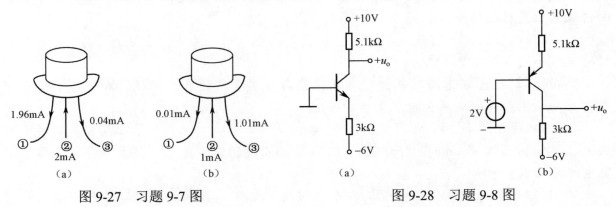

图 9-27  习题 9-7 图                图 9-28  习题 9-8 图

9-9 三极管的主要参数有哪些？并解释。

9-10 如何用万用表的欧姆挡判断三极管的三个引脚，以及如何确定是 NPN 型三极管还是 PNP 型三极管？

教学微视频

# 第 10 章　整流、滤波及稳压电路

　　电源是电子设备的能量提供者，直接影响着电子设备的工作和工作质量，因此，越来越受到人们的重视，整流、滤波及稳压电路是组成电源设备的重要部分。本章主要介绍由二极管构成的桥式整流电路和电容滤波电路，以及整流电路、滤波电路、稳压特性的测试方法。

## 学习目标

1. 能掌握半波整流电路的组成和工作原理。
2. 能掌握桥式整流电路的组成和工作原理。
3. 能了解滤波电路的种类。
4. 能掌握整流电路、滤波电路和稳压特性的测试方法。

## 课程思政目标

1. 引入嫦娥五号探测器的成功着陆，增强民族自豪感，坚定"四个自信"。
2. 讲解电源时融入我国在新能源电池方面攻坚克难，取得创新技术大奖，激发学生的创新动力。

## 10.1　二极管整流滤波电路

### 10.1.1　桥式整流电路

　　整流电路的功能是将交流电压变换成直流脉冲电压。二极管整流电路分为单相整流和三相整流等。常用的单相整流电路有半波、全波、桥式整流电路等几种形式。

#### 1. 半波整流电路

　　基本的单相半波整流电路原理图如图 10-1 (a) 所示，电路中只使用一个二极管。

　　单相半波整流电路的工作原理：交流电压 $u_2$ 作用在二极管 VD 与负载 $R_L$ 串联的电路上，在交流电压 $u_2$ 的正半周，二极管 VD 上的电压正向偏置，二极管导通。如果忽略二极管正向电压，则负载 $R_L$ 上的电压 $u_o$ 与交流电压 $u_2$ 的正半波相等，即正半周的电压全部作用在负载上；当交流电压 $u_2$ 变成负半周时，二极管工作在反向电压下，二极管截止，电路中没有电流，负载 $R_L$ 上没有电压，交流电压 $u_2$ 的负半周全部作用在二极管上。整流波形如

图 10-1（d）所示。

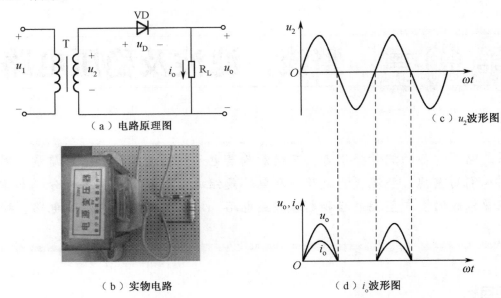

（a）电路原理图

（b）实物电路

（c）$u_2$ 波形图

（d）$i_o$ 波形图

图 10-1　单相半波整流电路及其波形图

如果交流电压为正弦波，即 $u_2 = \sqrt{2}U_2 \sin \omega t (V)$，将二极管 VD 视为一个理想器件，即正向导通时管压降为零、反向时电阻为无穷大。单相半波整流电路的整流输出电压 $u_o$ 的平均值 $U_o$ 为

$$U_o = 0.45U_2 \tag{10-1}$$

于是输出电流 $I_o$ 为

$$I_o = \frac{U_o}{R_L} = 0.45\frac{U_2}{R_L} \tag{10-2}$$

单相半波整流电路中作用在二极管上的最大反向电压 $U_{RM}$ 等于被整流的交流电压 $u_2$ 的最大值，即 $U_{RM} = \sqrt{2}U_2$。

单相半波整流电路的特点：电路结构简单，所用元器件少，但是只利用了交流电源的半个周期，电源利用率低，输出直流电压小，脉动幅度大，整流效率低。这种电路仅适用于整流电流较小（几十毫安）和对电压被动性要求不高的应用场合。

【例 10-1】　如图 10-2 所示电路，负载 $R_L$ 的电阻为 200Ω、电压 $u_2 = 25\sqrt{2} \sin 314t (V)$。求输出电压的平均值 $U_o$ 及电流的平均值 $I_o$，并为该电路选一个二极管。

**解**　首先计算整流输出电压的平均值 $U_o$ 和电流平均值 $I_o$。由式（10-1）可得

$$U_o = 0.45U_2 = 0.45 \times 25 = 11.25 \text{ (V)}$$

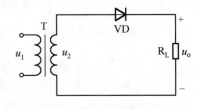

负载电流的平均值：$I_o = \dfrac{U_o}{R_L} = \dfrac{11.25}{200} \text{A} = 56.25 \text{ (mA)}$

图 10-2　例 10-1 图

整流二极管的主要参数是正向电流的平均值和允许承受的反向工作电压。根据上面计算的结果可知，通过二极管的电流平均值为 56.25mA，二极管工作时承受的最大反向电压 $U_{RM} = 25\sqrt{2}V$，根据这两个数

值可查阅二极管手册，选择二极管型号，使选择的二极管最大反向电压、最大整流电流值大于等于实际工作值即可。为此本例题可选型号为 1N4001 的二极管，1N4001 的参数值 $I_{FM} = 1A$、$U_{RM} = 50V$ 均可以满足要求。

### 2. 单相桥式整流电路

图 10-3（a）所示为单相桥式整流电路，图 10-3（b）所示为实物电路，图 10-3（c）所示为其简化电路。由图 10-3 可知，桥式整流电路是由电源变压器、四个整流二极管 $VD_1 \sim VD_4$ 和负载 $R_L$ 组成的。四个整流二极管接成电桥形式，故称桥式整流。桥式整流电路的工作原理如下。

在 $u_2$ 的正半周，a 端为正极性，b 端为负极性，二极管 $VD_1$ 和 $VD_2$ 正向偏置导通，而 $VD_3$ 和 $VD_4$ 反向偏置截止，导通电路为

$$a \rightarrow VD_1 \rightarrow R_L \rightarrow VD_2 \rightarrow b$$

$R_L$ 上得到的电压极性是上正下负，如图 10-3（a）中实线箭头所示。

在 $u_2$ 的负半周，b 端为正极性，a 端为负极性，二极管 $VD_3$ 和 $VD_4$ 正向偏置导通，而 $VD_1$ 和 $VD_2$ 反向偏置截止，导通电路为

$$b \rightarrow VD_3 \rightarrow R_L \rightarrow VD_4 \rightarrow a$$

$R_L$ 上得到的电压极性仍是上正下负，如图 10-3（a）中虚线箭头所示。所以无论 $u_2$ 是正半周还是负半周，$R_L$ 上均有极性一致的电压。单相桥式整流电路输出的电压平均值 $U_o = \dfrac{2U_{Rm}}{\pi} \approx 0.9U_2$。其输出电压、电流波形如图 10-3（d）所示。

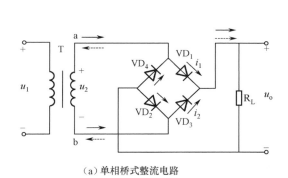

（a）单相桥式整流电路

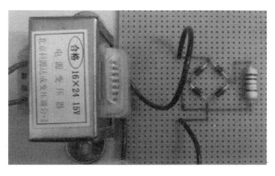

（b）实物电路

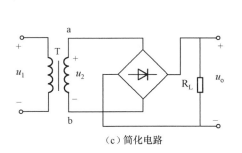

（c）简化电路

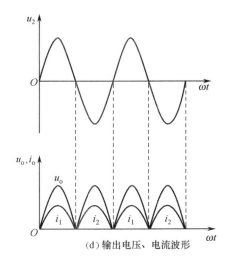

（d）输出电压、电流波形

图 10-3　单相桥式整流电路及其波形

在连接整流桥时，若任意一个二极管接反，将会使变压器副线圈或整流二极管烧毁；若任意一个二极管开焊，$R_L$上仅能得到半波整流电压。

### 10.1.2 滤波电路

经整流后的输出电压，除了含有直流分量外，还含有较大的交流分量。为了满足电子设备正常工作的需要，必须采用滤波电路，滤去整流输出中的交流分量，以便得到较平滑的直流输出。常用的滤波电路有电容滤波电路、电感滤波电路。其中电容滤波电路是小功率整流电路中的主要滤波形式。

电容滤波电路就是在负载两端并联一个电容器，其结构如图 10-4（a）所示，由于电容器对直流电相当于开路（容抗很大），而对交流电相当于短路（容抗很小），所以当在负载两端并联电容器后，整流后的交流成分大部分被电容器分流，直流成分则全部进入负载，从而使负载上的交流成分大大减少。电压波形就变得平滑了。其输出电压波形图如图 10-4（b）所示。

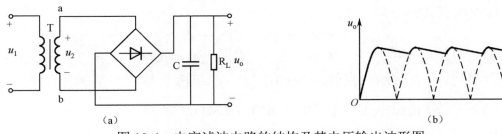

图 10-4　电容滤波电路的结构及其电压输出波形图

当变压器输出电压 $u_2$ 小于电容器电压 $u_C$ 时，电容器通过负载开始放电，放电按指数规律下降，下降的快慢程度取决于电路的时间常数 $\tau = R_L C$，为使滤波效果良好，一般取时间常数的值稍大一些，通常选取 $\tau = R_L C \approx (3\sim 5)T/2$，式中 $T$ 为交流电压的周期。

由输出电压的波形可以看出，经滤波后的输出电压不仅变为近似直流电压，而且电压的平均值得以提高，近似为 $U_o \approx 1.2U_2$。

**【例 10-2】**　一单相桥式整流电路的滤波电路如图 10-4（a）所示。若 $u_2 = 100\sin 314t$ (V)，负载的电阻 $R_L = 50\Omega$。（1）选取滤波电容的大小；（2）估算输出电压的平均值。

**解**　（1）变压器输出电压为工频电压，因此周期为 $T = 0.02\text{s}$，应选择滤波电容为

$$C \geqslant \frac{(3\sim 5)\times 0.02}{2R_L} = 600\sim 1000(\mu F)$$

由于滤波电容的数值越大，滤波效果越好，可选取 1000μF 的电解电容器作为电路的滤波电容。

（2）输出电压的平均值

$$U_o \approx 1.2U_2 = 1.2\times 0.707\times 100 = 84.8 \text{ (V)}$$

#### 思考与练习题

10-1-1　简述半波整流的工作原理。

10-1-2　试分析桥式整流电路的工作流程。

10-1-3　如何选取滤波电容的大小？

## 10.2　技能训练 11　桥式整流电路测试

### 10.2.1　技能训练目的

（1）会使用示波器测量桥式整流电路输出的波形。

（2）会在面包板上正确搭接桥式整流电路。

### 10.2.2　预习要求

（1）预习面包板的结构。

（2）预先绘制桥式整流电路搭接示意图。

### 10.2.3　仪器和设备

测量仪器和设备见表 10-1。

表 10-1　测量仪器和设备

| 名　称 | 型号及使用参数 | 数　量 |
|---|---|---|
| 双踪示波器 | YB4340G | 1 台 |
| 面包板 |  | 1 块 |
| 整流二极管 | 1N4007 | 4 个 |
| 电源变压器 | 6V，8W | 1 个 |
| 电阻器 | 1kΩ，1W | 1 个 |

### 10.2.4　技能训练内容和步骤

#### 1．面包板的结构

面包板是实验室中用于搭接电路的重要工具，熟练掌握面包板的使用方法是提高实验效率，减小实验故障出现概率的重要基础之一。下面就面包板的结构和使用方法进行简单介绍。

面包板的外观如图 10-5 所示，常见的最小单元面包板分上、中、下三部分，上面和下面部分一般是由一行或两行的插孔构成的窄条，中间部分是由一条隔离凹槽和上下各 5 行的插孔构成的宽条。

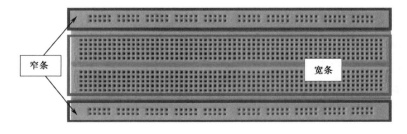

窄条

宽条

图 10-5　面包板外观

对于上面和下面部分的窄条，外观和结构如图 10-6 所示。窄条上下两行之间电气不连通。每 5 个插孔为一组，通常的面包板上有 10 组或 11 组。对于 10 组的结构，左边 5 组内部电气连通，右边 5 组内部电气连通，但左右两边之间不连通，这种结构通常称为 5-5 结构。还有一种 3-4-3 结构即左边 3 组内部电气连通，中间 4 组内部电气连通，右边 3 组内部电气连通，但左边 3 组、中间 4 组以及右边 3 组之间是不连通的。

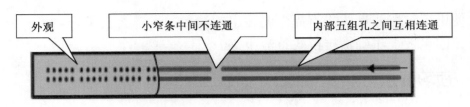

图 10-6　面包板窄条外观及结构

中间部分宽条由中间一条隔离凹槽和上下各 5 行的插孔构成。在同一列中的 5 个插孔是互相连通的，列和列之间以及凹槽上下部分则是不连通的，其外观及结构如图 10-7 所示。

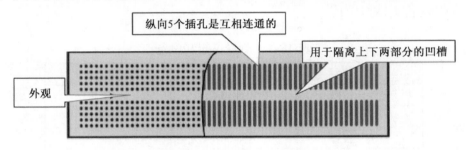

图 10-7　面包板宽条外观及结构图

## 2．面包板上搭接桥式整流电路

按照如图 10-8 所示电路准备好相应的元器件，在面包板上搭接桥式整流电路。

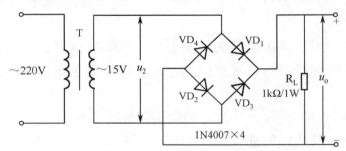

图 10-8　桥式整流测试电路图

在搭接电路时应遵循以下原则。

（1）连接点越少越好。每增加一个连接点，实际上就人为地增加了故障概率。面包板孔内不通，导线松动，导线内部断裂等都是常见故障。

（2）尽量避免立交桥。所谓的"立交桥"就是元器件或者导线骑跨在别的元器件或者导线上。初学者最容易犯这样的错误。这样，一方面给后期更换元器件带来麻烦；另一方面，在出现故障时，零乱的导线很容易使人失去信心。

（3）尽量牢靠。有两种现象需要注意：第一，集成电路很容易松动，因此，对于集成电路，需要用力下压，一旦不牢靠，需要更换位置；第二，有些元器件引脚太细，要注意轻轻拨动一下，如果发现不牢靠，需要更换位置。

（4）方便测试。

（5）布局尽量紧凑，信号流向尽量合理。

（6）布局尽量与原理图近似，这样出现故障时，有助于尽快找到故障元器件的位置。

在面包板上搭接后的电路如图 10-9 所示。

### 3．桥式整流电路的测试

仔细检查接好的桥式整流电路，确认无误后，接通电源，用示波器测试 $u_2$、$u_o$ 的波形和幅度，如图 10-10 所示（测试 $u_o$ 的波形示意），将测量结果填入表 10-2 中。

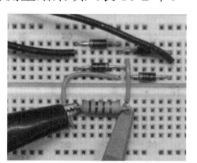

图 10-9　桥式整流实际搭接电路　　　图 10-10　桥式整流电路测试示意图

表 10-2　桥式整流电路的测试记录表

|  | 波　　形 | 幅值/$V_{P-P}$ | 频率/Hz |
|---|---|---|---|
| $u_2$ |  |  |  |
| $u_o$ |  |  |  |

## 10.2.5　注意事项

（1）变压器一次绕组的两根引线不能短路。

（2）由教师检查并确认无误后方可通电测试。

------

**思考与练习题**

桥式整流后输出的电压值与变压器二次侧输出电压关系如何？

# 10.3　技能训练 12　滤波、稳压特性测试

## 10.3.1　技能训练目的

（1）会使用示波器测量滤波电路输出的波形。

（2）会在面包板上正确搭接稳压电路。

（3）能识读三端稳压电源电路图。

### 10.3.2　预习要求

（1）预习三端稳压电源的引脚功能定义。

（2）复习示波器的使用方法。

### 10.3.3　仪器和设备

测量仪器和设备见表 10-3。

**表 10-3　测量仪器和设备**

| 名　称 | 型号及使用参数 | 数　量 |
|---|---|---|
| 双踪示波器 | YB4340G | 1 台 |
| 万用表 | MF10 | 1 块 |
| 面包板 | | 1 块 |
| 整流二极管 | 1N4007 | 4 个 |
| 电源变压器 | 15V，8W | 1 个 |
| 电解电容器 | 1000μF，50V | 1 个 |
| 电解电容器 | 10μF，50V | 1 个 |

### 10.3.4　技能训练内容和步骤

#### 1．滤波特性测试

图 10-11 是在图 10-8 所示整流电路的基础上添加了滤波电容器，按照下面的步骤对该电路进行测试。

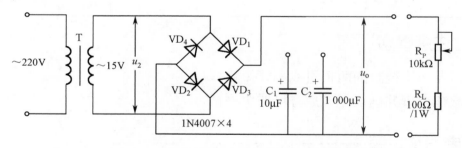

图 10-11　添加了滤波电容器的测试电路图

（1）接入 10μF 电容，$R_L$ 先不接，如图 10-12 所示，用示波器观察输出电压 $u_o$ 的波形，用电压表测量 $U_o$ 并记录在表 10-4 中。

（2）接入 $R_L$，如图 10-13 所示，观察电压 $U_o$ 的变化。

（3）接入 1 000μF 电容，如图 10-14 所示，重复步骤①。

（4）接入 $R_L$，如图 10-15 所示，观察电压 $U_o$ 的变化。

（5）将测试结果进行对比，并分析其中的原因。

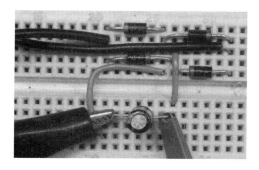

图 10-12　只接入 10μF 电容器测试图

图 10-13　接入 10μF 电容器和 R$_L$ 测试图

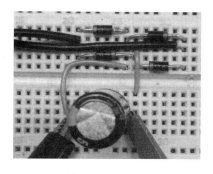

图 10-14　只接入 1000μF 电容器测试图

图 10-15　接入 1000μF 电容器和 R$_L$ 测试图

表 10-4　滤波特性测试记录表

| 电路接法 | 输出电压 | |
| --- | --- | --- |
| | 波　形 | 电压值/V |
| 接 10μF 电容器，不接 R$_L$ | | |
| 接 10μF 电容器，接 R$_L$ | | |
| 接 1000μF 电容器，不接 R$_L$ | | |
| 接 1000μF 电容器，接 R$_L$ | | |

### 2．三端集成稳压器

集成稳压器是指在输入电压或负载发生变化时，使输出电压保持不变的集成电路。目前在音视频设备、电子仪器等各种电子设备中大都采用三端集成稳压器构成直流稳压电源。其突出的优点是稳压性能可靠、体积小、使用方便、成本也较低。常用的三端集成稳压器如图 10-16 所示。

三端集成稳压器有 78 和 79 两种系列，78 系列稳压器输出固定的正电压，如 7805 的输出为+5V，7812 输出为+12V；79 系列稳压器输出固定的负电压，如 7905 输出为-5V。78 系列集成稳压器的引脚功能如图 10-17 所示。在使用时，它的 1 引脚接整流滤波后的输出电压，2 引脚接地，3 引脚输出稳定的固定电压。

### 3．稳压电路测试

如图 10-18 所示为在整流、滤波电路的基础上添加稳压部分，用万用表分别测量 7812 的输入、输出端电压（如图 10-19 所示），将测量值填入表 10-5 中。

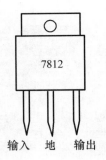

图 10-16　三端集成稳压器实物图　　图 10-17　三端集成稳压器引脚功能

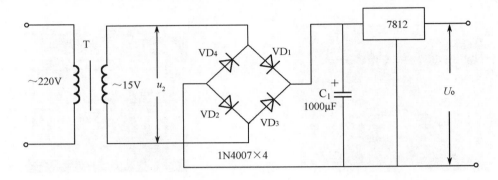

图 10-18　稳压电路测试图

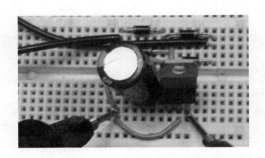

图 10-19　7812 的测试示意图

表 10-5　稳压电路测试记录表

|  | 电压值/V |
| --- | --- |
| 输入端 |  |
| 输出端 |  |

## 10.3.5　注意事项

（1）变压器一次侧做好绝缘，等教师确认无误后方可进行测试。

（2）电解电容器 $C_1$ 不能接反。

### ▓▓ 思考与练习题

用示波器测量图 10-11 所示电路，当滤波电容分别是 10μF 和 1000μF 时的输出电压波形情况。

## 本章小结

（1）整流电路的功能是将交流电压变换成直流脉冲电压，常用的单相整流电路有半波、全波、桥式整流电路等几种形式。

（2）半波整流是用单个二极管对正弦交流电进行整流，整流后的电压平均值是输入电压有效值的 0.45 倍。桥式整流是用四个二极管对正弦交流电进行整流，整流后的电压平均值是输入电压有效值的 0.9 倍。

（3）经整流后的输出电压，含有直流分量和交流分量，必须采用滤波电路，滤去整流输出中的交流分量。常用的滤波电路包括电容滤波、电感滤波、复式滤波。桥式整流电路经电容滤波后输出电压是输入电压的 1.2 倍左右。

（4）稳压电路的任务就是将滤波后的电压进一步稳定，使输出电压基本不受电网电压波动和负载变化的影响，让电路的输出电压具有足够高的稳定性。

## 习题 10

10-1　半波整流电路如图 10-1（a）所示，若 $U_2$=10V（有效值），求二极管所承受的最大反向电压是多少？

10-2　电容滤波桥式整流电路如图 10-4（a）所示。已知 $R_L$=40Ω，$C$=1 000μF，用交流电压表测得 $U_2$=18V，现在用直流电压表测量 $R_L$ 两端电压，如果 C 断开，求输出电压 $U_o$？如果电路完好，求输出电压 $U_o$？

10-3　桥式整流电路如图 10-4（a）所示，已知 $U_2$=20V（有效值），（1）试估算输出电压 $U_o$；（2）若任意一个二极管开焊，$U_o$ 有何变化？（3）若任意一个二极管短路，$U_o$ 有何变化？

教学微视频

# 第11章 放大器与集成运算放大器

放大器是用较小的能量来控制较大能量的器件,通常是指电子放大器,经常用于电压、电流和功率放大,广泛应用在通信、广播、雷达、电视、自动控制等各种装置中。目前广泛应用的电压型集成运算放大器是一种高放大倍数的直接耦合放大器。在集成运算放大器的输入与输出之间接入不同的反馈网络,可实现不同用途的电路,能非常方便地完成信号放大、信号运算和信号处理以及波形产生和变换。集成运算放大器的种类非常多,可适用于不同的场合。本章主要介绍基本放大电路的构成、共射放大电路的直流通路与交流通路、共射放大电路静态工作点的设置与调试、放大电路增益的测量方法,集成运算放大器的组成与应用。

### 学习目标

1. 能掌握共射放大电路的结构及主要元器件的作用。
2. 能掌握共射放大电路静态工作点的计算方法、测量方法。
3. 能掌握理想集成运算放大器的特性。
4. 能掌握反相和同相比例运算放大器的电压放大倍数计算方法。

### 课程思政目标

1. 讲解静态工作点在三极管放大电路中的作用,使学生认识到内因(三极管内部结构)和外因(外部电路)的辩证关系。
2. 讲解理想集成运算放大器时,引入如何看待理想和现实之间辩证对立统一的关系。
3. 引入集成电路发明的故事,激发学生的爱国热情。

## 11.1 基本放大电路

### 11.1.1 共射放大电路

放大器是所有电子设备的核心,日常使用的收音机、电视机、电子测量仪器,其内部都包含有各种各样的放大电路。由单个三极管构成的基本放大器又是其他各种放大器的核心。根据三极管的三种不同组态,放大器也分为共发射极放大器(简称共射放大器)、共集电极放大器(简称共集放大器)和共基极放大器(简称共基放大器)三种基本形式。

## 1. 共射放大电路的结构及主要元器件的作用

常见共射放大电路如图 11-1 所示，各元器件的作用如下。

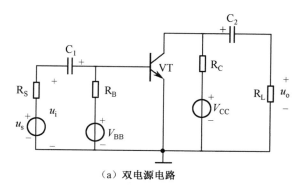

（a）双电源电路

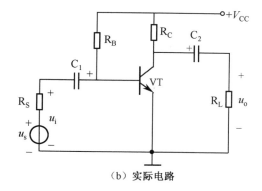

（b）实际电路

图 11-1　共射放大电路

（1）三极管 VT。三极管是放大电路的核心器件。利用其基极小电流控制集电极较大的电流，使输入的微弱信号通过直流电源 $V_{CC}$ 提供的能量，获得一个较强的输出信号。

（2）集电极电源 $V_{CC}$。在实际使用中通常采用如图 11-1（b）所示的单电源供电方式，在这个电路中，直流电源常用 $V_{CC}$ 表示。$V_{CC}$ 的作用有两个：一是为放大电路提供能量；二是保证三极管的发射结正向偏置，集电结反向偏置。交流信号下的 $V_{CC}$ 呈交流接地状态。$V_{CC}$ 的数值一般为几伏至几十伏。

（3）集电极电阻器 $R_C$。$R_C$ 的阻值一般为几千欧到几十千欧。其作用是将集电极的电流转换成三极管集电极、发射极之间的电压变化，这样就可以使放大电路负载上获得放大的电压。

（4）固定偏置电阻器 $R_B$。$R_B$ 的阻值一般为几十千欧到几百千欧，主要作用是保证发射结正向偏置，并提供一定的基极电流，使放大电路获得一个合适的静态工作点。

（5）耦合电容器 $C_1$ 和 $C_2$。$C_1$ 和 $C_2$ 在电路中起到传递交流、隔离直流的作用，要求 $C_1$、$C_2$ 容量较大，一般为几微法至几十微法。放大电路连接电解电容器时必须注意它的极性，不能接错。

## 2. 共射放大电路的直流通路与交流通路*

直流通路是指放大器中直流电源单独作用时，直流电流所能通过的路径；交流通路是指交流电流所流经的通路。如果电路中存在大电容或大电感，根据其特性在画直流通路时将电容器开路、电感器短路，画交流通路时将大容量电容器短路、电感器开路，并将不作用的电压源用短路线替代（如果电流源不作用就按开路处理）。

在图 11-1（b）中，将电容器 $C_1$、$C_2$ 开路，同时考虑 $R_S$、$R_L$ 不起作用便得到如图 11-2（a）所示的直流通路。将 $C_1$、$C_2$ 对交流短路，$V_{CC}$ 对交流短路（将"$+V_{CC}$"端点直接接地）便得到如图 11-2（b）所示的交流通路，习惯将图 11-2（b）画成图 11-2（c）的形式。

## 3. 共射放大电路的偏置及静态工作点*

放大电路未加交流输入信号（$u_i=0$）时，电路中各处的电压、电流都是直流，故称为"静态"。静态时三极管具有固定的 $I_B$、$U_{BE}$ 和 $I_C$、$U_{CE}$ 值，它们分别对应输入和输出特性曲线上的一个点，又称"静态工作点"，并用 $Q$ 来表示。静态时三极管的参数习惯用

$I_{BQ}$、$U_{BEQ}$ 和 $I_{CQ}$、$U_{CEQ}$ 表示。放大器的静态工作点 $Q$ 需要根据三极管的参数进行设计，如果 $Q$ 点选择不合适，放大器工作时就会产生失真，或无法正常工作。

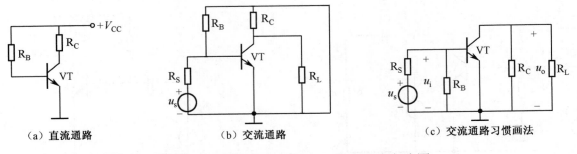

（a）直流通路　　　　　　（b）交流通路　　　　　　（c）交流通路习惯画法

图 11-2　共射放大器的直流、交流通路电路图

由图 11-2（a）可求出该共射放大电路的静态工作点 $Q$ 为

$$I_{BQ} = \frac{V_{CC} - U_{BEQ}}{R_B}, \quad I_{CQ} = \beta I_{BQ} \tag{11-1}$$

其中硅管的 $U_{BEQ}$=0.7V，锗管的 $U_{BEQ}$=0.3V。

$$U_{CEQ} = V_{CC} - I_{CQ}R_C \tag{11-2}$$

## *11.1.2　共集放大电路

如图 11-3（a）所示为共集放大器，其中 $R_B$ 为基极偏置电阻，图 11-3（b）和图 11-3（c）分别为直流通路、交流通路。由交流通路可见，输入信号加在基极和集电极之间，由发射极和集电极之间输出信号。集电极是输入和输出回路的公共端，所以属共集电极电路。由于负载电阻 $R_L$ 接在发射极上，信号从发射极输出，故又称为"射极输出器"。

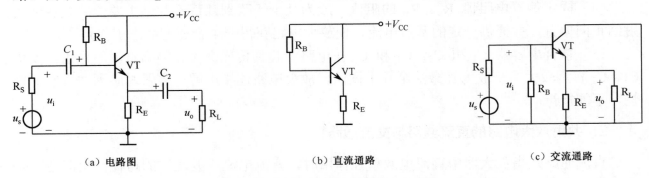

（a）电路图　　　　　　　（b）直流通路　　　　　　（c）交流通路

图 11-3　共集放大器（射极输出器）

如图 11-3（b）所示直流通路，列输入回路电压方程

$$I_{BQ}R_B + U_{BEQ} + (1+\beta)I_{BQ}R_E = V_{CC}$$

由电压方程得到基极电流

$$I_{BQ} = \frac{V_{CC} - U_{BEQ}}{R_B + (1+\beta)R_E}$$

集电极电流 $I_{CQ} = \beta I_{BQ}$，由输出回路电压方程得到

$$U_{CEQ} = V_{CC} - (1+\beta)I_{BQ}R_E$$

射极输出器的主要特点是：电压放大倍数略小于 1，输出电压与输入电压同相位；输入电阻高、输出电阻低。虽然射极输出器不具备电压放大能力，但仍具有电流放大作用，

并且利用高输入电阻、低输出电阻的特点，射极输出器常被用作多级放大器的输入级和输出级，或作为中间缓冲级实现阻抗变换作用。

> ■■ **思考与练习题**
>
> 11-1-1　画出共射放大电路，说明主要元器件的作用。
> 11-1-2　简述射极输出器的特点。

# ■■ 11.2　技能训练 13　共射放大电路的组装、连接与调试 ∿

## 11.2.1　技能训练目的

（1）会按照电路原理图在通用板上焊接电路。
（2）*会调整、测量放大电路的静态工作点。
（3）会测量放大电路的增益。
（4）会测量放大电路的输入、输出电阻。

## 11.2.2　预习要求

（1）预先绘制电路搭接图。
（2）复习共射放大电路的相关知识。

## 11.2.3　仪器和设备

测量仪器和设备见表 11-1。

表 11-1　测量仪器和设备

| 名　　称 | 型号及使用参数 | 数　　量 |
|---|---|---|
| 直流稳压电源 | DH1718E-4 | 1 台 |
| 函数信号发生器 | EE1642C | 1 台 |
| 双踪示波器 | YB4340G | 1 台 |
| 交流毫伏表 | DF2172C | 1 块 |
| 万用表 | MF10 | 1 块 |
| 电阻器 | 180Ω，1/4W | 1 个 |
| 电阻器 | 3kΩ，1/4W | 2 个 |
| 电阻器 | 39kΩ，1/4W | 1 个 |
| 电位器 | 100kΩ | 1 个 |
| 电解电容器 | 10μF | 2 个 |
| 三极管 | 8050 | 1 个 |
| 单孔电路板 | | 1 块 |
| 电烙铁 | 20W | 1 个 |
| 焊锡丝 | | 30cm |

### 11.2.4 技能训练内容和步骤

#### 1. 共射放大电路的焊接与组装

1) 电路组成及元器件作用

如图 11-4 所示为单管共射放大电路。$R_B$ 为基极偏流电阻，提供静态工作点所需的基极电流。$R_B$ 是由 $R_1$ 和 $R_P$ 串联后的阻值组成的，$R_P$ 是电位器，用来调节三极管的静态工作点，$R_1$ 起保护作用，避免 $R_P$ 的阻值调至 0 时，使基极电流过大，损坏三极管；$R_S$ 是输入电流取样电阻器，输入电流 $I_i$ 流过 $R_S$，在 $R_S$ 上形成压降，测量 $R_S$ 两端的电压便可计算出 $I_i$；$R_C$ 是集电极直流负载电阻器。

2) 焊接电路

按如图 11-4 所示方式在单孔电路板上（见图 11-5）焊接时，应注意以下几点。

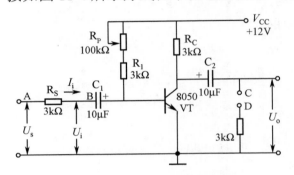

图 11-4　单管共射放大电路图

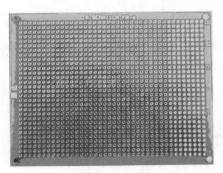

图 11-5　单孔电路板

（1）可根据原理图的元器件位置来布置电路板元器件的位置，便于理解工作原理和调试检查。

（2）使用的电烙铁功率要合适，功率太大容易烫坏元器件；功率太小焊接困难，焊点呈渣状，不光滑，很容易形成虚焊。一般焊接晶体管器件使用功率为 20～35W 的电烙铁比较合适。

（3）将待焊接的元器件引脚处理干净，去掉引脚的污物和氧化物，才能可靠焊牢。对于氧化严重的引脚，可用细砂纸打磨出金属光泽并预先镀锡。但对于镀金的元器件引脚严禁用砂纸打磨，以免造成更严重的氧化。

（4）必须严防虚焊。焊接好后，稍用力拉动元器件，应没有引脚松动的感觉。

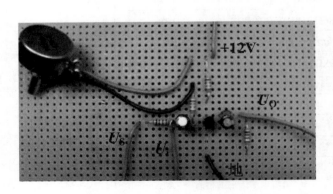

图 11-6　单管共射放大电路实物连接图

（5）控制电烙铁接触元器件的时间，过短容易虚焊，过长又会烫坏元器件。一般应在 2～5s，根据所焊接的元器件大小和散热情况决定。

（6）注意三极管的引脚位置，E、B、C 的方向。

（7）焊接完成检查无误后方可通电测试。

焊接好的电路如图 11-6 所示。

**\*2. 静态工作点的调试与测量**

三极管的静态工作点对放大电路能否正常工作起着重要的作用。对安装好的三极管放大电路必须进行静态工作点的测量和调试。

1）静态工作点的测量方法

三极管的静态工作点是指 $U_{BEQ}$、$I_{BQ}$、$U_{CEQ}$、$I_{CQ}$ 四个参数的值。这四个参数都是直流量，所以应该使用万用表的直流电压和直流电流挡进行测量。

测量时，应该保持电路工作在"静态"，即输入电压 $U_i=0$。要使 $U_i=0$，对于阻容耦合电路，由于存在输入隔直电容，所以信号源的内阻不会影响放大器的静态工作点，只要将测试用的函数信号发生器与待测放大器的输入端断开，即可使 $U_i=0$；但是输入端开路很可能引入干扰信号，所以最好不要断开信号发生器，而是将信号发生器的"输出幅度"旋钮调节至"0"的位置，使 $U_i=0$。

为了不破坏电路的真实工作状态，在测量电路的电流时，尽量不采用断开测试点串入电流表的方式来测量，而是通过测量有关电压，然后换算出电流。在测试中，只要测出 $U_{BQ}$、$U_{CQ}$、$V_{CC}$ 的值，便可计算出 $U_{BEQ}$、$U_{CEQ}$、$I_{CQ}$、$I_{BQ}$。计算公式如下。

$$U_{BEQ} = U_{BQ} \quad ; \quad U_{CEQ} = U_{CQ}$$

$$I_{CQ} = \frac{V_{CC} - U_{CQ}}{R_C}$$

$$I_{BQ} = \frac{V_{CC} - U_{BQ}}{R_B}$$

式中，$R_B = R_1 + R_P$。为减小测量误差，应选用内阻较高的直流电压表。

2）静态工作点的调整方法

静态工作点的设置是否合适，对放大器的性能有很大的影响。静态工作点对放大器的"最大不失真输出幅值"和电压放大倍数有直接影响。当输入信号较大时，如果静态工作点设置过低，就容易产生截止失真（NPN 管的输出波形为顶部失真）如图 11-7（a）所示；如果静态工作点设置较高，就容易出现饱和失真（NPN 管的输出波形为底部失真）如图 11-7（b）所示；当静态工作点设置适中时，如果出现失真，将是一种上下半周同时削峰的失真，如图 11-7（c）所示，这时放大器有最大的不失真输出幅值。

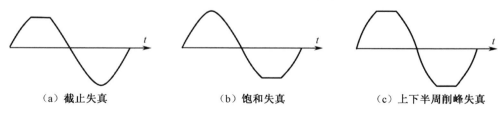

（a）截止失真      （b）饱和失真      （c）上下半周削峰失真

图 11-7 静态工作点与输出波形的关系

对于共射放大电路，当处理的信号幅度较小时，不容易出现截幅现象，而应着重考虑放大器的噪声、增益、输入阻抗、稳定性等问题。

调节静态工作点一般通过改变基极偏流电阻 $R_B$ 来进行。若减小 $R_B$，可使 $I_{CQ}$ 增大，$U_{CEQ}$ 减小；增大 $R_B$ 则作用相反。在调节工作点时，可以在放大器输入端输入一定幅度的正弦信号，用示波器观察输出波形，并调节 $R_B$，使输出信号的失真最小。测试中，为调节静态工作点方便，$R_B$ 的变化是通过调节电位器 $R_P$ 的阻值实现的（当然，如果改变 $V_{CC}$ 和其他元器件的数值也会影响静态工作点，但都不如调节 $R_B$ 方便）。实际应用中，在 $Q$ 点调节好后，将 $R_P$ 换为阻值相同的固定电阻。

3）静态工作点的测试

先将 $R_P$ 的阻值调至最大位置，稳压电源输出调至 12V，信号发生器的输出幅度调节为 0，再接通电源。用万用表监视 $I_{CQ}$（参看前面介绍测量电流的方法），调节 $R_P$ 的阻值，使 $I_{CQ}=2mA$（即 $U_{CQ}=6V$），用万用表的直流电压挡测量 $U_{BQ}$、$U_{EQ}$、$U_{CQ}$，断开电源后，用电阻挡测量 $R_B$，记入表 11-2 中。

表 11-2　静态工作点（$I_{CQ}=2mA$）

| 测量值 | | | | 理论计算值 | | | |
|---|---|---|---|---|---|---|---|
| $U_{BQ}$（V） | $U_{EQ}$（V） | $U_{CQ}$（V） | $R_B$（kΩ） | $U_{BEQ}$（V） | $U_{CEQ}$（V） | $I_{CQ}$（mA） | $R_B$（kΩ） |
| | | | | | | | |

### 3．放大电路增益的测量

1）放大电路增益的测量方法

如图 11-8 所示，调节放大器静态工作点至规定值，用函数信号发生器输出 1kHz 正弦波信号 $U_s$，用屏蔽线将正弦波信号接至放大器的输入端（电路图中的 A 点和地之间，注意将屏蔽线的外层屏蔽网接地）。调节信号发生器输出幅度为规定值，用示波器（GOS620型）观察输出电压 $U_o$ 的波形，注意输出不应产生失真。如果存在失真，应再次检查静态工作点和电路元件的数值，若这些方面都正确，则应减小输入信号的幅值。

用交流毫伏表（DF2172C 型）测量 $U_i$、$U_o$，由下式计算放大倍数 $A_u$：

$$A_u = \frac{U_o}{U_i} \tag{11-3}$$

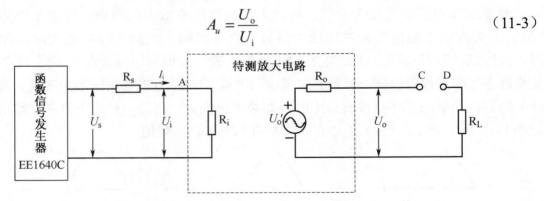

图 11-8　共射放大电路增益测量电路

2）放大电路增益的测量步骤

保持 $I_{CQ} = 2mA$ 不变，在放大器输入端加入频率为 1kHz 的正弦信号 $U_s$，调节函数信号发生器的输出幅度，使 $U_i = 5mV$，同时用示波器观察放大器输出电压 $U_o$ 的波形，在保持波形不失真的条件下，用交流毫伏表测量下述两种情况下的 $U_o$ 值，并用双踪示波器同时观察 $U_o$ 和 $U_i$ 的相位关系，并计算出 $A_u$，把测量结果记入表 11-3。

表 11-3　增益测量（$I_{CQ}$=2mA　$U_i$= 5 mV）

| $R_C$（kΩ） | $R_L$（kΩ） | $U_o$（V） | $A_u$ |
|---|---|---|---|
| 3 | ∞ | | |
| 3 | 3 | | |

### 11.2.5　注意事项

共射放大电路的接地端要同稳压电源、示波器的接地端共地。

> ■■ **思考与练习题**
>
> 11-2-1　简述静态工作点的调整方法。
> 11-2-2　简述放大电路增益的测量方法。

## 11.3　集成运算放大器及应用

### 11.3.1　集成运算放大器的组成

集成电路是在半导体制造工艺的基础上，将晶体管、电路元件及其连接导线集中制作在同一块半导体基片上，最后再进行封装，形成紧密联系的一个整体电路。它具有体积小、质量轻、功耗低、外部引线及焊点少、安装测试方便等优点，因而大大提高了电子线路、电子设备的灵活性和可靠性。

集成运算放大器简称集成运放，是一种能对信号进行数学运算的集成放大电路。它由多级直接耦合放大电路、恒流源、差分放大电路和功率放大电路组成，具有高电压增益、高输入电阻和低输出电阻的特点。由于集成运放还具有精巧、廉价和灵活使用等优点，因而得到十分广泛的应用。

#### 1. 集成运算放大器的基本结构

集成运算放大器的外形和电路符号如图 11-9 所示。图 11-9（b）中"▷"表示放大器，右侧"+"端为输出端，左侧的"−"端为反相输入端，当信号由此端与地之间输入时，输出信号与输入信号反相，这种输入方式称为反相输入；左侧的"+"端为同相输入端，当信号由此端与地之间输入时，输出信号与输入信号同相，这种输入方式称为同相输入。

（a）外形　　　　　　　（b）电路符号

图 11-9　集成运算放大器的外形和电路符号

集成运放的类型很多，电路也有所不同，但内部结构基本相同，通常由输入级、中间级、输出级和偏置电路四个部分组成，其内部框图如图 11-10 所示。

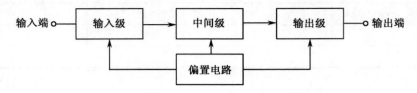

图 11-10　集成运放内部框图

图 11-10 中输入级一般是由三极管（BJT）或场效应管（MOSFET）组成的差分式放大电路，利用它的对称性可以提高整个电路的共模抑制比和其他方面的性能，它的两个输入端为运放的反相输入端和同相输入端。中间级也称为电压放大级，其主要作用是提高电压增益，可由一级或多级放大电路组成。输出级一般由电压跟随器或互补功放电路组成，以降低输出电阻，提高带负载能力。偏置电路由电流源电路组成，为各级提供合适的工作电流。

### 2．集成运算放大器的主要参数

为了正确地挑选和使用集成运放，必须了解其主要参数，现分别介绍如下。

（1）输入失调电压 $U_{io}$。对于理想的集成运放，若输入电压为零时，输出电压也为零。但实际的集成运放，即使输入电压为零，输出电压也不完全为零，在输出端往往有剩余直流电压。这时，为了使输出电压也为零，就必须在输入端加入一个补偿电压，以抵消这一输出电压，这个在输入端加入的补偿电压称为输入失调电压，用 $U_{io}$ 表示。一般 $U_{io}<10$ mV，$U_{io}$ 越小，电路输入部分的对称度越高。

（2）输入偏置电流 $I_{ib}$。当集成运放输出电压为零时，两个输入端静态电流的平均值称为输入偏置电流。若两个输入端的静态电流分别为 $I_{bp}$ 和 $I_{bn}$，则 $I_{ib}=(I_{bp}+I_{bn})/2$，其值一般为 10nA～1μA。

（3）输入失调电流 $I_{io}$。理想的集成运放在输入电压为零时，同相输入端的静态电流 $I_{bp}$，与反相输入端的静态电流 $I_{bn}$ 相等。但实际的集成运放，由于元件的离散性，两个输入端的静态电流一般不相等。输入失调电流是指集成运放输出电压为零时两个输入端的静态电流之差，即 $I_{io}=I_{bp}-I_{bn}$，其值一般为 1nA～0.1μA。

（4）开环差模电压增益 $A_{uo}$。它是指集成运放在开环（即只有集成运放自身）情况下，输出电压与差模输入电压的比值，即 $A_{uo}=u_{od}/u_{id}$。集成运放很少开环使用，因此 $A_{uo}$ 主要用来说明集成运算精度，通常 $A_{uo}\geqslant 100$dB。

（5）开环带宽 BW。它是指开环差模电压增益随信号频率升高下降 3dB 时对应的频率 $f_H$。

（6）差模输入电阻 $R_{id}$。是指集成运放在开环状态时，正、负输入端之间的差模电压与电流之比。一般 $R_{id}$ 在几百千欧至几兆欧，其值越大，表示集成运放的性能越好。

（7）输出电阻 $R_o$。是指集成运放在开环状态下，由输出端看进去的等效电阻。$R_o$ 一般在几十欧至几百欧之间，$R_o$ 越小，集成运放带负载能力越强。

（8）共模抑制比 $K_{CMR}$。是指集成运放的开环差模电压放大倍数与共模电压放大倍数的比值，常用分贝表示，即 $K_{CMR}(dB)=20\lg|A_{ud}/A_{uc}|$，一般 $K_{CMR}$ 在 80dB 以上，共模抑制

比表明集成运放抑制共模信号的能力。

### 3．理想的集成运放的特点

集成运放的开环电压增益非常高，输入电阻很大，输出电阻很小，这些参数接近理想化的程度。因此，在分析含有集成运放的电路时，为了简化分析，可以将实际的集成运放视为理想的集成运放。理想的集成运放是指主要参数应具有理想的特性，即

- 输入信号为零时，输出端恒定处于零电位。
- 差模输入电阻 $r_{id} = \infty$。
- 输出电阻 $r_o = 0$。
- 开环差模电压增益 $A_{uo} = \infty$。
- 共模抑制比 $K_{CMR} = \infty$。
- 开环带宽 BW $= \infty$。

理想的集成运放的电路符号如图 11-9（b）所示。根据上述理想特性，若集成运放工作在线性区，利用它的理想参数可以建立如下两条重要法则。

① 虚短。设集成运放的同相和反相输入端的电压分别为 $U_P$ 和 $U_N$，当集成运放工作在线性区时，有

$$U_o = A_{uo}(U_P - U_N)$$

由于输出电压 $U_o$ 是有限值，而理想集成运放的 $A_{uo}$ 为无穷大，故有 $U_i = U_P - U_N = 0$，即

$$U_P = U_N \tag{11-4}$$

这说明理想的集成运放两个输入端的电位相等，同相与反相输入端之间电压为零，相当于短路，常称为"虚短"。

② 虚断。由于理想的集成运放输入端是"虚短"的，输入电压为零，而其输入电阻 $r_{id}$ 为无穷大，使得同相和反相输入端的输入电流等于零，即

$$I_P = I_N = 0 \tag{11-5}$$

集成运放的两个输入端相当于开路，常称为"虚断"。

尽管实际集成运放并不具备理想特性，但一般都具有很高的输入电阻，很低的输出电阻和很高的开环差模电压增益，高性能的集成运放参数更加接近理想特性。因此，在实际使用和分析集成运放时，可以近似地把它看成"理想的集成运放"。所以，"虚短"与"虚断"的概念是分析理想的集成运放电路的基本法则，利用此法则分析含有集成运放的电路，可大大简化电路的分析过程。

## 11.3.2 集成运算放大器的应用

集成运放加入适当的负反馈网络可实现同相放大和反相放大等功能。在分析电路时，利用"虚短"和"虚断"的概念，可以得出近似的结果。

### 1．反相比例放大器

反相比例放大器电路如图 11-11 所示。输入信号 $u_i$ 通过电阻器 $R_1$ 加到集成运放的反相输入端，输出信号通过反馈电阻器 $R_F$ 反送到集成运放的反相输入端。集成运放的同相

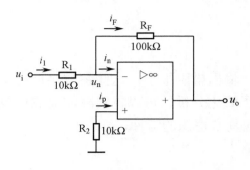

图 11-11　反相比例放大器电路图

输入端经电阻器 $R_2$ 接地，$R_2$ 称为平衡电阻器，其作用是避免集成运放输入的偏置电流在两个输入端之间产生附加的差模电压，所以要求集成运放的两个输入端对地的直流等效电阻相等，即 $R_2 = R_1 // R_F$。

由于电路存在"虚短"，即 $u_n = u_p = 0$，集成运放的两个输入端与地等电位，常称为虚地；再根据"虚断"的概念可知，$i_n = i_p = 0$，所以 $i_1 = i_F$，即

$$\frac{u_i}{R_1} = -\frac{u_o}{R_F}$$

经整理可得出输出电压与输入电压的关系为

$$u_o = -\frac{R_F}{R_1} u_i \tag{11-6}$$

可见，输出与输入之间成比例运算关系，其比例系数为 $-\dfrac{R_F}{R_1}$。式中的"$-$"号表示电路的输出信号与输入信号反相，当 $R_1 = R_F$ 时，比例系数为 $-1$，即为反相器。

### 2．同相比例放大器

如图 11-12 所示为同相比例放大器电路，输入信号 $u_i$ 通过平衡电阻器 $R_2$ 加到集成运放的同相输入端，输出信号通过反馈电阻器 $R_F$ 反送到集成运放的反相输入端，构成电压串联负反馈；反相输入端经电阻器 $R_1$ 接地。根据"虚短"和"虚断"的概念，有 $u_n = u_p = u_i$，$i_n = i_p = 0$，故 $i_1 = \dfrac{u_i}{R_1} = i_F = \dfrac{u_o - u_i}{R_f}$，则输出电压为

$$u_o = (1 + \frac{R_f}{R_1}) u_i \tag{11-7}$$

可见，同相比例放大器的比例系数始终大于 1。当 $R_1 = \infty$ 或 $R_F = 0$ 时，比例系数等于 1，$u_o = u_i$，即为电压跟随器，如图 11-13 所示。

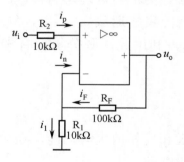

图 11-12　同相比例放大器电路图

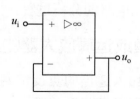

图 11-13　电压跟随器

### 11.3.3　线性集成电路手册的查阅

近年来，集成电路的发展十分迅速，特别是中、大规模集成电路的发展，使各种性能的通用、专用集成电路大量涌现，类别之广、型号之多令人眼花缭乱。一般来说，查阅某

一线性集成电路产品的型号可有下列几种主要途径：①《集成电路器件手册》；②有关公司的产品目录（手册）；③通过网络搜索。

例如，已知某产品的型号是 LM358，初步估计它是模拟集成电路。根据该产品的情况可查阅《模拟集成电路数据手册》中的产品型号索引，然后可从该手册中查阅到这是一块集成运算放大器，并可了解到它的性能参数、内部结构、外部形状和引脚排列等情况。

此外还可根据集成电路的命名方式来查阅线性集成电路。对于国外各大公司生产的集成电路，在推出时已经自成系列，除了表示公司标志的电路型号字头有所不同，一般说来在数字序号上基本是一致的。大部分数字序号相同的器件，功能差别不大。因此，在使用国外集成电路时，应该查阅手册或几家公司的产品型号对照表，以便正确选用器件。国外集成电路的型号命名一般是用前几位字母符号表示制造厂商，用数字表示器件的系列和品种代号。常见国外集成电路的字头符号如表 11-4 所示。

表 11-4　常见外国公司生产的集成电路的字头符号

| 字 头 符 号 | 生产国及厂商名称 | 字 头 符 号 | 生产国及厂商名称 |
| --- | --- | --- | --- |
| AN，DN | 日本，松下 | CX，CXA，CXB，CXD | 日本，索尼 |
| LA，LB，STK，LD | 日本，三洋 | LM | 美国，国家半导体 |
| HA，HD，HM，HN | 日本，日立 | MC，MCM | 美国，摩托罗拉 |
| TA，TC，TD，TL，TM | 日本，东芝 | UA，F，SH | 美国，仙童 |

例如，LM324 是美国国家半导体公司生产的低功耗四运算放大器。

在国内，国产半导体集成电路的型号命名由五部分组成，如表 11-5 所示。

表 11-5　国产集成电路的型号命名

| 第一部分 | 第二部分 | 第三部分 | 第四部分 | 第五部分 |
| --- | --- | --- | --- | --- |
| 字母表示器件符合国家标准 | 字母表示器件的类型 | 数字表示器件的系列和品种代号 | 字母表示器件的工作温度范围（℃） | 字母表示器件的封装形式 |

例如，CF007 表示国产线性集成运算放大器。其中 C 表示国产，F 表示线性运算放大器。

## 思考与练习题

11-3-1　集成运放由哪几部分组成？

11-3-2　什么是"虚短"？什么是"虚断"？

11-3-3　理想的集成运放具有哪些特点？

## 本章小结

1. 三极管工作在放大状态必须满足发射结正向偏置，集电结反向偏置。三极管放大电路有共射、共集和共基三种基本组态。共射电路具有较高的放大倍数，且放大后输出信号与输入信号倒相；共集电路的放大倍数小于 1，输出电压与输入电压同相位，输入电阻高、输出电阻低。

2. 晶体管的静态工作点对放大电路能否正常工作起着重要的作用。如果静态工作点选择不合适，放大器工作时就会产生失真，或无法正常工作。

3. 集成运算放大器主要由输入级、中间级、输出级和偏置电路组成；集成运算放大器的主要特点是开环增益很高、输入电阻很大、输出电阻很小。"虚短"和"虚断"是理想的集成运算放大器的重要特性，主要用于分析含有理想的集成运算放大器的电路。

4. 运算电路是集成运放最基本的应用之一，其输出电压是输入电压某种运算的结果，例如，同相比例放大器和反相比例放大器。

# 习题 11

11-1　如图 11-14 所示电路，三极管为 3DG6，其 $\beta=50$，（1）画出直流通路，求静态工作点 $I_{CQ}$、$U_{CEQ}$；（2）画出交流通路。

11-2　如图 11-15 所示电路，已知三极管的 $\beta=80$，$R_S=600\Omega$，$R_{B1}=62k\Omega$，$R_{B2}=16k\Omega$，$R_E=2.2k\Omega$，$R_C=4.3k\Omega$，$R_L=5.1k\Omega$。（1）画出直流通路，求 $I_{CQ}$、$U_{CEQ}$；（2）画出交流通路。

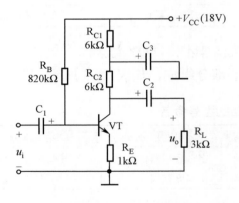

图 11-14　习题 11-1 图

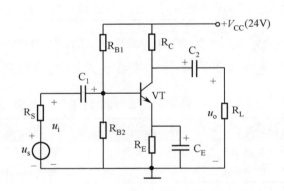

图 11-15　习题 11-2 图

11-3　射极输出器电路如图 11-16 所示，已知 $\beta=50$，试估算静态工作点 $I_{CQ}$、$U_{CEQ}$。

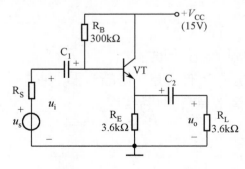

图 11-16　习题 11-3 图

11-4　图 11-17 中几个电路不能实现正常放大，为什么？应如何改正？

11-5　如图 11-18 所示电路，求输出电压 $u_o$ 与输入电压 $u_{i1}$、$u_{i2}$ 的关系式，并说明此电路是什么运算电路。

11-6　如图 11-12 所示电路，已知 $R_1 = R_2 = 10\text{k}\Omega$，$R_F = 100\text{k}\Omega$，$u_i = 100\text{mV}$，求输出电压 $u_o$。

11-7　如图 11-19 所示电路，已知 $R_f = 5R_1$，输入电压 $U_i = 5\text{mV}$，求输出电压 $U_o$。

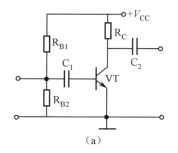
（a）

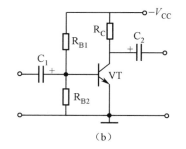
（b）

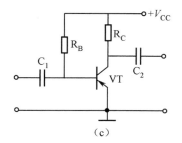
（c）

图 11-17　习题 11-4 图

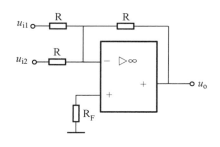

图 11-18　习题 11-5 图

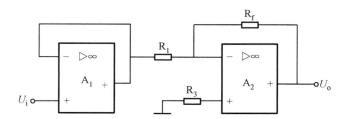

图 11-19　习题 11-7 图

11-8　试设计满足：（1）$u_o = 2u_i$；（2）$u_o = -5\,u_i$ 的运算电路。

**教学微视频**

# 第 4 篇

# 数字电子技术

用数字信号完成对数字量进行算术运算和逻辑运算的电路称为数字电路。由于它具有逻辑运算和逻辑处理功能，所以又称数字逻辑电路。现代的数字电路由半导体工艺制成的若干数字集成器件构造而成，逻辑门是数字逻辑电路的基本单元。数字电路广泛应用于电视、雷达、通信、计算机、自动控制、航天等各个科学技术领域。

## 第 12 章　数字电子技术基础

本章主要介绍数字信号的特点，数字电路中的数制与码制，基本逻辑门和复合逻辑门，集成门电路的型号以及使用常识等。

### 学习目标

1. 能了解数字信号的特点。
2. 能掌握二进制与十进制的相互转换方法。
3. 能识别逻辑门的电路符号，掌握基本逻辑门和复合逻辑门的逻辑关系表达式。
4. 能了解 TTL 集成门电路与 CMOS 集成门电路的使用要求，掌握它们的正确使用方法。

### 课程思政目标

1. 讲解逻辑门的表示方法，融入事物的复杂多样性与灵活的解决方法，培养科学思维。
2. 讲解 TTL 集成门电路和 CMOS 集成门电路，激发学生报效祖国的爱国热情。

# 12.1 数字电路基础知识

## 12.1.1 数字信号的特点

电子技术中的工作信号可以分为模拟信号和数字信号两大类。模拟信号是指时间上和幅度上都连续变化的信号，如生活用电器中的电流、电压等物理量通过传感器转化成的电信号，模拟电视的视频信号和音频信号等，如图 12-1 所示为模拟信号波形。数字信号是时间上和幅度上都断续的信号，如电子表的秒信号，由键盘输入到计算机中的信号等，典型的数字信号波形如图 12-2 所示。

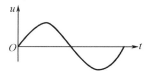

图 12-1　模拟信号波形

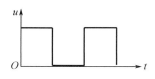

图 12-2　数字信号波形

## 12.1.2 数制与码制

### 1. 数制

用数字量表示物理量的大小时，只用一位数码往往不够，经常需要用进位计数的方法组成多位数码使用。多位数码中每一位的构成方法及从低位到高位的进位规则称为计数制。在实际应用中，根据不同事物的需要，人们创立了不同的计数制。我们最熟悉的是十进制，例如，10mm 为 1cm，10cm 为 1dm 等。但是，日常生活中，并不都是采用十进制的，如 12 个月为 1 年，则是十二进制；60min 为 1h，是六十进制；2 只袜子为 1 双则是二进制。无论哪种进制，数值的表示都包含两个基本要素：基数和位权。

1）十进制

十进制是日常生活和工作中最常使用的计数制，通常表示为$(xxx)_{10}$ 或 $(xxx)_D$，在不引起误会的情况下，角标 10 或 D 可省去不写。

在十进制中，每一位有 0~9 十个数码，所以计数的基数是 10。超过 9 的数必须用多位数表示，其中相邻位间的关系是"逢十进一"，"借一当十"，故称为十进制。

任意一个十进制数 $D$ 均可展开为：

$$D = \sum k_i \times 10^i \tag{12-1}$$

其中，$k_i$ 是第 $i$ 位的系数，它可以是 0~9 这十个数码中的任何一个，若整数部分的位数是 $n$，小数部分的位数是 $m$，则 $i$ 包含从 $n-1$~0 的所有正整数和从 $-1$~$-m$ 的所有负整数；$10^i$ 是第 $i$ 位的位权；将各位的系数和权的乘积相加，即为任意十进制数的按权展开式，如式（12-1）所示。

【例 12-1】　写出十进制数 11.51 的按权展开式。

**解**　$i$ 取值分别为 1，0，−1，−2，故根据式（12-1）得到如下展开式。为方便读者理解，给出如图 12-3 所示位权示意图。

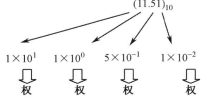

图 12-3　例 12-1 的位权示意图

$$11.51 = 1 \times 10^1 + 1 \times 10^0 + 5 \times 10^{-1} + 1 \times 10^{-2}$$

若以 $N$ 取代式（12-1）的 10，则可得到任意进制（$N$ 进制）数展开式的通式：

$$D = \sum k_i \times N^i \tag{12-2}$$

式中，$i$ 的取值与式（12-1）中的 $i$ 相同。$N$ 称为计数的基数，$k_i$ 为第 $i$ 位的系数，$N^i$ 称为第 $i$ 位的位权。

2）二进制

二进制是数字电路中应用最多的计数制，通常表示为 $(\text{xxx})_2$ 或 $(\text{xxx})_B$。在二进制中，每一位有 0 和 1 两个数码，所以计数基数为 2。超过 1 的数必须用多位数表示，如 2 表示成 10（读作壹零），相邻位间的关系是"逢二进一"，"借一当二"，故称为二进制。

二进制的运算规则简单，利于简化数字电路的结构，提高运算速度，具体规则如下。

加法规则：0+0 = 0，0+1 = 1，1+0 = 1，1+1 = 10。

乘法规则：0×0 = 0，0×1 = 0，1×0 = 0，1×1 = 1。

二进制数的展开式的通式为

$$D = \sum k_i \times 2^i \tag{12-3}$$

利用该展开式，可以将任何一个二进制数转换为十进制数。

【例 12-2】 写出二进制数 1011.11 的按权展开式。

**解** 根据式（12-3）得如下展开式。

$$(1011.11)_2 = 1 \times 2^3 + 0 \times 2^2 + 1 \times 2^1 + 1 \times 2^0 + 1 \times 2^{-1} + 1 \times 2^{-2}$$

二进制的缺点是当位数很多时不便于书写和记忆，因此在数字电路中通常采用八进制或十六进制。

八进制数通常表示为 $(\text{xxx})_8$ 或 $(\text{xxx})_O$，基数为 8，它们是 0～7，进位规则为"逢八进一"，"借一当八"，展开式的通式为

$$D = \sum k_i \times (8)^i \tag{12-4}$$

十六进制数通常表示为 $(\text{xxx})_{16}$ 或 $(\text{xxx})_H$，基数为 16，它们是 0～9，A，B，C，D，E，F。其中字母 A，B，C，D，E，F 分别代表 10，11，12，13，14，15，进位规则为"逢十六进一"，"借一当十六"，展开式的通式为

$$D = \sum k_i \times (16)^i \tag{12-5}$$

3）二进制与十进制的转换

（1）按照十进制运算规律，将二进制数展开式中的各项相加即可得到该二进制数对应的十进制数。

【例 12-3】 求二进制数 1011.11 所对应的十进制数。

**解**

$(1011.11)_2 = 1 \times 2^3 + 0 \times 2^2 + 1 \times 2^1 + 1 \times 2^0 + 1 \times 2^{-1} + 1 \times 2^{-2} = 8+0+2+1+0.5+0.25 = 11.75$

即：$(1011.11)_2 = (11.75)_{10}$

（2）十进制数转换为二进制数时，整数部分和小数部分需要分别转换，其中整数部分为除 2 取余，一直除到商为 0 为止。小数部分为乘 2 取整，一直到小数部分全为 0 或一直到满足要求的位数为止。读者需要注意余数的读数顺序，如例 12-4 所示。

【例 12-4】 将十进制数 $(26.375)_{10}$ 转换成二进制数。

**解** 将整数部分按照除 2 取余的方法，小数部分按照乘 2 取整的方法，如图 12-4 所示。

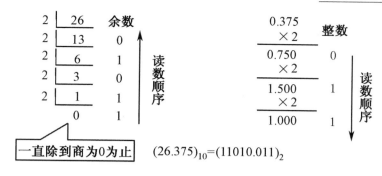

图 12-4 例 12-4 图

### 2. 码制

将若干个二进制数码 0 和 1 按一定规则排列起来表示某种特定含义的代码称为二进制代码，简称二进制码。

最常用的二进制码有 BCD 码、奇偶校验码、ASCII 码等。

BCD 码是用四位二进制数表示一位十进制数，BCD 码又有 8421BCD 码、余 3 码等，见表 12-1。

**【例 12-5】** 用 8421BCD 码表示十进制数 37。

**解** 由表 12-1 可知，3 的 8421BCD 码为 0011，7 的 8421BCD 码为 0111，故 37 的 8421BCD 码为 00110111，表示如下：

$$(37)_{10}=(00110111)_{8421BCD}$$

**【例 12-6】** 写出 8421BCD 码 01010001 表示的十进制数。

**解** 由表 12-1 可知，8421BCD 码 0101 表示 5，8421BCD 码 0001 表示 1，故 01010001 表示的十进制数为 51，表示如下：

$$(01010001)_{8421BCD}=(51)_{10}$$

**表 12-1 几种常见的 BCD 代码**

| 十进制数 | 编码种类 | | | | |
|:---:|:---:|:---:|:---:|:---:|:---:|
| | 8421 码 | 余 3 码 | 2421 码 | 5211 码 | 余 3 循环码 |
| 0 | 0000 | 0011 | 0000 | 0000 | 0010 |
| 1 | 0001 | 0100 | 0001 | 0001 | 0110 |
| 2 | 0010 | 0101 | 0010 | 0100 | 0111 |
| 3 | 0011 | 0110 | 0011 | 0101 | 0101 |
| 4 | 0100 | 0111 | 0100 | 0111 | 0100 |
| 5 | 0101 | 1000 | 1011 | 1000 | 1100 |
| 6 | 0110 | 1001 | 1100 | 1001 | 1101 |
| 7 | 0111 | 1010 | 1101 | 1100 | 1111 |
| 8 | 1000 | 1011 | 1110 | 1101 | 1110 |
| 9 | 1001 | 1100 | 1111 | 1111 | 1010 |
| 权 | 8421 | 无 | 2421 | 5211 | 无 |

::: 思考与练习题

12-1-1  简述数字信号的特点。

12-1-2  写出下列数的按权展开式。

（1）$(3457.82)_{10}$

（2）$(10011.01)_2$

12-1-3  写出下列 8421BCD 码表示的十进制数。

（1）$(010001101000)_{8421BCD}$

（2）$(110010010011)_{8421BCD}$

# 12.2  逻辑代数与逻辑门

## 12.2.1  逻辑代数与基本逻辑门

### 1. 逻辑代数

逻辑代数又称为开关代数或布尔代数。逻辑代数中也用字母表示变量，这种变量称为逻辑变量。逻辑变量的取值只有两个：0 或 1。这里的 0 和 1 不再表示数量的大小，而是表示两种相互对立的逻辑状态（如用 1 和 0 分别表示开和关、高和低、真和假等）。

### 2. 基本逻辑门

逻辑代数的基本运算有与、或、非三种。相应的基本逻辑门有与门、或门和非门三种。为了便于理解，先看图 12-5 指示灯的三个控制电路。

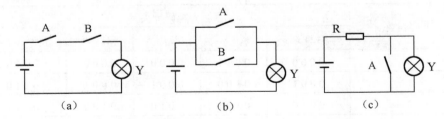

图 12-5  用于说明与、或、非定义的电路图

若把图 12-5 中的开关闭合作为条件（原因），把指示灯亮作为结果，那么图 12-5（a）表明，只有开关 A 与 B 同时闭合（决定事物结果的全部条件同时具备）时，指示灯才会亮（结果才发生），设开关 A、B 的闭合状态为 1，断开状态为 0。指示灯 Y 亮的状态为 1、灭的状态为 0。那么只有 A=B=1 时，Y=1，否则，Y=0。这种因果关系称为"与"逻辑，其逻辑表达式为

$$Y = A \cdot B = AB \tag{12-6}$$

式中的符号"·"读作逻辑乘（习惯上省略不写），A、B 称为逻辑变量，Y 称为逻辑函数值。将 A、B 所有可能的取值与相应的 Y 值用列表的方法给出，这样的表称为逻辑真值

表，见表 12-2。能够实现"与"逻辑的电路称为与门，其逻辑符号如图 12-6（a）所示，常用的与门 74LS08 如图 12-7（a）所示。与运算的规律是：$0 \cdot 0 = 0$，$0 \cdot 1 = 0$，$1 \cdot 0 = 0$，$1 \cdot 1 = 1$。

图 12-5（b）表明，开关 A 或 B 闭合（决定事物结果的诸多条件中只要有任何一个满足）时，指示灯就会亮（结果就会发生）。这种因果关系称为逻辑或，也称为逻辑加法运算，其逻辑表达式为

$$Y = A+B \tag{12-7}$$

符号"+"读作逻辑加。能够实现"或"逻辑的电路称为或门，其逻辑符号如图 12-6（b）所示，常用的或门 74HC32 如图 12-7（b）所示，真值表见表 12-3。或运算的规律是：$0+0=0$，$0+1=1$，$1+0=1$，$1+1=1$，需要注意区分逻辑或运算与二进制运算。

图 12-5（c）表明，开关 A 闭合（条件具备了），指示灯就不会亮（结果便不发生）；而条件不具备时，结果一定发生。这种因果关系称为逻辑非，也称为逻辑求反运算，其逻辑表达式为

$$Y = \overline{A} \tag{12-8}$$

能够实现"非"逻辑的电路称为非门，其逻辑符号如图 12-6（c）所示，常用的非门 74S04 如图 12-7（c）所示，真值表见表 12-4。非运算的规律是：$\overline{0} = 1$，$\overline{1} = 0$。

（a）与门　　　　　　（b）或门　　　　　　（c）非门

图 12-6　基本门电路的逻辑符号图

（a）74LS08　　　　　　（b）74HC32　　　　　　（c）74S04

图 12-7　常用的基本门电路的实物图

| 表 12-2　与逻辑真值表 | | | | 表 12-3　或逻辑真值表 | | | | 表 12-4　非逻辑真值表 | |
|---|---|---|---|---|---|---|---|---|---|
| A | B | Y | | A | B | Y | | A | Y |
| 0 | 0 | 0 | | 0 | 0 | 0 | | 0 | 1 |
| 0 | 1 | 0 | | 0 | 1 | 1 | | 1 | 0 |
| 1 | 0 | 0 | | 1 | 0 | 1 | | | |
| 1 | 1 | 1 | | 1 | 1 | 1 | | | |

### 3. 复合逻辑门

除了与、或、非三种最基本的逻辑运算，还有与非、或非、与或非、异或、同或等复合逻辑运算，实现它们的门电路分别是与非门、或非门、与或非门、异或门和同或门，为方便读者理解，将它们的逻辑符号、常用复合逻辑门电路实物图、逻辑表达式、真值表和逻辑功能列于表 12-5。

表 12-5　复合逻辑门的资料表

| 逻辑名称 | 逻辑符号 | 常用复合逻辑门电路实物图 | 逻辑表达式 | 真　值　表 | | | 逻辑功能 |
|---|---|---|---|---|---|---|---|
| 与非 | A &—Y B | HD74LS00P | $Y = \overline{A \cdot B}$ $= \overline{A} + \overline{B}$ | A | B | Y | 入0出1 全1出0 |
| | | | | 0 | 0 | 1 | |
| | | | | 0 | 1 | 1 | |
| | | | | 1 | 0 | 1 | |
| | | | | 1 | 1 | 0 | |
| 或非 | A ≥1—Y B | P9952SF DN74LS02N | $Y = \overline{A + B}$ $= \overline{A} \cdot \overline{B}$ | A | B | Y | 入1出0 全0出1 |
| | | | | 0 | 0 | 1 | |
| | | | | 0 | 1 | 0 | |
| | | | | 1 | 0 | 0 | |
| | | | | 1 | 1 | 0 | |
| 与或非 | A B & ≥1—Y C D | 74LS51 | $Y = \overline{AB + CD}$ | 略 | | | 先与运算 再或运算 最后再非 运算 |
| 异或 （同或 非） | A =1—Y B | HD74LS86P | $Y = \overline{A}B + A\overline{B}$ $= A \oplus B$ | A | B | Y | 入同出0 入异出1 |
| | | | | 0 | 0 | 0 | |
| | | | | 0 | 1 | 1 | |
| | | | | 1 | 0 | 1 | |
| | | | | 1 | 1 | 0 | |
| 同或 （异或 非） | A =1—Y B | J445X SN74LS266N | $Y = \overline{A}\overline{B} + AB$ $= A \odot B$ | A | B | Y | 入同出1 入异出0 |
| | | | | 0 | 0 | 1 | |
| | | | | 0 | 1 | 0 | |
| | | | | 1 | 0 | 0 | |
| | | | | 1 | 1 | 1 | |

## 12.2.2　集成门电路使用常识

以半导体器件为基本单元，集成在一块硅片上，并具有一定的逻辑功能的电路称为集成门电路。根据制造工艺和工作机制的不同，集成门电路分为双极型电路（两种载流子导电）和单极型电路（一种载流子导电）两大类。TTL 集成门电路和 CMOS 集成门电路分别是双极型电路和单极型电路中使用最多的。

### 1. TTL 集成门电路

TTL 是晶体管晶体管逻辑的英文简称，它是由晶体管和电阻构成的集成门电路。其优点是开关速度较高，抗干扰能力较强，带负载的能力比较强，缺点是功耗较大。

1）TTL 集成门电路的型号

TTL 集成门电路产品主要有 54/74 通用系列，54H/74H 高速系列。54S/74S 肖特基系列和 54LS/74LS 低功耗肖特基系列，54AS/74AS 低延迟肖特基系列以及 54ALS/74ALS 低延迟–功耗积肖特基系列。上述系列的主要差别反映在典型门的平均传输延迟时间和低功耗两个参数上，其他参数和外引脚基本上彼此兼容。为便于比较，将上述不同系列 TTL 集成门电路的延迟时间和功耗列于表 12-6。

表 12-6　不同系列 TTL 集成门电路的延迟时间和功耗

| | 54/74 | 54H/74H | 54S/74S | 54LS/74LS | 54AS/74AS | 54ALS/74ALS |
|---|---|---|---|---|---|---|
| 延迟时间（ns） | 10 | 6 | 4 | 10 | 1.5 | 4 |
| 功耗（mW） | 10 | 22.5 | 20 | 2 | 20 | 1 |
| 延迟-功耗积 | 100 | 135 | 80 | 20 | 30 | 4 |

54 系列和 74 系列的 TTL 集成门电路具有完全相同的电路结构和电气性能参数，只是 54 系列比 74 系列的工作温度范围更宽，允许的电源工作范围也更大。

2）TTL 集成门电路的引脚识别

实际使用的 TTL 集成门电路芯片上都有一个半圆槽缺口，如图 12-8 所示小圆圈所圈的部分，识别芯片引脚时，将该缺口面向读者同时使缺口朝左，从半圆槽缺口下方开始沿逆时针方向旋转，各引脚标号分别为 1、2、3、4……直至半圆槽缺口上方的引脚，如图 12-8 所示为 74LS266 的实物图，其引脚标号如图 12-9 所示，具体的引脚功能，读者可以查阅相关技术手册。

图 12-8　识别芯片示意图

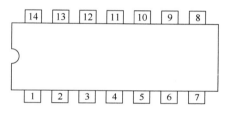

图 12-9　芯片引脚标号示意图

3）TTL 集成门电路的选用要点

（1）实际使用中的最高工作频率 $f_m$ 应不大于逻辑门最高工作频率 $f_{max}$ 的一半。

（2）在不同系列的 TTL 集成门电路中，若器件型号后面几位数字相同时，则其逻辑功能、外形尺寸、外引线排列都相同，但工作速度（平均传输延迟时间 $t_{pd}$）和平均功耗不同。实际使用时，高速门电路可以替换低速的门电路；反之则不行。

4）TTL 集成门电路的使用常识

实际使用 TTL 集成门电路时需要注意以下事项。

（1）消除电源的干扰。可在每块印制电路板上的 $V_{CC}$ 进线处对"地"并联一个 10～50μF 的电容，在印制电路板上每 5 块左右的门电路（或其他 IC）与 $V_{CC}$ 和"地"之间并联一个 0.01～0.1μF 的高频电容。

（2）闲置输入端的处理。

"1"处理：

- 与门中多余的输入端悬空（但会降低抗干扰能力和开关速度，实际中不用此方法）；
- 经电阻接电源或直接接电源；
- 与信号输入端并联。

"0"处理：

- 或门、或非门中多余的输入端应接地；
- 与信号输入端并联。

（3）输出端应注意的问题。

● 输出端不许接地。

● 普通 TTL 集成门电路的输出端不允许做"线与"连接。

（4）普通 TTL 集成门电路不允许做"线与"连接。

### 2．CMOS 集成门电路

CMOS 是互补金属氧化物半导体器件的英文简称。它是由增强型 PMOS 管和增强型 NMOS 管组成的互补对称 MOS 集成门电路。国产 CMOS 集成门电路主要有 4000 系列和高速系列。高速 CMOS 集成门电路主要有 CC54HC/C04HC 和 CC54HCT/CC74HC 等两个子系列。CMOS 集成门电路的逻辑功能与 TTL 集成门电路相同，和 TTL 集成门电路相比，CMOS 集成门电路的突出优点是微功耗、高抗干扰能力。因此，它在中、大规模集成电路中有着广泛的应用。

实际使用 CMOS 集成门电路时需要注意以下事项。

1）防静电

存储、运输采用金属屏蔽层做包装；不用的输入端不允许悬空；组装、调试时应将所用工具良好接地，人员穿着无静电服装。

2）输入电路的过流保护

在输入与外接设备连线间及输入与大电容间串接保护电阻。

3）闲置输入端的处理

多余的输入端，不允许悬空，应按逻辑要求接地（公共地端）或通过 $50\sim100\text{k}\Omega$ 的电阻接电源，以免静电感应造成逻辑混乱甚至导致"栅穿"。

---

### ▦ 思考与练习题

12-2-1　基本逻辑门有几种？复合逻辑门有几种？画出它们的逻辑符号并写出逻辑表达式。

12-2-2　简述实际使用 TTL 集成门电路的注意事项。

---

## 本章小结

本章介绍了数字电路基础知识，逻辑代数基本知识和常用门电路知识。

（1）数字信号具有时间和幅度都离散的特点。

（2）逻辑代数基本知识主要内容是数制、码制、基本逻辑门和复合逻辑门。了解二进制，8421BCD 码，了解基本逻辑门的符号和运算规律以及复合逻辑门的符号和运算规律，能识别其逻辑符号。

（3）常用门电路知识主要内容是 TTL 集成门电路与 CMOS 集成门电路的使用要求。应掌握 TTL 集成门电路与 CMOS 集成门电路的正确使用方法。

# 习题 12

**12-1** 两个输入变量 A、B，其状态波形如图 12-10 所示，请画出表示与门输出变量 $Y_1$ 和或门输出变量 $Y_2$ 的波形。

**12-2** 列出下述问题的真值表：有 A、B、C 三个输入信号，如果三个输入信号均为 0 或其中一个信号为 1 时，输出 Y=1，其余情况下 Y=0。

**12-3** 已知各复合逻辑门的逻辑图如图 12-11 所示，试分别写出函数 $Y_1$、$Y_2$、$Y_3$ 的逻辑表达式。若 A=1，B=0，计算 $Y_1$、$Y_2$、$Y_3$ 的逻辑值。

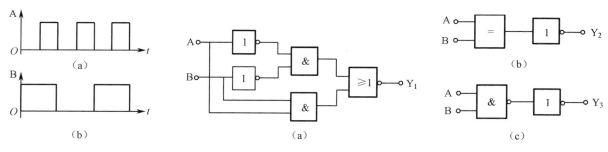

图 12-10　习题 12-1 图　　　　　　图 12-11　习题 12-3 图

**12-4** 图 12-12 中各 TTL 集成门电路的 A、B 两输入端在逻辑电路中为不用端，请对这些输入端做适当处理。

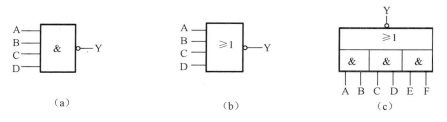

图 12-12　习题 12-4 图

**12-5** 判断如图 12-13 所示的 CMOS 集成门电路，哪些能完成非逻辑功能。

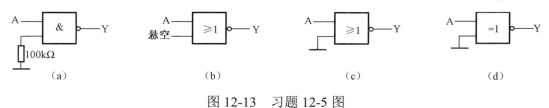

图 12-13　习题 12-5 图

教学微视频

# 第 13 章　组合逻辑电路和时序逻辑电路

数字电路分为组合逻辑电路和时序逻辑电路。在任意时刻组合逻辑电路的输出仅取决于该时刻的输入，与电路原来状态无关。时序逻辑电路任意时刻的输出不仅取决于该时刻的输入，而且还和电路原来的状态有关。也就是说组合逻辑电路没有记忆功能，而时序逻辑电路具有记忆功能。本章首先介绍组合逻辑电路的特点及逻辑功能分析方法，编码器和译码器的工作原理及使用方法，然后介绍时序逻辑电路的特点，触发器、寄存器和计数器的工作过程及应用，最后简单介绍 555 集成定时器的工作原理和应用。

### 学习目标

1. 能掌握组合逻辑电路的特点。
2. 能对组合逻辑电路进行逻辑功能分析。
3. 能理解编码器和译码器的逻辑功能。
4. 能根据真值表对编码器和译码器进行逻辑功能验证。
5. 能掌握 RS 触发器、JK 触发器的逻辑功能。
6. 能掌握寄存器的构成及移位寄存器的工作过程。
7. 能掌握计数器的逻辑功能及任意进制计数器的设计方法。
8. 能掌握 555 定时器的组成、工作原理及应用。

### 课程思政目标

1. 讲解组合逻辑电路特点，融入整体与个体的辩证关系。
2. 讲解优先编码器，融入尊老爱幼的中华美德。
3. 讲解触发器引入要持续不断更新的开拓精神。
4. 讲解同步计数器的时钟，融入重视协助精神。

## 13.1　组合逻辑电路

### 13.1.1　组合逻辑电路的特点及逻辑功能

在数字电路中，某一时刻输出信号的稳态值，仅取决于该时刻电路各个输入信号取值的组合，而与电路原来的状态无关，这种电路称为组合逻辑电路。各种逻辑门、编码器、译码器、数据选择器、数字加法器、数字比较器等都是常见的组合逻辑电路。

### 1. 组合逻辑电路的特点

（1）组合逻辑电路的逻辑功能特点：没有存储和记忆作用。

（2）组合逻辑电路的组成特点：由门电路构成，不含记忆单元，只存在从输入到输出的通路，没有反馈回路。

### 2. 组合逻辑电路的逻辑功能

组合逻辑电路的逻辑功能常用真值表、逻辑表达式、逻辑图等表示。

（1）真值表。将输入变量所有取值所对应的输出值找出来，列成表格，即可得到真值表。

**【例 13-1】** 列出 $Y=AB+BC+CA$ 的真值表。

**解** 输入为 A、B、C 三个变量，其组合值为 $2^3=8$，把 8 种组合状态依次列在表的左边，再把 A、B、C 在各个取值组合所对应的 Y 值算出来，并填在表格的右边，结果如表 13-1 所示。

如：输入第三行时，A=0，B=1，C=0，$Y=0\times1+1\times0+0\times0=0$

（2）逻辑表达式。用与、或、非等逻辑运算表示输出变量与各输入变量之间的关系式，叫逻辑表达式。如：$Y=AB+\overline{BC}$。

（3）逻辑图。将逻辑表达式（函数式）中各变量之间的关系用逻辑符号的连接图表示出来，就得到了逻辑图。

**【例 13-2】** 画出 $Y=\overline{AB}+\overline{BC}+\overline{AC}$ 的逻辑图。

**解** 详见图 13-1。

表 13-1 例 13-1 的真值表

| 输　　入 | | | 输　　出 |
|---|---|---|---|
| A | B | C | Y |
| 0 | 0 | 0 | 0 |
| 0 | 0 | 1 | 0 |
| 0 | 1 | 0 | 0 |
| 0 | 1 | 1 | 1 |
| 1 | 0 | 0 | 0 |
| 1 | 0 | 1 | 1 |
| 1 | 1 | 0 | 1 |
| 1 | 1 | 1 | 1 |

### 3. 组合逻辑电路的逻辑功能分析

分析组合逻辑电路的逻辑功能，就是根据给定的组合逻辑电路，找出输出与输入之间的逻辑关系。一般按以下步骤进行。

（1）根据给定的逻辑图，写出输出端的逻辑表达式。

（2）根据逻辑表达式列出真值表。

（3）根据真值表分析电路的逻辑功能。

上述分析步骤可用图 13-2 来描述。

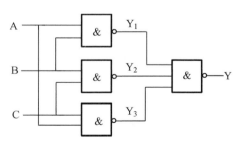

图 13-1 例 13-2 的逻辑图

图 13-2 组合逻辑电路分析步骤

**【例 13-3】** 分析如图 13-3 所示电路的逻辑功能。

**解** （1）写出输出函数的逻辑表达式。

$$Y = A\overline{B} + B\overline{C} + \overline{A}C$$

（2）列出真值表，如表13-2所示。

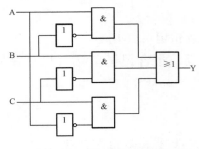

图13-3  例13-3 逻辑图

表13-2  例13-3 的真值表

| 输 入 | | | 输 出 |
|---|---|---|---|
| A | B | C | Y |
| 0 | 0 | 0 | 0 |
| 0 | 0 | 1 | 1 |
| 0 | 1 | 0 | 1 |
| 0 | 1 | 1 | 1 |
| 1 | 0 | 0 | 1 |
| 1 | 0 | 1 | 1 |
| 1 | 1 | 0 | 1 |
| 1 | 1 | 1 | 0 |

由真值表13-2可看出，只有当A、B、C完全相同时，Y=0。当输入变量A、B、C不完全相同时，Y = 1。因此，此电路是一种输入不一致的鉴别器。

【例13-4】  如图13-1所示，请分析该电路的逻辑功能。

**解**  分析步骤如下。

（1）写逻辑表达式。

$$\begin{cases} Y_1 = \overline{AB} \\ Y_2 = \overline{BC} \\ Y_3 = \overline{CA} \\ Y = \overline{Y_1Y_2Y_3} = \overline{\overline{AB} \cdot \overline{BC} \cdot \overline{CA}} \end{cases}$$

（2）列出真值表，如表13-3所示。

（3）表述电路逻辑功能：由真值表看出，输入有两个（或两个以上）为1时，则输出为1，否则输出为0。因此该电路的功能是：三人少数服从多数的表决器。

### 13.1.2  编码器的功能及选用

用文字、符号或数码表示特定对象的过程称为编码。如班级编号、单位信箱、汽车牌号等。实现编码功能的电路称为编码器。而在数字电路中采用二值逻辑，信号都是以高、低电平的形式给出的，因此，编码器的逻辑功能就是把输入的每一个高、低电平信号编成一个对应的二进制代码。

表13-3  例13-4 的真值表

| 输 入 | | | 输 出 |
|---|---|---|---|
| A | B | C | Y |
| 0 | 0 | 0 | 0 |
| 0 | 0 | 1 | 0 |
| 0 | 1 | 0 | 0 |
| 0 | 1 | 1 | 1 |
| 1 | 0 | 0 | 0 |
| 1 | 0 | 1 | 1 |
| 1 | 1 | 0 | 1 |
| 1 | 1 | 1 | 1 |

用二进制代码表示有关对象的过程称为二进制编码。一位二进制代码有两种状态，可以表示两个信号；两位二进制代码有四种状态，可以表示四个信号，$n$位二进制代码则有$2^n$种状态，可以表示$N=2^n$个信号。因此在设计编码器时，应根据信号的个数$N$，来选择二进制的位数$n$。公式为

$$2^n-1 < N < 2^n \tag{13-1}$$

根据被编码信号的不同特点和要求，编码器可分为普通编码器和优先编码器两类，而每类又分为二进制编码器和二—十进制编码器两种。

### 1. 二进制普通编码器

如图 13-4 所示为用 3 个与非门组成的三位二进制编码器。它的输入是 $I_0 \sim I_7$ 共 8 个信号（高电平有效），（注：$I_0$ 的编码是隐含的），输出是三位二进制代码 $Y_2$、$Y_1$、$Y_0$（也是高电平有效），所以它又叫 8—3 线编码器。其功能表如表 13-4 所示。在普通编码器中，任何时刻只允许输入 1 个编码信号，否则输出将发生混乱。

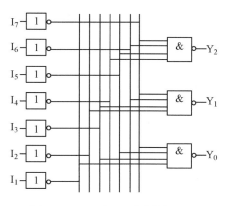

图 13-4　三位二进制编码器

表 13-4　三位二进制编码器的功能表

| 输　入　端 | | | | | | | | 输　出　端 | | |
|---|---|---|---|---|---|---|---|---|---|---|
| $I_7$ | $I_6$ | $I_5$ | $I_4$ | $I_3$ | $I_2$ | $I_1$ | $I_0$ | $Y_2$ | $Y_1$ | $Y_0$ |
| 0 | 0 | 0 | 0 | 0 | 0 | 0 | 1 | 0 | 0 | 0 |
| 0 | 0 | 0 | 0 | 0 | 0 | 1 | 0 | 0 | 0 | 1 |
| 0 | 0 | 0 | 0 | 0 | 1 | 0 | 0 | 0 | 1 | 0 |
| 0 | 0 | 0 | 0 | 1 | 0 | 0 | 0 | 0 | 1 | 1 |
| 0 | 0 | 0 | 1 | 0 | 0 | 0 | 0 | 1 | 0 | 0 |
| 0 | 0 | 1 | 0 | 0 | 0 | 0 | 0 | 1 | 0 | 1 |
| 0 | 1 | 0 | 0 | 0 | 0 | 0 | 0 | 1 | 1 | 0 |
| 1 | 0 | 0 | 0 | 0 | 0 | 0 | 0 | 1 | 1 | 1 |

### 2. 二进制优先编码器

在普通编码器中，每个时刻只允许输入 1 个编码信号，如表 13-4 所示，$I_0 \sim I_7$ 有 8 个输入端，只有 1 个有效。优先编码器则不同，允许几个信号同时输入，但是电路只对其中优先级别最高的信号进行编码（信号的优先级别是在设计优先编码器时就事先定好的）。这样的编码器称为优先编码器。74LS148 是目前最常用的二进制（8—3 线）优先编码器，如图 13-5 所示分别为其实物图、逻辑符号和引脚图，表 13-5 给出了 74LS148 的功能表。

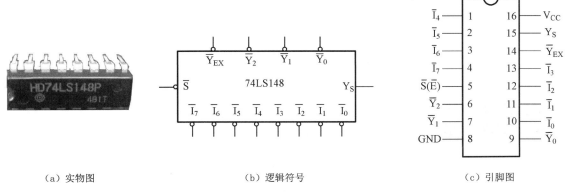

（a）实物图　　　　　　　　　（b）逻辑符号　　　　　　　　　（c）引脚图

图 13-5　8—3 线优先编码器 74LS148

193

由真值表可以看出，$\bar{I}_7 \sim \bar{I}_0$ 是 8 个输入端，低电平有效，且 $\bar{I}_7$ 的优先权最高，$\bar{I}_0$ 的最低。$\bar{Y}_2$、$\bar{Y}_1$、$\bar{Y}_0$ 是输出端，也是低电平有效。$\bar{S}$ 为选通输入端，低电平有效，当 $\bar{S}=1$ 时，编码器不工作，所有输出均被封锁为高电平；只有 $\bar{S}=0$ 时，编码器才工作，且按输入的优先级别对优先权最高的一个有效输入信号进行编码。例如，当 $\bar{I}_7$ 为 0 时，无论 $\bar{I}_6 \sim \bar{I}_0$ 为何值，电路总是对 $\bar{I}_7$ 进行编码，其输出为"000"。$\bar{Y}_S$ 为选通输出端，$\bar{Y}_{EX}$ 为扩展输出端，它们主要用于编码器的扩展，感兴趣读者可以参阅其他相关资料。

表 13-5　74LS148 的功能表

| 选通输入 | 输入 | | | | | | | | 输出 | | | 扩展输出 | 选通输出 |
|---|---|---|---|---|---|---|---|---|---|---|---|---|---|
| $\bar{S}$ | $\bar{I}_7$ | $\bar{I}_6$ | $\bar{I}_5$ | $\bar{I}_4$ | $\bar{I}_3$ | $\bar{I}_2$ | $\bar{I}_1$ | $\bar{I}_0$ | $\bar{Y}_2$ | $\bar{Y}_1$ | $\bar{Y}_0$ | $\bar{Y}_{EX}$ | $\bar{Y}_S$ |
| 1 | × | × | × | × | × | × | × | × | 1 | 1 | 1 | 1 | 1 |
| 0 | 1 | 1 | 1 | 1 | 1 | 1 | 1 | 1 | 1 | 1 | 1 | 1 | 0 |
| 0 | 0 | × | × | × | × | × | × | × | 0 | 0 | 0 | 0 | 1 |
| 0 | 1 | 0 | × | × | × | × | × | × | 0 | 0 | 1 | 0 | 1 |
| 0 | 1 | 1 | 0 | × | × | × | × | × | 0 | 1 | 0 | 0 | 1 |
| 0 | 1 | 1 | 1 | 0 | × | × | × | × | 0 | 1 | 1 | 0 | 1 |
| 0 | 1 | 1 | 1 | 1 | 0 | × | × | × | 1 | 0 | 0 | 0 | 1 |
| 0 | 1 | 1 | 1 | 1 | 1 | 0 | × | × | 1 | 0 | 1 | 0 | 1 |
| 0 | 1 | 1 | 1 | 1 | 1 | 1 | 0 | × | 1 | 1 | 0 | 0 | 1 |
| 0 | 1 | 1 | 1 | 1 | 1 | 1 | 1 | 0 | 1 | 1 | 1 | 0 | 1 |

### 13.1.3　译码器的功能及选用

实现译码操作的电路称为译码器。译码器的逻辑功能是把代码的特定含义译成对应的输出高、低电平信号，译码是编码的逆过程。常用的译码器有二进制译码器、二—十进制译码器和显示译码器 3 类。

#### 1.二进制译码器的基本功能及功能表

把二进制代码的各种状态，按其原意译成对应输出高低电平的电路，称为二进制译码器。图 13-6 是三位二进制译码器的框图。

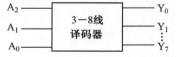

图 13-6　三位二进制译码器框图

因有 3 根输入线，8 根输出线，所以又称为 3—8 线译码器。图 13-7 给出了常用 3—8 线译码器 74LS138 的实物图、逻辑符号和引脚图。

（a）实物图

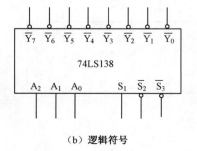

（b）逻辑符号　　　（c）引脚图

图 13-7　3—8 线译码器 74LS138

$S_1$、$\overline{S}_2$、$\overline{S}_3$ 是它的使能控制输入，只有当 $S_1=1$，且 $\overline{S}_2+\overline{S}_3=0$ 时，译码器才能处于译码的工作状态，否则，译码器被禁止，所有输出被封锁在高电平。这 3 个控制端也称为"片选"输入端，利用片选的作用可以将多片连接起来以扩展译码器的功能，读者可参阅相关资料。表 13-6 给出了 74LS138 的功能表。

表 13-6　74LS138 的功能表

| 输　入 | | | | | 输　出 | | | | | | | |
|:---:|:---:|:---:|:---:|:---:|:---:|:---:|:---:|:---:|:---:|:---:|:---:|:---:|
| $S_1$ | $\overline{S}_1+\overline{S}_2$ | $A_2$ | $A_1$ | $A_0$ | $\overline{Y}_7$ | $\overline{Y}_6$ | $\overline{Y}_5$ | $\overline{Y}_4$ | $\overline{Y}_3$ | $\overline{Y}_2$ | $\overline{Y}_1$ | $\overline{Y}_0$ |
| 0 | × | × | × | × | 1 | 1 | 1 | 1 | 1 | 1 | 1 | 1 |
| × | 1 | × | × | × | 1 | 1 | 1 | 1 | 1 | 1 | 1 | 1 |
| 1 | 0 | 0 | 0 | 0 | 0 | 1 | 1 | 1 | 1 | 1 | 1 | 1 |
| 1 | 0 | 0 | 0 | 1 | 1 | 0 | 1 | 1 | 1 | 1 | 1 | 1 |
| 1 | 0 | 0 | 1 | 0 | 1 | 1 | 0 | 1 | 1 | 1 | 1 | 1 |
| 1 | 0 | 0 | 1 | 1 | 1 | 1 | 1 | 0 | 1 | 1 | 1 | 1 |
| 1 | 0 | 1 | 0 | 0 | 1 | 1 | 1 | 1 | 0 | 1 | 1 | 1 |
| 1 | 0 | 1 | 0 | 1 | 1 | 1 | 1 | 1 | 1 | 0 | 1 | 1 |
| 1 | 0 | 1 | 1 | 0 | 1 | 1 | 1 | 1 | 1 | 1 | 0 | 1 |
| 1 | 0 | 1 | 1 | 1 | 1 | 1 | 1 | 1 | 1 | 1 | 1 | 0 |

### 2．数码管的结构及等效电路

要进行数字显示，最常用的器件就是七段数码管，其实物图如图 13-8 所示。它由 a、b、c、d、e、f、g 七个 LED（发光二极管）组成。通过使不同的 LED 组合发光，达到数字和字母的显示效果，如图 13-9 所示。

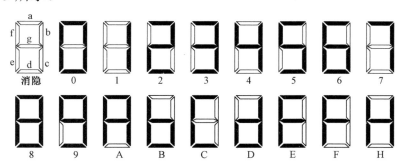

图 13-8　七段数码管实物图　　　　　　　　图 13-9　数码管显示字符图

数码管的优点是工作电压低（1.5～3V）、颜色丰富、响应速度快（一般不超过 0.1ms）、体积小、寿命长（>1 000h）。缺点是工作电流比较大，每一段的工作电流在 10mA 左右。一般的 LED 额定电压为直流 2.7V 左右，因此在使用+5V 电源供电时要串联一个分压电阻，同时也起到限流作用。阻值一般选 400Ω左右，如果需要高亮显示或者扫描显示，可以适当减小。

七段数码管有两种类型，即 CC 型和 CA 型。CC 型是共阴极数码管，每段 LED 的阴极连接在一起，通过阳极控制某段的亮灭，如图 13-10（a）所示；CA 型是共阳极数码管，与 CC 型相反，如图 13-10（b）所示。可以观察到，两者引脚排列基本相同，只不过公共端接的分别为电源和地线。如果不清楚准备的数码管是何类型，可以进行简单测试：将 3 脚或 8 脚接地，另取 1kΩ 电阻，一端接+5V 电源，一端触碰其他引脚，若亮则为共阴极数码管，不亮则为共阳极数码管。该方法还可逐个确定各 LED 数码管所对应的引脚。

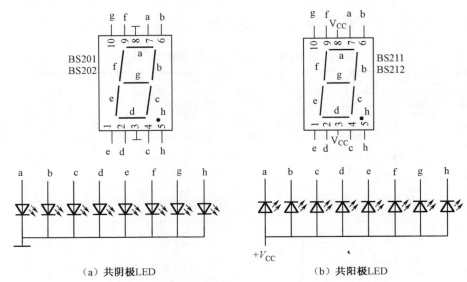

（a）共阴极LED　　　　　　（b）共阳极LED

图 13-10　七段数码管显示

### 3．显示译码器功能及选用

在数字系统中，经常需要将得到的结果直接显示出来，以便查看。因此希望译码器能同显示器配合使用或能直接驱动显示器，这种类型的译码器称为显示译码器。

CD4511 是常用的显示译码器之一，具有二进制转换、消隐和锁存控制、七段译码及驱动功能的 CMOS 电路能提供较大的拉电流，可直接驱动 LED 显示器。其实物图、逻辑符号和引脚图如图 13-11 所示。与数码管相连接时，需要在每段输出上接限流电阻。

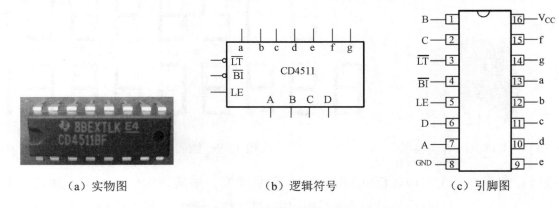

（a）实物图　　　　　　（b）逻辑符号　　　　　　（c）引脚图

图 13-11　显示译码器 CD4511

其中 A、B、C、D 为二进制码输入，A 为最低位。$\overline{LT}$ 为灯测试端，加高电平时，显示器正常显示，加低电平时，显示器一直显示数码"8"，各笔段都被点亮，以检查显示器是否有故障。$\overline{BI}$ 为消隐功能端，低电平时使所有笔段均消隐，正常显示时，$\overline{BI}$ 端应加高电平。另外 CD4511 有拒绝伪码的特点，当输入数据超过十进制数 9（1001）时，显示字形也自行消隐。LE 是锁存控制端，高电平时锁存，低电平时传输数据。a～g 是 7 段输出，可驱动共阴极 LED 数码管。

表 13-7 是 CD4511 功能表，CD4511 只能对 0～9 的数字译码，超出范围将无显示。译码器的功能测试，采用 LED 数码显示器（共阴极）显示十进制数。

表 13-7 CD4511 功能表

| 十进制数或功能 | 输 入 | | | | | | 输 出 | | | | | | | 字形 |
|---|---|---|---|---|---|---|---|---|---|---|---|---|---|---|
| | $\overline{LT}$ | $\overline{BI}$ | LE | D C B A | | | a b c d e f g | | | | | | | |
| 0 | 1 | 1 | 0 | 0 0 0 0 | | | 1 1 1 1 1 1 0 | | | | | | | |
| 1 | 1 | 1 | 0 | 0 0 0 1 | | | 0 1 1 0 0 0 0 | | | | | | | |
| 2 | 1 | 1 | 0 | 0 0 1 0 | | | 1 1 0 1 1 0 1 | | | | | | | |
| 3 | 1 | 1 | 0 | 0 0 1 1 | | | 1 1 1 1 0 0 1 | | | | | | | |
| 4 | 1 | 1 | 0 | 0 1 0 0 | | | 0 1 1 0 0 1 1 | | | | | | | |
| 5 | 1 | 1 | 0 | 0 1 0 1 | | | 1 0 1 1 0 1 1 | | | | | | | |
| 6 | 1 | 1 | 0 | 0 1 1 0 | | | 0 0 1 1 1 1 1 | | | | | | | |
| 7 | 1 | 1 | 0 | 0 1 1 1 | | | 1 1 1 0 0 0 0 | | | | | | | |
| 8 | 1 | 1 | 0 | 1 0 0 0 | | | 1 1 1 1 1 1 1 | | | | | | | |
| 9 | 1 | 1 | 0 | 1 0 0 1 | | | 1 1 1 0 0 1 1 | | | | | | | |
| 消 隐 | 1 | 0 | × | × × × × | | | 0 0 0 0 0 0 0 | | | | | | | |
| 锁 定 | 1 | 1 | 1 | × × × × | | | 锁定在上一个 LE=0 时 | | | | | | | |
| 灯 测 试 | 0 | × | × | × × × × | | | 1 1 1 1 1 1 1 | | | | | | | |

另外，如果细心观察一下字形，就会发现 CD4511 显示数 "6" 时，a 段消隐；显示数 "9" 时，d 段消隐，所以显示 6、9 这两个数时，字形不太美观。若需要设计普通的数字显示，可选择 4026、4033 作为译码驱动；若需要显示十六进制数可以选用 7448、74248 等；若需要驱动共阳极数码管可选用 7447、7449、7446、74247 等。

### 思考与练习题

13-1-1 组合逻辑电路的特点是什么？

13-1-2 说出组合逻辑电路的分析步骤。

## 13.2 技能训练 14 测试编码器与译码器的功能

### 13.2.1 技能训练目的

（1）进一步理解编码器和译码器的逻辑功能。

（2）学会正确使用编码器 74LS148。

（3）学会正确使用译码器 CD4511。

（4）进一步理解数码管的显示原理和逻辑功能。

### 13.2.2 预习要求

（1）熟悉编码器 74LS148 的逻辑功能表和引脚排列图。

（2）熟悉译码器 CD4511 的逻辑功能表和引脚排列图。

（3）熟悉 LED 数码管 BS201 的等效电路及逻辑功能。

## 13.2.3 仪器和设备

技能训练仪器和设备见表 13-8。

表 13-8　技能训练仪器和设备

| 名　　称 | 型号及规格 | 数　　量 |
|---|---|---|
| 稳压源 | PGM—1502 | 1 台 |
| TTL8—3 线优先编码器 | 74LS148 | 1 块 |
| BCD 译码器 | CD4511 | 1 块 |
| TTL 四 2 输入端与非门 | 74LS00 | 4 块 |
| LED 数码管 | BS201 | 1 块 |
| 电阻器 | 510 | 8 个 |
| 导线 | | 若干 |
| 面包板 | | 2 块 |
| LED 灯 | | 5 个 |

## 13.2.4 技能训练内容和步骤

### 1. 验证 74LS148 的逻辑功能

图 13-12　74LS148 的引脚图

（1）74LS148 的引脚图如图 13-12 所示。将其电源（$V_{CC}$）及地（GND）分别接至稳压源的+5V 和 GND 端，三个输出端与地之间分别接 3 个 LED 灯，扩展输出、选通输出端分别与地之间接 2 个 LED 灯，搭建的实物图如图 13-13（a）所示。

（2）按照表 13-9 顺次给出输入端的相应数值，接稳压源的 GND 表示"0"，接稳压源的+5V 表示"1"（悬空也表示"1"），图 13-13（b）～（g）为依据表 13-9 第 1、2、10、9、8、7 行输入时的工作效果。

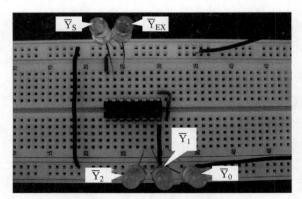

（a）验证 74LS148 的逻辑功能实物图

图 13-13　74LS148 逻辑功能接线和几种不同输入的效果图

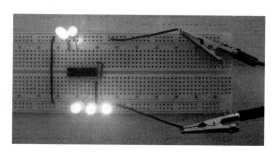 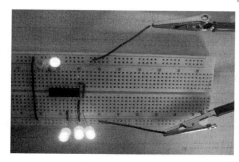

（b）打开电源后状态 　　　　　　　　　（c）选通输入端置 0 后状态

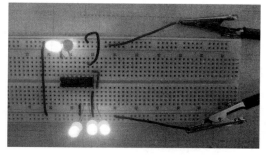 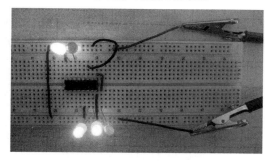

（d）对 $I_0=0$ 进行编码 　　　　　　　　（e）对 $I_1=0$ 进行编码

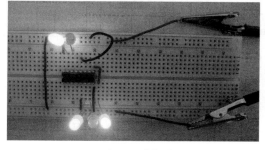 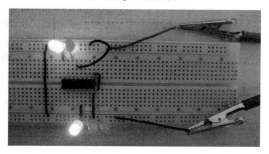

（f）对 $I_2=0$ 进行编码 　　　　　　　　（g）对 $I_3=0$ 进行编码

图 13-13　74LS148 逻辑功能接线和几种不同输入的效果图（续）

（3）观测 LED 灯的状态（灯亮表示"1"，不亮表示 0），从而测试 74LS148 的逻辑功能并将结果输入表 13-9 中。

表 13-9　74LS148 的功能表

| 选通输入 | 输　　入 | | | | | | | | 输　　出 | | | 扩展输出 | 选通输出 |
|---|---|---|---|---|---|---|---|---|---|---|---|---|---|
| $\overline{S}(\overline{E})$ | $\overline{I}_7$ | $\overline{I}_6$ | $\overline{I}_5$ | $\overline{I}_4$ | $\overline{I}_3$ | $\overline{I}_2$ | $\overline{I}_1$ | $\overline{I}_0$ | $\overline{Y}_2$ | $\overline{Y}_1$ | $\overline{Y}_0$ | $\overline{Y}_{EX}$ | $\overline{Y}_S$ |
| 1 | × | × | × | × | × | × | × | × | | | | | |
| 0 | 1 | 1 | 1 | 1 | 1 | 1 | 1 | 1 | | | | | |
| 0 | 0 | × | × | × | × | × | × | × | | | | | |
| 0 | 1 | 0 | × | × | × | × | × | × | | | | | |
| 0 | 1 | 1 | 0 | × | × | × | × | × | | | | | |
| 0 | 1 | 1 | 1 | 0 | × | × | × | × | | | | | |
| 0 | 1 | 1 | 1 | 1 | 0 | × | × | × | | | | | |
| 0 | 1 | 1 | 1 | 1 | 1 | 0 | × | × | | | | | |
| 0 | 1 | 1 | 1 | 1 | 1 | 1 | 0 | × | | | | | |
| 0 | 1 | 1 | 1 | 1 | 1 | 1 | 1 | 0 | | | | | |

### 2. CD4511 译码器的功能测试

（1）按图 13-14 所示译码显示原理图在面包板上搭建电路，图 13-15 为在面包板上搭好的实物图。

（2）顺次按照表 13-10 给出的输入端和控制端的相应数值，将 CD4511 的控制端和输入端接至稳压源的 +5V 或地（习惯将"1"接稳压源 +5V，"0"接地），观察数码管显示的字形，并填入表 13-10。图 13-16 为电路实际工作效果图，根据表 13-10 中最后一行、第一行、第二行和第五行的数据，分别得到测试状态（数码管各字段全亮）、显示"0"、显示"1"、显示"4"。

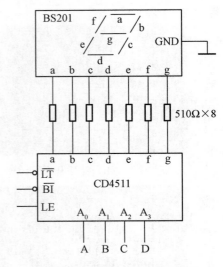

图 13-14　译码显示原理图

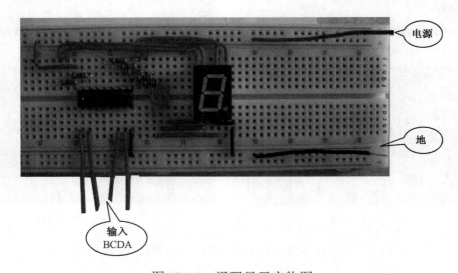

图 13-15　译码显示实物图

表 13-10　译码显示功能表

| 输　　入 | | | | | | | 输　　出 | | | | | | | 字形 |
|---|---|---|---|---|---|---|---|---|---|---|---|---|---|---|
| $\overline{LT}$ | $\overline{BI}$ | LE | D | C | B | A | a | b | c | d | e | f | g | |
| 1 | 1 | 0 | 0 | 0 | 0 | 0 | | | | | | | | |
| 1 | 1 | 0 | 0 | 0 | 0 | 1 | | | | | | | | |
| 1 | 1 | 0 | 0 | 0 | 1 | 0 | | | | | | | | |
| 1 | 1 | 0 | 0 | 0 | 1 | 1 | | | | | | | | |
| 1 | 1 | 0 | 0 | 1 | 0 | 0 | | | | | | | | |
| 1 | 1 | 0 | 0 | 1 | 0 | 1 | | | | | | | | |
| 1 | 1 | 0 | 0 | 1 | 1 | 0 | | | | | | | | |
| 1 | 1 | 0 | 0 | 1 | 1 | 1 | | | | | | | | |
| 1 | 1 | 0 | 1 | 0 | 0 | 0 | | | | | | | | |
| 1 | 0 | × | × | × | × | × | 0 | 0 | 0 | 0 | 0 | 0 | 0 | |
| 1 | 1 | 1 | × | × | × | × | 锁定在上一个 LE=0 时 | | | | | | | |
| 0 | × | × | × | × | × | × | 1 | 1 | 1 | 1 | 1 | 1 | 1 | |

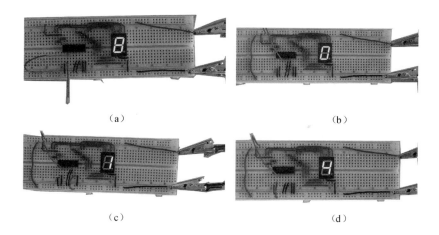

（a） （b）

（c） （d）

图 13-16 译码器显示接线示意图

### 思考与练习题

13-2-1 根据训练内容，说明如何简单判断数码管有无故障。

13-2-2 在 CD4511 译码器的功能测试实验中，按功能表输入二进制信号 0000 ～ 1001，数码显示器应显示十进制数 0 ～ 9，如果输入信号超出此范围，如 1010 ～ 1111 中的任何一组二进制信号，数码显示器将如何显示？

13-2-3 简述 CD4511 译码器的控制信号 $\overline{LT}$、$\overline{BI}$ 和 LE 的功能。

## 13.3 时序逻辑电路

### 13.3.1 RS 触发器

触发器和门电路是构成数字电路的基本单元。门电路无记忆功能，由它构成的电路在某时刻的输出完全取决于该时刻的输入，与电路原来的状态无关，这种电路即是前面所学的组合逻辑电路。

触发器有记忆功能，由它构成的电路在某时刻的输出不仅取决于该时刻的输入，还与电路原来的状态有关，这种电路称为时序逻辑电路。

触发器的基本功能：

（1）有两个稳定状态（双稳态）——0 状态和 1 状态；

（2）能接收、保持和输出送来的信号。

按逻辑功能触发器分为 RS 触发器、JK 触发器、D 触发器、T 触发器、T′ 触发器等。

**1. 基本 RS 触发器的组成及逻辑功能**

1）电路组成、逻辑符号

图 13-17（a）是基本 RS 触发器的逻辑图，$\overline{S}$、$\overline{R}$ 是触发器的输入，Q、$\overline{Q}$ 是触发器的输出，字母上的"非"号表示低电平有效。

图 13-17（b）是基本 RS 触发器的逻辑符号，输入/输出端的小圆圈"o"表示低电

平有效。

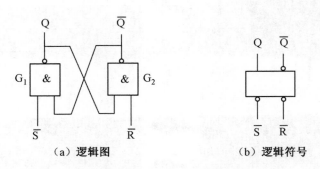

（a）逻辑图　　　　　　　　（b）逻辑符号

图 13-17　基本 RS 触发器

为方便读者学习，先介绍几个常用术语。

1 状态——即 $Q=1$，$\overline{Q}=0$；

0 状态——即 $Q=0$，$\overline{Q}=1$。

可见触发器的状态是指 Q 的状态，而 $\overline{Q}$ 是互补输出。

次态——用 $Q^{n+1}$ 表示，代表触发器经外界信号作用后的新状态；

现态——用 $Q^n$ 表示，代表触发器原来的状态（信号作用前的状态）。

2）逻辑功能

基本 RS 触发器具有置 0、置 1、保持三种功能。具体分析如下。

（1）若 $\overline{S}=\overline{R}=1$，则触发器保持原来的状态（1 状态或 0 状态），即 $Q^{n+1}=Q^n$。具体工作过程如下。

① 设基本 RS 触发器的现态为 1，即 $Q^n=1$，$\overline{Q^n}=0$。

② 当 $\overline{S}=\overline{R}=1$ 时，因 $G_1$ 门有一个输入端为 0，所以输出为 1，使 $Q^{n+1}=Q^n$。

③ 而 $G_2$ 门的两个输入端均为 1，则 $\overline{Q^{n+1}}=\overline{Q^n}$。

④ 所以触发器保持原来的状态：$Q^{n+1}=Q^n$。

读者可自行分析 $\overline{S}=\overline{R}=1$，触发器的现态为 0，即 $Q^n=0$，$\overline{Q^n}=1$ 的情况。

（2）若 $\overline{S}=0$，$\overline{R}=1$，则 $Q^{n+1}=1$，$\overline{Q^{n+1}}=0$，触发器置 1。其工作过程如下。

因为 $\overline{S}=0$，所以 $G_1$ 门的输出 $Q^{n+1}=1$（不管原状态如何），又因为这时 $G_2$ 门的两个输入端均为 1（$\overline{R}=1$，$Q^{n+1}=1$），所以 $G_2$ 门的输出 $\overline{Q^{n+1}}=0$，因此触发器变为 1 态，即把触发器置成 1 状态，因此常把 $\overline{S}$ 称为置 1 端（或置位端）。

（3）若 $\overline{S}=1$，$R=0$，则 $Q^{n+1}=0$，$\overline{Q^{n+1}}=1$，触发器置 0。其工作过程如下。

因为 $\overline{R}=0$，所以 $G_2$ 门的输出 $\overline{Q^{n+1}}=1$（不管原状态如何），而这时 $G_1$ 门的两个输入端均为 1（$\overline{S}=1$，$\overline{Q^{n+1}}=1$），所以 $Q^{n+1}=0$，因此触发器变为 0 态，即把触发器置成 0 状态，因此常把 $\overline{R}$ 称为置 0 端（或复位端）。

（4）$\overline{S}=0$，$\overline{R}=0$（两个均为有效电平），触发器为不定态。其工作过程如下。

因为 $\overline{S}=0$，所以 $G_1$ 门的输出 $Q^{n+1}=1$（不管原状态如何），又因为这时 $\overline{R}=0$，所以 $G_2$ 门的输出 $\overline{Q^{n+1}}=1$（不管原状态如何），因此触发器 $G_1$ 门、$G_2$ 门的输出均为 1，即 $Q^{n+1}=\overline{Q^{n+1}}=1$，这时触发器既不是 1 态，也不是 0 态，因此称为不定态，是不允许出现的状态，（此时关键是 $\overline{S}$、$\overline{R}$ 同时回到 1 以后无法断定触发器将回到 1 状态还是 0 状态）。

上述 RS 触发器的逻辑功能可用特性表和时序图描述如下。

① 不同输入条件下，将 $Q^{n+1}$ 与 $Q^n$ 的关系列成表格，称为触发器的特性表，基本 RS 触发器的特性表如表 13-11 所示。

表 13-11 基本 RS 触发器特性表

| $\bar{S}$ | $\bar{R}$ | $Q^n$ | $Q^{n+1}$ | 功能说明 |
|---|---|---|---|---|
| 1 | 1 | 0 | 0 | 保持 |
| 1 | 1 | 1 | 1 | |
| 1 | 0 | 0 | 0 | 置0 |
| 1 | 0 | 1 | 0 | |
| 0 | 1 | 0 | 1 | 置1 |
| 0 | 1 | 1 | 1 | |
| 0 | 0 | 0 | × | 不定态 |
| 0 | 0 | 1 | × | |

② 反映输入信号 $\bar{S}$、$\bar{R}$ 和触发器状态 Q 之间对应关系的工作波形图，称为时序图，基本 RS 触发器的时序图如图 13-18 所示。

3）或非门构成的基本 RS 触发器

图 13-19 是由或非门构成的基本 RS 触发器。分析方法同与非门构成的基本 RS 触发器类似。只是输入端 S 和 R 上面无非符号，表示高电平有效。即 S=1，R=0 时，触发器置1；S=0，R=1 时，触发器置0。

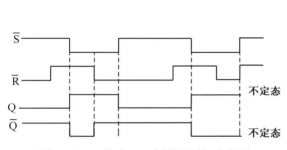

图 13-18 基本 RS 触发器的时序图

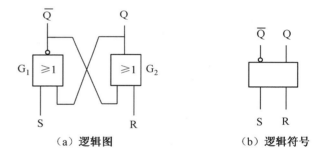

（a）逻辑图      （b）逻辑符号

图 13-19 或非门构成的基本 RS 触发器

## 2. RS 触发器电子控制电路

如图 13-20 所示是一个非常简单的报警触发电路，其主要部件就是基本 RS 触发器，本电路采用的是或非门 RS 触发器，触发器的输出 $U_o$ 接报警声产生电路。图 13-21 为搭建的实物图，为了方便读者观看效果，图中将触发器的输出 $U_o$ 接二极管，二极管亮即表示报警。

正常状态下，RS 触发器的 S 端通过一根导线接地，如图 13-21 所示，这根导线称

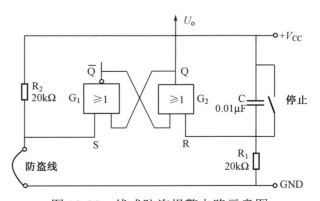

图 13-20 线式防盗报警电路示意图

为防盗线，它可设置在防盗的物品或者门窗上。先闭合停止开关，R 端为高电平，RS 触发器被置 0，输出 $U_o$ 为低电平。用防盗线将 S 端接地，则 S 端为低电平；然后断开停止

开关，R 端接地，也为低电平；此时 RS 触发器处于保持状态，输出 $U_o$ 仍然为低电平。如图 13-22（a）所示为线式防盗报警电路连线图。当有盗贼盗窃物品或者闯入门窗时，防盗线将被碰断，这时 RS 触发器的 S 端将通过 $R_2$ 接入电源 $V_{CC}$，变为高电平，将 RS 触发器置 1，输出 $U_o$ 变为高电平，控制报警声电路产生相应的报警信号。如图 13-22（b）所示，将防盗线断开，二极管被点亮，发出报警信息，若接蜂鸣器，则蜂鸣器蜂鸣发出报警声音，读者可进行练习。只有当主人按下停止开关 S，如图 13-22（d）所示，将触发器重新置 0，才能解除报警控制。为了避免电路启动时 RS 触发器出现不确定状态，在电路中加上电容 C 和电阻 $R_1$，在接通电源时，由于电容的瞬时导通性，使得 RS 触发器的 R 端短时间维持高电平，RS 触发器被置 0，输出 $U_o=0$，这样就设定了电路的初始状态。

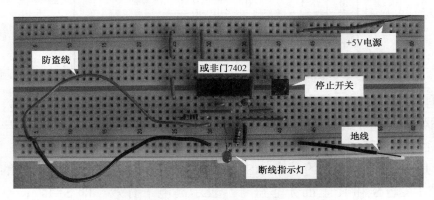

图 13-21　线式防盗报警电路实物图

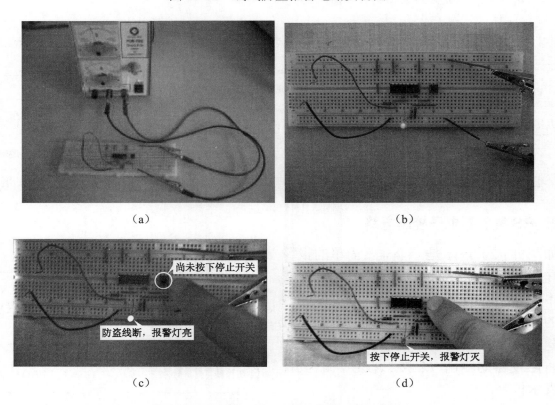

图 13-22　线式防盗报警电路报警示意图

### 3．同步 RS 触发器

由于基本 RS 触发器输入信号直接控制输出状态，所以抗干扰能力差，且不易与其他触发器协调工作，为此引入同步时钟 CP，只有时钟到达时才按输入信号改变。

1）电路构成及逻辑符号

同步 RS 触发器逻辑图及逻辑符号如图 13-23 所示。

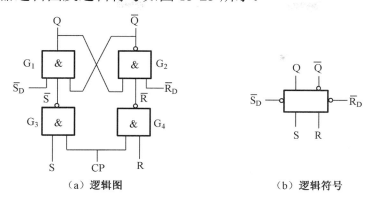

（a）逻辑图　　　　　　　　　（b）逻辑符号

图 13-23　同步 RS 触发器逻辑图和逻辑符号

2）工作原理

CP = 0 时，$G_3$、$G_4$ 被封锁，R、S 不影响输出，所以触发器保持原状态不变；CP=1 时，$G_3$、$G_4$ 对 S、R 来说相当于非门，工作过程同基本 RS 触发器。

3）逻辑功能及其描述

（1）逻辑功能：仍是置 0、置 1、保持，不过这些功能必须在 CP=1 期间才能实现。

（2）特性表：同步 RS 触发器的特性表如表 13-12 所示。

表 13-12　同步 RS 触发器的特性表

| $\bar{S}$ | $\bar{R}$ | $Q^n$ | $Q^{n+1}$ | 功能说明 |
|---|---|---|---|---|
| 0 | 0 | 0 | 0 | 保持 |
| 0 | 0 | 1 | 1 | |
| 1 | 0 | 0 | 0 | 置 0 |
| 1 | 0 | 1 | 0 | |
| 0 | 1 | 0 | 1 | 置 1 |
| 0 | 1 | 1 | 1 | |
| 1 | 1 | 0 | × | 不定态 |
| 1 | 1 | 1 | × | |

（3）时序图：如图 13-24 所示为同步 RS 触发器的时序图。

4）直接置位端 $\bar{S}_D$ 和直接复位端 $\bar{R}_D$

在使用同步 RS 触发器的过程中，有时还需要在 CP 信号到来之前将触发器预置成指定状态，为此在同步 RS 触发器电路上往往还设置有专门的直接置位端 $\bar{S}_D$ 和直接复位端 $\bar{R}_D$。即若 $\bar{S}_D=1$，$\bar{R}_D = 0$，则触发器立刻变为 0 状态，并不受同步时钟 CP 控制。

注意：同步 RS 触发器置位或复位应在 CP = 0 状态下进行。

## 4．JK 触发器

（1）逻辑符号：如图 13-25 所示为 JK 触发器的逻辑符号，这是带直接置位、复位端 $\bar{S}_D$ 和 $\bar{R}_D$ 的 JK 边沿触发器。所谓边沿触发器，即触发器的次态仅仅取决于 CP 信号上升沿或下降沿到达时输入信号的状态，而在此前后输入状态的变化对触发器的次态没有影响。CP 输入端有小圈，且具有"∧"表示下降沿有效（若 CP 输入端无小圈，且具有"∧"表示上升沿有效）。

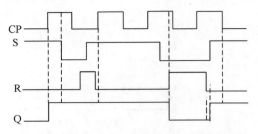

图 13-24　同步 RS 触发器的时序图

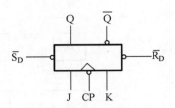

图 13-25　JK 触发器逻辑符号

（2）逻辑功能及其描述：JK 触发器具有置 0、置 1、保持、翻转的逻辑功能，是触发器中功能最全的。所谓翻转功能，即每次 CP 信号作用后触发器必翻转成与现态相反的状态，即 $Q^{n+1}=\overline{Q^n}$。

① 特性表：如表 13-13 所示为 JK 触发器的特性表。

② 时序图：如图 13-26 所示为 JK 触发器的时序图。

表 13-13　JK 触发器的特性表

| CP | J | K | $Q^{n+1}$ | 功能 |
|----|---|---|-----------|------|
| ↓ | 0 | 0 | $Q^n$ | 保持 |
| ↓ | 0 | 1 | 0 | 置 0 |
| ↓ | 1 | 0 | 1 | 置 1 |
| ↓ | 1 | 1 | $\overline{Q^n}$ | 翻转 |

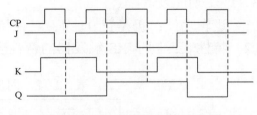

图 13-26　JK 触发器的时序图

## 13.3.2　寄存器与移位寄存器

### 1. 寄存器的基本功能及构成

寄存器用于寄存一组二进制代码（数据、指令），具有接收、存储和清除数码的功能。因为一个触发器能存储一位二进制代码，所以用 $n$ 个触发器组成的寄存器能储存一组 $n$ 位二进制代码。

如图 13-27 所示的电路是一个由 4 个 D 触发器构成的基本寄存器，可存放四位二进制数。

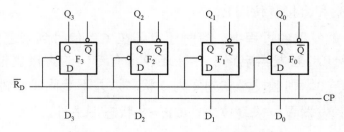

图 13-27　一个四位寄存器逻辑图

D 触发器在 CP 有效期内，输出等于输入 D，故图 13-27 所示电路工作原理如下。

（1）清除数码（清零）：当异步清零端 $\overline{R_D}=0$ 时，寄存器被清零

$$Q_3{}^n Q_2{}^n Q_1{}^n Q_0{}^n = 0000 \tag{13-2}$$

（2）接收：CP 是控制时钟脉冲。在 CP=1 时，D 触发器接收数据使

$$Q_3{}^{n+1} Q_2{}^{n+1} Q_1{}^{n+1} Q_0{}^{n+1} = D_3 D_2 D_1 D_0 \tag{13-3}$$

（3）存储（保持）：当 CP = 0 时，触发器保持刚接收的数据。

### 2．移位寄存器的工作过程及应用

移位寄存器除了具有寄存数码的功能以外，还有移位的功能。即寄存器中所存数据可以在移位脉冲的作用下，逐次左移或右移。

移位寄存器分为单向移位寄存器和双向移位寄存器，其中单向移位寄存器又分为左移移位寄存器和右移移位寄存器。

所谓左移，即把数据从触发器的高位移向低位；而右移则是把数据从触发器的低位移向触发器的高位。而双向移位寄存器则再另加一个控制信号，以决定移位寄存器实现左移移位或右移移位。

74LS194 是常用的双向移位寄存器，其实物图、逻辑符号和引脚图如图 13-28 所示。

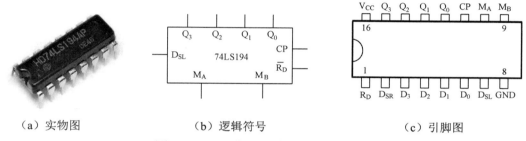

（a）实物图　　　　　　（b）逻辑符号　　　　　　（c）引脚图

图 13-28　双向移位寄存器 74LS194

引脚图说明如下：

$\overline{R_D}$——异步清零端，低电平有效。所谓异步清零，是指只要 $\overline{R_D}$ 为低电平，则立刻使四个输出端为零，而与 CP 脉冲无关；

$M_A$、$M_B$——工作状态控制端（共有 4 种工作状态：00→保持；01→左移；10→右移；11→并行置数）；

$D_{SL}$——左移串行输入端；

$D_{SR}$——右移串行输入端；

$D_3 \sim D_0$——并行数据输入端；

CP——移位脉冲输入端。

74LS194 的功能表如表 13-14 所示。

表 13-14　双向移位寄存器 74LS194 的功能表

| 输 入 信 号 | | | | | | 输 出 信 号 | 逻辑功能 |
|---|---|---|---|---|---|---|---|
| $\overline{R_D}$ | $M_A M_B$ | CP | $D_{SL}$ | $D_{SR}$ | $D_3 D_2 D_1 D_0$ | $(Q_3 Q_2 Q_1 Q_0)^{n+1}$ | |
| 0 | × × | × | × | × | × × × × | 0　0　0　0 | 异步清零 |
| 1 | 0　0 | ↑ | × | × | × × × × | $(Q_3 Q_2 Q_1 Q_0)^n$ | 保　持 |
| 1 | 0　1 | ↑ | × | $D_{SR}$ | × × × × | $(D_{SR} Q_3 Q_2 Q_1)^n$ | 右移移位 |
| 1 | 1　0 | ↑ | $D_{SL}$ | × | × × × × | $(Q_2 Q_1 Q_0 D_{SL})^n$ | 左移移位 |
| 1 | 1　1 | ↑ | × | × | $D_3 D_2 D_1 D_0$ | $(D_3 D_2 D_1 D_0)^n$ | 并行置数 |

从表 13-14 可以看出，74LS194 共有 5 种逻辑功能：异步清零、保持、右移移位、左移移位和并行置数。除异步清零靠 $\overline{R_D}$ 控制，其余 4 种则由 $M_A M_B$ 的不同组合决定。

【例 13-5】 由 74LS194 和非门构成的逻辑电路如图 13-29 所示，清零后连续加 CP 脉冲，试分析其逻辑功能。

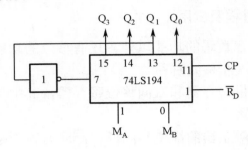

图 13-29 例 13-5 的逻辑图

**解** 因 $M_A M_B = 10$，所以 74LS194 执行左移移位功能。

所以 $(Q_3 Q_2 Q_1 Q_0)^{n+1} = (Q_2 Q_1 Q_0 D_{SL})^n$

因为 $D_{SL} = \overline{Q_1}$，所以输出 $(Q_3 Q_2 Q_1 Q_0)^{n+1} = (Q_2 Q_1 Q_0 \overline{Q_1})^n$（CP↑）。

为了分析电路的逻辑功能，将电路现态的各种取值和相应的输出和次态列于表格，称为状态转换表，例 13-5 的状态转换表如表 13-15 所示。

表 13-15 例 13-5 的状态转换表

| 输　　入 | | 输　　出 | | | |
| --- | --- | --- | --- | --- | --- |
| CP | $D_{SL}$ | $Q_3$ | $Q_2$ | $Q_1$ | $Q_0$ |
| 0 | 1 | 0 | 0 | 0 | 0 |
| 1 | 1 | 0 | 0 | 0 | 1 |
| 2 | 0 | 0 | 0 | 1 | 1 |
| 3 | 0 | 0 | 1 | 1 | 0 |
| 4 | 1 | 1 | 1 | 0 | 0 |
| 5 | 1 | 1 | 0 | 0 | 1 |

由状态转换表可见 CP 脉冲作用 4 次，输出状态就循环一次，该电路执行的是左移循环功能。该电路可用来使四路彩灯进行循环闪烁。用 1 信号控制灯点亮，用 0 信号控制灯熄灭，四路彩灯就可以有规律地进行循环，实际搭建的彩灯电路如图 13-30 所示，读者可参照自行搭建。

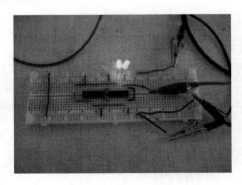

（a）

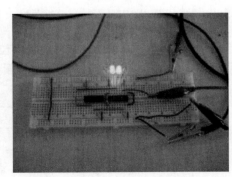

（b）

图 13-30 实际搭建的彩灯电路

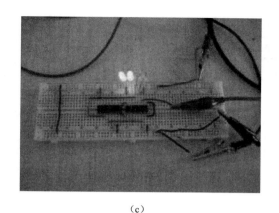 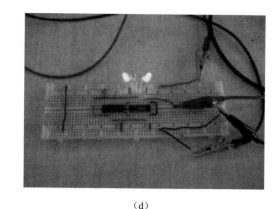

（c） （d）

图 13-30 实际搭建的彩灯电路（续）

### 13.3.3 计数器

#### 1. 计数器的功能及类型

计数器是数字电路中使用最多的一种时序逻辑电路。计数器不仅能用于对时钟脉冲计数，还可以用于分频、定时，产生节拍脉冲和脉冲序列以及进行数字运算等。计数器的种类很多，从不同的角度出发，有不同的分类方法：按照计数进位制的不同，可分为二进制计数器、二—十进制（或称十进制）计数器和任意进制（也称 $N$ 进制）计数器；按照计数器中的触发器是否同时动作分类，可把计数器分为同步计数器和异步计数器；按照计数器中所表示的数字的变化规律是递增还是递减来分，有加法计数器、减法计数器和可逆计数器（递增计数的称为加法计数器，递减计数的称为减法计数器，既可递增又可递减的称为可逆计数器）。

#### 2. 典型计数器的应用

本节主要介绍集成计数器 74LS160 的应用。

1）74LS160 简介

集成计数器 74LS160 是十进制同步加法计数器，其实物图、逻辑符号和引脚图如图 13-31 所示，逻辑功能如表 13-16 所示。

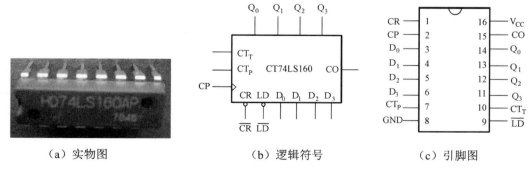

（a）实物图 （b）逻辑符号 （c）引脚图

图 13-31 十进制同步加法计数器 74LS160

表 13-16  十进制同步加法计数器 74LS160 的逻辑功能

| 输 | | | | 入 | | | | | 输 | | | | 出 | 说　明 |
|---|---|---|---|---|---|---|---|---|---|---|---|---|---|---|
| $\overline{CR}$ | $\overline{LD}$ | $CT_P$ | $CT_T$ | CP | $D_3$ | $D_2$ | $D_1$ | $D_0$ | $Q_3$ | $Q_2$ | $Q_1$ | $Q_0$ | CO | |
| 0 | × | × | × | × | × | × | × | × | 0 | 0 | 0 | 0 | 0 | 异步置 0 |
| 1 | 0 | × | × | ↑ | $d_3$ | $d_2$ | $d_1$ | $d_0$ | $d_3$ | $d_2$ | $d_1$ | $d_0$ | | 同步置数 |
| 1 | 1 | 1 | 1 | ↑ | × | × | × | × | 计数状态 | | | | | 同步计数 |
| 1 | 1 | 0 | × | × | × | × | × | × | 保持状态 | | | | 0 | 保持 |
| 1 | 1 | × | 0 | × | × | × | × | × | | | | | | |

其中，$\overline{LD}$ 为同步置数控制端，$\overline{CR}$ 为异步置 0 控制端，$CT_P$ 和 $CT_T$ 为计数控制端；$D_3\sim D_0$ 为并行数据输入端，$Q_3\sim Q_0$ 为输出端，CO 为进位输出端。

根据表 13-16 分析 74LS160 的逻辑功能如下所述。

（1）异步置 0 功能：当 $\overline{CR}=0$ 时，不论有无时钟脉冲 CP 和其他输入信号，计数器被置 0，即 $Q_3Q_2Q_1Q_0=0000$。

（2）同步并行置数功能：当 $\overline{CR}=1$，$\overline{LD}=0$ 时，在输入时钟脉冲 CP 上升沿的作用下，并行输入的数据 $d_3\sim d_0$ 被置入计数器，即 $Q_3Q_2Q_1Q_0=d_3d_2d_1d_0$。

（3）计数功能：当 $\overline{LD}=\overline{CR}=CT_P=CT_T=1$，CP 端输入计数脉冲时，计数器按照 8421BCD 码的规律进行十进制加法计数。

（4）保持功能：当 $\overline{LD}=\overline{CR}=1$，且 $CT_P\cdot CT_T=0$ 时，计数器的状态保持不变。这时，若 $CT_P=0$，$CT_T=1$，则进位输出信号 $CO=CT_TQ_3Q_0=Q_3Q_0$；若 $CT_P=1$，$CT_T=0$ 时，则 $CO=CT_TQ_3Q_0=0$。

2）利用 74LS160 构成任意进制计数器

利用集成计数器可方便构成任意进制计数器，构成方法有置数法和置零法。置零法是当输入第 N 个计数脉冲时，利用置零功能对计数器进行置零操作，强迫计数器进入计数循环，从而实现 N 进制计数，这种计数器的起始状态值必须是零。置数法是当输入第 N 个计数脉冲时，利用置数功能对计数器进行置数操作，强迫计数器进入计数循环，从而实现 N 进制计数。这种计数器的起始状态值就是置入的数，可以是零，也可以非零，因此应用更灵活。

下面以例 13-6 为例，简单介绍利用置数法构成任意进制计数器的方法。

【例 13-6】　使用十进制同步加法计数器 74LS160 构成七进制计数器（利用置数法）。

解　（1）写出七进制计数器的前一个状态的二进制代码，即 $S_{N-1}=S_6=0110$。

（2）写出反馈归零函数：设计数器从 0 开始计数，利用同步并行置数 $D_3D_2D_1D_0=0000$，使 $\overline{LD}=\overline{Q_2Q_1}$。这样在第 6 个计数脉冲到后（$Q_2=Q_1=1$），有 $\overline{LD}=0$，为计数器同步置数（0）建立了条件。于是，当第 7 个计数脉冲到来时，使得计数器归零。

（3）画出连线图：如图 13-32 所示为用 74LS160 构成的七进制计数器。

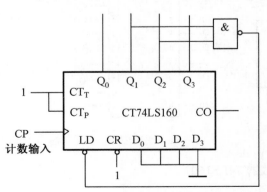

图 13-32　用 74LS160 构成七进制计数器

读者可以在面包板上搭建实物图，并且将电源和地接至稳压源的+5V 和 GND 端，将 CP 接至信号源，将 74LS160 的输出接至 LED 灯。如图 13-33 所示为实际搭建的七进制计数器及其工作过程演示，仅供读者参考。

若要获得计数容量更大的 $N$ 进制计数器，可将多个集成计数器串接起来（级联），一般集成计数器都设有级联用的输入端和输出端，只要正确连接这些级联端，就可获得所需进制的计数器，感兴趣的读者可参阅相关书籍。

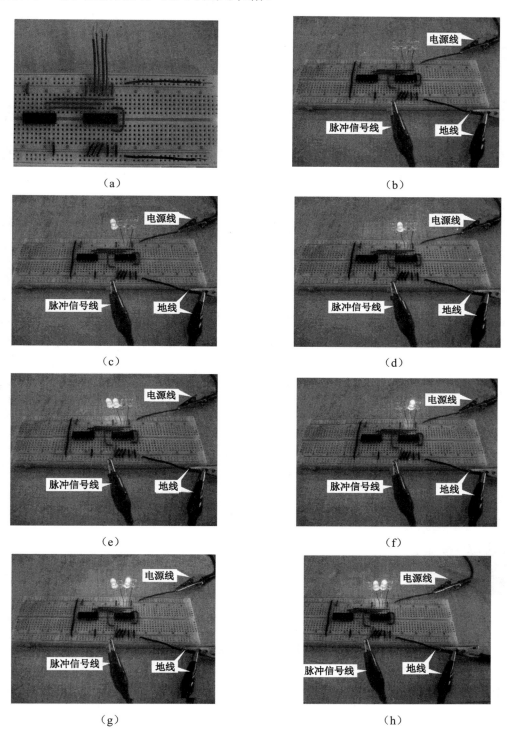

图 13-33 实际搭建的七进制计数器及其工作过程

> **思考与练习题**
>
> 13-3-1 时序逻辑电路的结构特点是什么？
>
> 13-3-2 时序逻辑电路的功能特点是什么？
>
> 13-3-3 触发器有哪两个稳定状态？它们是如何表示的？
>
> 13-3-4 JK 触发器是一种逻辑功能很强的触发器，它具有哪些功能？
>
> 13-3-5 移位寄存器有哪些功能？
>
> 13-3-6 计数器的基本功能有哪些？

# *13.4 555 定时器

555 定时器是一种多用途的集成电路，它将模拟电路和数字电路兼容在一起，集成在同一硅片上，可产生精确的时间延迟和振荡，由于其内部有 3 个 $5k\Omega$ 的电阻分压器，故称为 555 定时器。

各公司生产的 555 定时器的逻辑功能与外引线完全相同，下面对 555 定时器进行简单的分析。

## 13.4.1 电路结构

555 定时器的实物图、电路结构图和引脚图如图 13-34 所示。

它包括两个电压比较器 $C_1$ 和 $C_2$、一个由与非门组成的基本 RS 触发器、一个放电管 VT、三个由 $5k\Omega$ 电阻器构成的分压电路和由两个反相器构成的输出缓冲级。$\overline{R}$ 为触发器的直接复位端。只要 $\overline{R} = 0$，输出 OUT 便为低电平。正常工作时，$\overline{R}$ 必须为高电平。

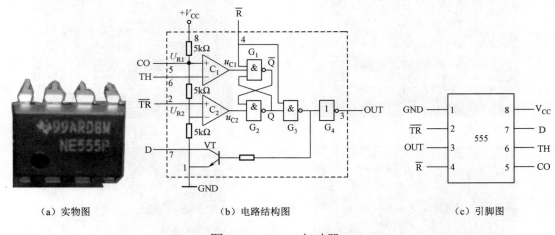

（a）实物图　　　　（b）电路结构图　　　　（c）引脚图

图 13-34　555 定时器

## 13.4.2 工作原理

定时器的工作主要取决于比较器，比较器的输出控制 RS 触发器和放电管 VT 的状态。

当加上单电源 $V_{CC}$ 后，比较器 $C_1$ 的反相输入端即控制端（CO）的电压为 $\frac{2}{3}V_{CC}$；比

较器 $C_2$ 的同相输入端电压为 $\frac{1}{3}V_{CC}$。

当阈值输入端（TH）即比较器 $C_1$ 的反相输入端电位高于 $\frac{2}{3}V_{CC}$ 时，比较器 $C_1$ 输出低电平，使 RS 触发器置 0，输出 $Q = 0$，而 $\overline{Q}=1$，使放电管 VT 导通。

当触发输入端（$\overline{TR}$）即比较器 $C_2$ 的同相输入端电位低于 $\frac{1}{3}V_{CC}$ 时，比较器 $C_2$ 输出低电平，使 RS 触发器置 1，输出 $Q = 1$，而 $\overline{Q} = 0$，使放电管 VT 截止。

当阈值输入端 TH 电位低于 $\frac{2}{3}V_{CC}$、触发输入端 $\overline{TR}$ 电位高于 $\frac{1}{3}V_{CC}$ 时，比较器 $C_1$、$C_2$ 输出均为高电平，使 RS 触发器保持原状态，输出维持不变。

如果在控制端 CO 外加一控制电压，则比较器 $C_1$ 的同相输入端电压为 $U_{CO}$，比较器 $C_2$ 的反相输入端电压为 $\frac{1}{2}U_{CO}$。电路的阈值输入电压和触发输入电压将发生改变。

555 定时器的功能表如表 13-17 所示。

表 13-17　555 定时器功能表

| 输 入 | | | 输 出 | |
| --- | --- | --- | --- | --- |
| TH | $\overline{TR}$ | $\overline{R}$ | OUT | 放电管 VT（开关） |
| X | X | 0 | 0 | 导　通 |
| $>\frac{2}{3}V_{CC}$ | $>\frac{1}{3}V_{CC}$ | 1 | 0 | 导　通 |
| $<\frac{2}{3}V_{CC}$ | $>\frac{1}{3}V_{CC}$ | 1 | 保持状态 | 保持状态 |
| $<\frac{2}{3}V_{CC}$ | $<\frac{1}{3}V_{CC}$ | 1 | 1 | 截　止 |

555 定时器使用灵活、方便，只要外接几个元件，就可以构成施密特触发器、单稳态触发器、多谐振荡器等电路。因而在脉冲信号的产生、波形的变换、定时、检测、控制、报警，甚至在家用电器等领域中都得到了广泛的应用。

### 13.4.3　实际应用

#### 1．555 定时器构成施密特触发器

施密特触发器（Schmitt Trigger）是数字系统中常用的一种脉冲波形变换电路，它具有两个重要的特性。

（1）施密特触发器是一种电平触发器，它能将变化缓慢的信号（如正弦波、三角波以及各种周期性的不规则波形）变换成矩形波。

（2）对正向和负向增长的输入信号，电路的触发转换电平（称阈值电平）是不同的，即电路具有回差特性。

将 555 定时器的阈值输入端 TH 和触发输入端 $\overline{TR}$ 连接在一起，作为触发信号输入端，便构成了施密特触发器，电路如图 13-35（a）所示。

设输入信号 $u_i$ 为如图 13-35（b）所示的三角波，并使控制电压端 CO 悬空。电路的工作过程如下：当输入 $u_i<\frac{1}{3}V_{CC}$ 时，RS 触发器置 1，电路输出为高电平，处于第一稳态。当输入

上升到 $u_i \geq \dfrac{2}{3} V_{CC}$ 时，RS 触发器置 0，电路输出为低电平，处于第二稳态。当 $u_i$ 由最高值下降到 $u_i \leq \dfrac{1}{3} V_{CC}$ 时，电路输出又为高电平，即又回到第一稳态。如此循环就得到如图 13-35（b）所示波形。

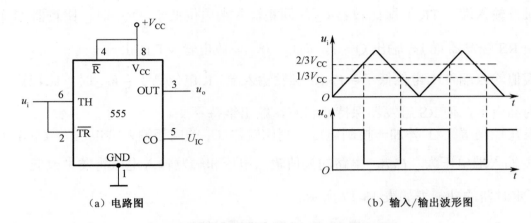

（a）电路图　　　　　　　　　　　　　　（b）输入/输出波形图

图 13-35　555 定时器构成的施密特触发器

### 2．555 定时器组成单稳态触发器

由 555 定时器构成的单稳态触发器电路如图 13-36（a）所示。图中电阻器 R、电容器 C 为外接定时元件，输入触发信号 $u_i$ 加在 $\overline{TR}$ 端。

电路的工作过程如下。

（1）当电源 $V_{CC}$ 接通后的瞬间，电源通过 R 向 C 充电，当电容器电压上升到 $u_C \geq \dfrac{2}{3} V_{CC}$ 时，比较器 $C_1$ 输出 0，将基本 RS 触发器置 0，电路输出 $u_o=0$。这时放电管 VT 导通，C 放电，使 $u_C=0$，电路处于稳定状态。

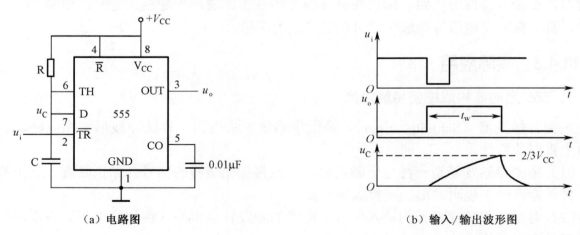

（a）电路图　　　　　　　　　　　　　　（b）输入/输出波形图

图 13-36　555 定时器构成的单稳态触发器

（2）当触发端 $\overline{TR}$ 输入负脉冲，且幅度低于 $\dfrac{1}{3} V_{CC}$ 时，比较器 $C_2$ 的输出为 0，基本 RS 触发器置 1，电路输出 $u_o$ 由 0 变为 1，C 开始充电，电路处于暂稳态。C 的充电回路为

$V_{CC} \rightarrow R \rightarrow C \rightarrow GND$。充电时间常数为 $\tau = RC$。当充电电压 $u_C$ 上升到 $\geqslant \frac{2}{3} V_{CC}$ 时，比较器 $C_1$ 输出 0，将基本 RS 触发器置 0，电路输出 $u_o = 0$，C 迅速放电，电路结束暂稳态而自动返回到触发前的稳态。至此完成了一次单稳态触发的全过程。其工作波形如图 13-36（b）所示。

（3）由波形可知，单稳态电路输出脉冲宽度 $t_W$，就是 $u_C$ 由零被充电到 $\frac{2}{3} V_{CC}$ 所需的时间：

$$t_W \approx 1.1RC \tag{13-4}$$

实际使用 555 定时器构成单稳态触发器时应该注意以下两点：

① 输入触发负脉冲的宽度应小于电路输出脉冲的宽度；

② 当工作中不使用控制端 CO 时，应通过一个 0.01μF 的电容器接地，以旁路高频干扰。

---

**思考与练习题**

13-4-1　555 定时器主要由哪几部分组成？

13-4-2　列表描述 555 定时器中输入端 TH、$\overline{TR}$ 和 $\overline{R}$ 端与输出的关系。

13-4-3　简单叙述 555 定时器构成单稳态触发器时应该注意哪些问题？

---

# *13.5　技能训练 15　555 定时器组成应用电路

## 13.5.1　技能训练目的

（1）进一步理解 555 定时器的工作原理及逻辑功能。

（2）掌握用 555 定时器构成施密特触发器。

（3）掌握用 555 定时器构成单稳态触发器。

## 13.5.2　预习要求

（1）复习 555 定时器的工作原理及逻辑功能。

（2）复习用 555 定时器构成施密特触发器。

（3）复习用 555 定时器和外接电阻器、电容器构成单稳态触发器。

## 13.5.3　仪器和设备

技能训练仪器和设备见表 13-18。

表 13-18　技能训练仪器和设备

| 名　称 | 型号及规格 | 数　量 |
| --- | --- | --- |
| 稳压源 | PGM—1502 | 1 台 |
| 信号源 | YB1631 | 1 台 |
| TTL 定时器 | 555 | 1 块 |

| 名　　称 | 型号及规格 | 数　　量 |
|---|---|---|
| 示波器 | TDS1012 | 1 台 |
| 电容器 | 0.01μF | 1 个 |
| 电容器 | 22μF | 1 个 |
| 电阻器 | 20kΩ | 1 个 |
| 导线 | | 若干 |

### 13.5.4　技能训练内容和步骤

#### 1．555 定时器构成施密特触发器

（1）按照如图 13-37 所示连接方式，构成施密特触发器，实际搭建的电路如图 13-38 所示。

（2）将 $V_{CC}$ 接+5V 电源，输入端的 $u_i$ 接信号源，调节信号源使其产生三角波，振幅为+5V，并适当调节信号周期，如图 13-38 所示。

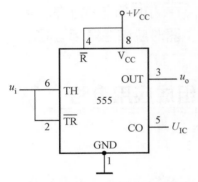

图 13-37　555 定时器构成施密特触发器

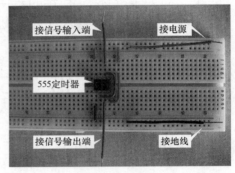

图 13-38　实际搭建的施密特触发器

（3）如图 13-39 所示，用示波器观测输入端电压 $u_i$ 和输出端电压 $u_o$，绘制观测到的波形，参考波形如图 13-40 所示。

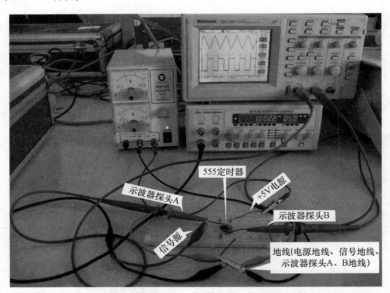

图 13-39　施密特触发器测试连接图

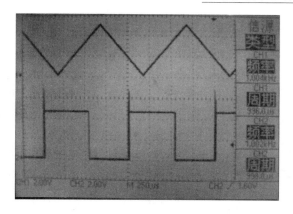

图 13-40　输入正弦波时的参考波形

（4）重复步骤（2），调节信号源使其输出正弦波，振幅为+5V，用示波器观测输入端电压 $u_i$ 和输出端电压 $u_o$，并绘制观测到的波形，参考波形如图 13-41 所示。

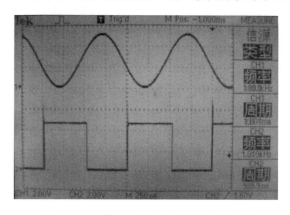

图 13-41　输入三角波时的参考波形

### 2．555 定时器构成单稳态触发器

（1）按照如图 13-42 所示连接方式，构成单稳态触发器，实际搭建的电路如图 13-43 所示，图中 $R=20k\Omega$，$C=22\mu F$（可根据实际需要调整参数）。

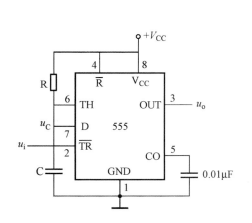

图 13-42　555 构成单稳态触发器

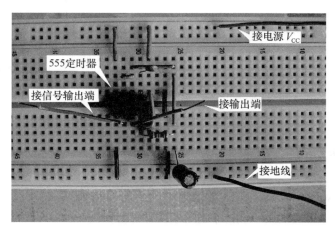

图 13-43　实际搭建的单稳态触发器

（2）如图 13-44 所示，将 $V_{CC}$ 和 GND 分别接稳压源+5V 和 GND 端，输入端的 $u_i$ 接信号源，调节信号源选择输入负脉冲信号的周期为 1s，负脉冲宽度为 0.2s，用示波器观测

$u_i$、$u_o$、$u_C$ 各点波形，参考波形如图 13-45 和图 13-46 所示。

（3）绘制观测到的波形，并标明幅值、周期和脉宽。

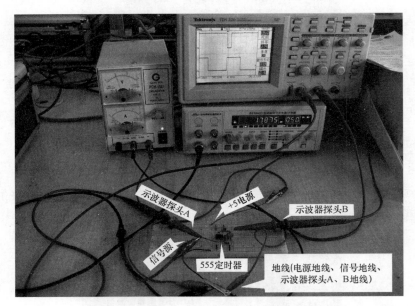

图 13-44　单稳态触发器测试连接图

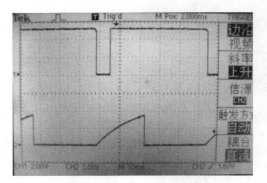

图 13-45　$u_i$ 与 $u_C$ 参考波形

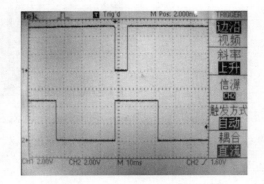

图 13-46　$u_i$ 与 $u_o$ 参考波形

## ▣ 思考与练习题 ▸

13-5-1　结合技能训练内容，简单叙述施密特触发器具有什么作用？

13-5-2　在由 555 定时器构成的单稳态触发器电路中，输入负脉冲信号的宽度应满足什么要求？

## 本章小结 ▸

本章讲述了组合逻辑电路和时序逻辑电路的特点、逻辑功能的分析方法，以及编码器、译码器、触发器、寄存器、计数器和 555 定时器的功能及选用。

（1）组合逻辑电路在功能上的特点是任意时刻的输出仅仅取决于该时刻的输入，而与电路过去的状态无关；在电路结构上的特点是它只包含门电路，而没有存储单元。

（2）组合逻辑电路的一般分析步骤：

① 根据给定的逻辑图，写出输出的逻辑表达式；

② 根据逻辑表达式列出真值表；

③ 根据真值表分析电路的逻辑功能。

（3）编码器的逻辑功能就是把输入的每一个高、低电平信号编成一个对应的二进制代码。根据被编码信号的不同特点和要求，编码器可分为普通编码器和优先编码器两类，而每类又分为二进制编码器和二—十进制编码器两种。

（4）译码器的逻辑功能是把代码的特定含义译成对应的输出高、低电平信号，译码是编码的逆过程。常用的译码器有二进制译码器、二—十进制译码器和显示译码器3类。

（5）时序逻辑电路与组合逻辑电路在功能上的最大不同点是，时序逻辑电路的输出不仅和即时输入有关，而且还和电路的原状态有关。因此时序逻辑电路在结构上通常都包含有存储电路。

（6）触发器是最基本的存储单元，它的基本功能是保存二进制代码。同一逻辑功能的触发器可有不同的电路结构形式，如基本 RS 触发器、同步 RS 触发器、边沿触发器等。触发器的结构形式不同，其时钟脉冲 CP 触发时刻就不同，因此选用触发器时，不仅要知道其逻辑功能，还必须知道它的电路结构形式。

（7）寄存器和移位寄存器，可以寄存数据和进行串并变换，应掌握集成寄存器的应用。

（8）计数器是数字电路中使用最多的一种时序逻辑电路，不仅能用于对时钟脉冲计数，还可以用于分频、定时，产生节拍脉冲和脉冲序列以及进行数字运算等，应掌握利用置数法将集成计数器构成任意进制计数器（分频器）的方法。

（9）555 定时器只要外接几个元件，就可以构成施密特触发器、单稳态触发器，在脉冲信号的产生、波形的变换、定时等方面得到了广泛的应用，应掌握利用 555 定时器构成施密特触发器和单稳态触发器。

# 习题 13

13-1 分析如图 13-47 所示电路的逻辑功能。

13-2 分析如图 13-48 所示电路的逻辑功能。

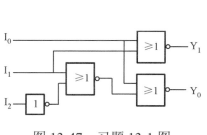

图 13-47 习题 13-1 图

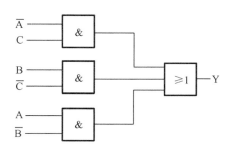

图 13-48 习题 13-2 图

13-3 已知一个组合逻辑电路的输入 A、B 和输出 Y 的波形如图 13-49 所示，写出 Y 的逻辑表达式，用与非门实现该组合逻辑电路。

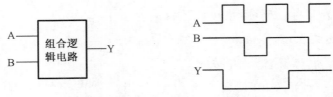

图 13-49 习题 13-3 图

**13-4** 由两个或非门组成的基本 RS 触发器及 S、R 端的波形如图 13-50 所示，请画出 Q 端和 $\overline{Q}$ 端的波形。

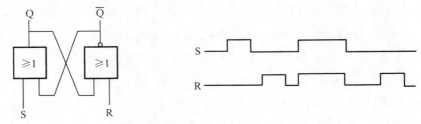

图 13-50 习题 13-4 图

**13-5** JK 触发器的逻辑图及输入波形如图 13-51 所示，请画出输出端 Q 的波形。

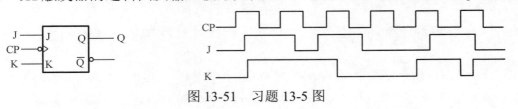

图 13-51 习题 13-5 图

**13-6** 判断下列说法是否正确：

（1）仅有触发器构成的逻辑电路一定是时序逻辑电路。

（2）仅有门电路构成的逻辑电路一定是组合逻辑电路。

（3）计数器是执行连续加 1 操作的逻辑电路。

（4）$n$ 个触发器可以组成存放 $2n$ 位二进制代码的寄存器。

（5）左移移位寄存器是将所存储的数码逐位向触发器的高位移。

（6）左移移位寄存器的串行输入端应按照先高位后低位的顺序输入代码。

**13-7** 由四位双向移位寄存器 74LS194 构成的电路如图 13-52 所示，设初态为 0000，请列出状态转换表。

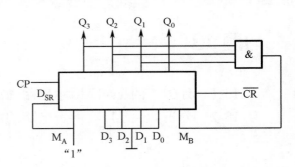

图 13-52 习题 13-7 图

教学微视频

# 参 考 文 献

［1］ 熊伟林，刘莲青．现代电子技术基础．北京：清华大学出版社，2004.

［2］ 王连起．电路基础．西安：西安电子科技大学出版社，2000.

［3］ 李中发．数字电子技术．北京：中国水利水电出版社，2005.

［4］ 罗中华．数字电路与逻辑设计教程．北京：电子工业出版社，2006.

［5］ 侯建军．数字电子技术基础．北京：高等教育出版社，2007.

［6］ 阎石．数字电子技术基本教程．北京：清华大学出版社，2007.

# 反侵权盗版声明

    电子工业出版社依法对本作品享有专有出版权。任何未经权利人书面许可，复制、销售或通过信息网络传播本作品的行为；歪曲、篡改、剽窃本作品的行为，均违反《中华人民共和国著作权法》，其行为人应承担相应的民事责任和行政责任，构成犯罪的，将被依法追究刑事责任。

    为了维护市场秩序，保护权利人的合法权益，我社将依法查处和打击侵权盗版的单位和个人。欢迎社会各界人士积极举报侵权盗版行为，本社将奖励举报有功人员，并保证举报人的信息不被泄露。

举报电话：（010）88254396；（010）88258888

传　　真：（010）88254397

E-mail：　dbqq@phei.com.cn

通信地址：北京市万寿路 173 信箱

　　　　　电子工业出版社总编办公室

邮　　编：100036